水工混凝土结构中的数值计算方法与实例

杨 璐 金 峰 著

科 学 出 版 社
北 京

内 容 简 介

本书根据实际观测资料对某拱坝从施工、蓄水、运行整个过程进行了有限元仿真分析。数值模拟分析中较准确地模拟了库水温度与气温的实际变化过程，氧化镁的膨胀模型较合适地反映了拱坝氧化镁混凝土实际的自生体积变形过程。对溢流坝段温度场与渗流场进行耦合仿真计算，施加孔隙水压力进行坝体渗流分析，并采用子模型技术局部分析坝踵排水孔渗流情况，采用自定义单元子程序法与常规有限元法分别进行计算。为了研究附加质量法在三维重力坝抗震分析中的应用，编写三维附加质量单元 UEL 子程序模块，实现了三维模型中结点附加质量的快速施加，并通过模拟 Koyna 混凝土重力坝地震工程验证子程序的正确性。对混凝土大坝工程的研究具有重要的理论意义和工程意义。

本书可作为水利工程、力学、材料、土木、机械及相关专业研究生的教学参考书，也可供高年级本科生、一般工程技术人员和相关领域研究人员参考。

图书在版编目(CIP)数据

水工混凝土结构中的数值计算方法与实例/杨璐，金峰著. —北京：科学出版社，2014.12

ISBN 978-7-03-042767-0

Ⅰ.①水… Ⅱ.①杨… ②金… Ⅲ.①水工结构-混凝土结构-数值计算 Ⅳ.①TV331

中国版本图书馆 CIP 数据核字(2014) 第 292699 号

责任编辑：刘凤娟／责任校对：钟　洋
责任印制：张　伟／封面设计：陈　敬

科学出版社 出版
北京东黄城根北街 16 号
邮政编码：100717
http://www.sciencep.com

北京教图印刷有限公司 印刷
科学出版社发行　各地新华书店经销
*
2016 年 3 月第 一 版　开本：720 × 1000 B5
2016 年 3 月第一次印刷　印张：14　插页：4
字数：270 000

定价：98.00 元

(如有印装质量问题，我社负责调换)

前　言

本书是一本研究水工混凝土结构中的数值计算方法和构件力学行为的专著。随着计算技术和实验技术的发展，混凝土在重要且复杂工程结构中的应用日益增多，相关科学研究成果层出不穷。但是系统介绍混凝土塑性损伤计算与实验理论方法的书籍目前不算多。本书的目的是要弥补这一不足。

大部分混凝土在水化反应过程中的自生体积变形是收缩的，而在混凝土水泥中掺入氧化镁可产生膨胀性的自生体积变形，有利于在大体积混凝土内产生有效的压应力，从而改善混凝土的抗裂性能。广东省阳春市长沙拱坝是国内外全面采用外掺氧化镁不分横缝快速筑拱坝新技术建成的第一座拱坝。

本书提出一种在混凝土经历复杂变温过程下的氧化镁混凝土自生体积变形的模型；由恒温养护状态下的试验数据拟合一定氧化镁掺率下混凝土自生体积变形的九个参数，然后用递推的方法求得任意时期的自生体积变形。

本书根据实际观测资料对长沙拱坝从施工、蓄水、运行整个过程进行了有限元仿真分析。数值模拟分析中较准确地模拟了库水温度与气温的实际变化过程，氧化镁的膨胀模型较合适地反映了长沙拱坝氧化镁混凝土实际的自生体积变形过程，位移计算结果符合坝体实际位移状况。在采用掺入氧化镁的工程措施后，混凝土自生体积膨胀对拱坝应力状态有一定的改善效果。结果表明：长沙拱坝成功地运用了外掺氧化镁微膨胀混凝土筑坝技术，降低了高拉应力数值，缩小了拉应力的范围，从而有助于简化温控、加快施工速度。在应用外掺氧化镁筑坝技术的拱坝设计中，可以通过有限元仿真分析，优化设计，改善坝体应力状态，以达到防裂、快速筑坝的要求，该技术在工程建设中有较广泛的应用前景。

为了研究附加质量法在三维重力坝抗震分析中的应用，基于 ABAQUS 有限元软件二次开发功能，编写三维附加质量单元子程序 UEL，实现了三维模型中结点附加质量的快速施加，并通过模拟 Koyna 混凝土重力坝地震工程验证子程序的正确性。计算结果基本符合 Koyna 震害记录，说明子程序 UEL 的开发是正确可靠的，用该二次开发方法解决此类三维水体–结构相互作用问题是可行的。

本书的出版，对有关研究人员及工程技术人员具有重要的参考价值。本书可供水利工程、岩土工程、土木工程、能源开采等相关专业的研究生、高年级本科生、一般工程技术人员和相关领域研究人员参考。期望本书在混凝土材料和结构的研究与应用中发挥重要的作用。

本书的主要内容是作者近年来在国家自然科学基金课题 (项目编号：11102118)

支持下的理论和实验研究成果。

感谢清华大学硕士研究生罗小青以及沈阳工业大学计算力学研究所的硕士研究生李士民、刘东博、孔令娟、王志坤在本书部分章节写作过程中提供的帮助。

杨　璐

2014 年 12 月

目　　录

第 1 章　绪论 ·········· 1
1.1　引言 ·········· 1
1.2　坝体混凝土裂缝的工程实例 ·········· 3
1.2.1　丹江口水利枢纽 ·········· 3
1.2.2　野牛嘴拱坝 ·········· 3
1.2.3　卡布里尔拱坝 ·········· 4
1.3　仿真分析的发展 ·········· 5
1.4　微膨胀混凝土研究现状 ·········· 7
1.4.1　混凝土的自生体积变形 ·········· 7
1.4.2　氧化镁混凝土 ·········· 8
1.5　微膨胀筑坝技术的工程应用 ·········· 10
1.5.1　白山拱坝 ·········· 10
1.5.2　青溪水电站和飞来峡水电站 ·········· 10
1.5.3　水口水电站 ·········· 10
1.5.4　长沙拱坝 ·········· 11
1.6　混凝土高坝强震实例 ·········· 11
1.6.1　新丰江工程 ·········· 11
1.6.2　宝珠寺工程 ·········· 12
1.6.3　沙牌工程 ·········· 12
1.7　混凝土大坝抗震研究 ·········· 13
第 2 章　氧化镁混凝土膨胀及温度效应原理 ·········· 15
2.1　引言 ·········· 15
2.2　施工期温度效应原理 ·········· 15
2.2.1　水泥水化热 ·········· 15
2.2.2　日照温升 ·········· 17
2.2.3　对流传热 ·········· 17
2.3　运行期库水温度计算原理 ·········· 18
2.4　本章小结 ·········· 19
第 3 章　孔压渗流原理 ·········· 20
3.1　引言 ·········· 20

3.2 渗流原理 …… 20
3.2.1 渗流研究的主要内容 …… 20
3.2.2 渗流基本定律 …… 20
3.2.3 混凝土渗流 …… 33
3.3 本章小结 …… 34
第 4 章 应力场原理 …… 35
4.1 氧化镁混凝土膨胀原理 …… 35
4.2 氧化镁混凝土应力场有限单元法 …… 35
4.2.1 氧化镁混凝土自生体积变形特点 …… 37
4.2.2 考虑温度历程效应的氧化镁混凝土膨胀模型 …… 37
4.2.3 当量龄期法 …… 39
4.3 仿真应力场 …… 40
4.3.1 温度应力 …… 40
4.3.2 仿真应力 …… 41
4.4 验算实例 …… 43
4.4.1 实际温度变化的膨胀过程 …… 43
4.4.2 基坑回填混凝土 …… 44
4.5 本章小结 …… 47
第 5 章 长沙拱坝仿真分析及与实测结果对比 …… 49
5.1 长沙拱坝简介 …… 49
5.2 计算条件 …… 51
5.2.1 材料参数 …… 52
5.2.2 温度边界 …… 53
5.2.3 结构分析 …… 55
5.2.4 网格剖分 …… 55
5.3 温度场变化过程 …… 56
5.3.1 温度历程对比 …… 57
5.3.2 典型部位温度过程 …… 61
5.3.3 温度等值线 …… 62
5.4 MgO 膨胀量过程 …… 65
5.5 位移过程 …… 72
5.6 本章小结 …… 80
第 6 章 长沙拱坝裂缝发生原因及应力变化 …… 81
6.1 下游面拱冠处裂缝 …… 81
6.1.1 竖向裂缝 …… 81

6.1.2 水平裂缝 ······ 84
6.1.3 下游面坝肩裂缝 ······ 86
6.2 应力变化 ······ 88
6.2.1 典型点应力过程 ······ 88
6.2.2 坝体应力变化 ······ 91
6.3 本章小结 ······ 107
第 7 章 外掺氧化镁对拱坝应力与位移的影响 ······ 109
7.1 应力 ······ 109
7.1.1 x 向应力 ······ 109
7.1.2 z 向应力 ······ 117
7.1.3 剪应力 ······ 124
7.2 位移过程 ······ 127
7.3 本章小结 ······ 129
第 8 章 水库运行期仿真模拟 ······ 130
8.1 引言 ······ 130
8.2 子模型技术 ······ 130
8.3 运行期温度场仿真计算 ······ 132
8.3.1 仿真模型及有限元模型 ······ 132
8.3.2 工程环境及材料设置 ······ 133
8.3.3 库水温度计算 ······ 133
8.4 运行期流固耦合仿真计算 ······ 134
8.4.1 模型及材料布置 ······ 135
8.4.2 非饱和渗流问题中的边界条件 ······ 135
8.4.3 耦合问题概述 ······ 136
8.4.4 排水孔局部渗流自定义单元设计 ······ 136
8.4.5 溢流坝段渗流场计算 ······ 139
8.5 温度场模拟结果分析 ······ 140
8.6 应力场及渗流场模拟结果分析 ······ 142
8.6.1 静水压力作用下温度应力模拟结果提取与分析 ······ 142
8.6.2 温度场与渗流场顺序耦合模拟结果提取与分析 ······ 144
8.6.3 排水口子模型计算结果提取与分析 ······ 145
8.7 本章小结 ······ 147
第 9 章 重力坝动力分析理论 ······ 148
9.1 抗震设计理论的发展概况 ······ 148
9.1.1 静力理论阶段 ······ 148

9.1.2 反应谱理论阶段 …… 148
9.1.3 动力理论阶段 …… 149
9.1.4 基于性态的抗震设计理论阶段 …… 149
9.2 结构动力方程的建立 …… 149
9.2.1 一维地震动输入时的动力方程 …… 149
9.2.2 多维地震动输入时的动力方程 …… 150
9.2.3 多点地震动输入时的动力方程 …… 151
9.3 重力坝的有限元动力分析 …… 152
9.3.1 有限元法概述 …… 152
9.3.2 有限元动力分析的时程分析法 …… 153
9.4 附加质量法 …… 155
9.4.1 附加质量法简介 …… 155
9.4.2 附加质量法计算公式 …… 156
9.5 混凝土重力坝在地震作用下的动力响应分析 …… 157
9.5.1 计算模型及材料计算参数 …… 157
9.5.2 静力分析 …… 158
9.5.3 动力时程分析 …… 161
第 10 章 Koyna 震害工程验证 …… 166
10.1 引言 …… 166
10.2 Koyna 工程概况 …… 166
10.3 计算模型 …… 167
10.4 计算参数 …… 167
10.5 加载地震波 …… 168
10.6 模态分析 …… 169
10.7 时程分析 …… 170
10.7.1 位移时程曲线 …… 170
10.7.2 应力时程曲线 …… 173
10.8 损伤分析 …… 175
10.9 本章小结 …… 176
第 11 章 不同地震波输入方式下重力坝动力响应研究 …… 177
11.1 工程简介 …… 177
11.2 计算模型 …… 178
11.3 本构模型 …… 179
11.4 地震波 …… 180
11.4.1 地震动输入机制 …… 180

11.4.2 地震波选取 ······ 181
11.5 地震波输入方式对比 ······ 184
11.5.1 模拟方案 ······ 184
11.5.2 结果分析 ······ 184
11.6 多波验算 ······ 191
11.6.1 模拟方案 ······ 191
11.6.2 结果分析 ······ 192
11.7 本章小结 ······ 194
第 12 章 重力坝折坡点高度对其抗震性能的影响 ······ 195
12.1 震害工程实例简介 ······ 195
12.2 计算方案 ······ 195
12.3 模型计算与分析 ······ 196
12.3.1 折坡点处应力分析 ······ 196
12.3.2 坝顶位移分析 ······ 199
12.3.3 拉伸损伤分析 ······ 204
12.4 本章小结 ······ 205
参考文献 ······ 206
索引 ······ 213
彩图

第1章 绪 论

1.1 引 言

水和能源是人类社会发展的重要物质基础，直接关系到社会和国民经济的可持续发展、人民物质和精神生活水平的提高与改善，同时也是影响中国经济社会发展的重要制约因素[1-3]。中国人均水资源极为短缺，仅为世界人均占有量的 1/4，据世界银行统计，在世界 153 个国家中排行第 88 位[4]。所以，加强水库大坝的建设以尽可能调节利用汛期洪水，是水资源的合理配置和利用、抗旱防洪减灾、大江大河治理、水环境保护与水生态修复等的战略要求[5,6]。

20 世纪以来，世界坝工建设的发展非常迅速，随着科学技术的进步，我国水利水电事业得到了蓬勃的发展，新中国成立以来，共建造了 8.7 万多座堤坝，形成了大小不同的水库群，数量居世界第一，这些工程在防洪、发电、灌溉等诸多方面产生了巨大的社会和经济效益[7-9]。其中，重力坝由于安全可靠、设计施工技术简单、对地质地形条件要求较低等优点而被广泛应用，是我国大坝建设中的主要坝型，世界上最大的水利枢纽工程 —— 举世瞩目的长江三峡大坝就是混凝土重力坝，因此混凝土重力坝抗震性能研究对于水利工程建设具有重大的现实意义[10]。

中国大陆处于地壳几大板块的夹持之中，位于世界上两个最活跃的地震带交汇部位，东濒环太平洋地震带西支，西部和西南部是欧亚地震带所经之处，是一个多地震国家[11-13]。自 20 世纪初以来，共发生了 3000 次以上震级大于 5 级的破坏性地震，其中全世界发生的 7 级以上强震中，中国占 35 次，有 3 次震级为 8.5 级以上的巨大地震发生在我国。进入 21 世纪后，2008 年 5 月 12 日的汶川大地震，震级达到 8.0 级，震中最大烈度 11 度，震区遭受灾难性的严重破坏，受灾面广，因灾遇难人数 69227 人，17923 人失踪，灾害之惨重令人触目惊心，地震给人民生命和财产造成了不可估量的损失，强震区内几乎变为一片废墟[14-17]。

大型水利工程不仅起到防洪灌溉、调节径流的作用，更关系到国计民生，一旦遭到破坏，带来的灾难性后果是无法估量的，所以大型水利水电工程建设的重要目标是安全可靠，然后才是经济合理[18]。汶川地震后，水电工程抗震研究的重要性更加突出。2008 年 10 月 21 日，水电水利规划设计总院以水电 [2008]24 号文发出通知，印发了《水电工程防震抗震研究设计及专题报告编制暂行规定》。通知说，根据《国家发展改革委关于加强水电工程防震抗震工作有关要求的通知》(发改能

源 [2008] 1242 号) 和《国家能源局关于委托开展水电工程抗震复核工作的函》(国能局综函 [2008]16 号)，为了能够进一步明确及规范水电工程防震抗震研究设计工作的内容和专题报告的编制要求，做好水电工程防震抗震研究设计工作，提高水电工程的防震抗震能力，制定了《水电工程防震抗震研究设计及专题报告编制暂行规定》[19−21]。

防止水坝地震灾变的研究是关系中国经济社会发展全局的防灾减灾重大工作中的重要内容，也是当今中国水利水电建设中必须面对和急需解决的一个战略性关键技术问题与目前工程抗震领域中的前沿课题。有限元模拟方法因其能够解决复杂的工程问题且具有良好的经济性等优点而发展迅速，日益满足工程设计的要求，大坝地震响应的数值模拟结果可为大坝抗震安全评价、设计提供可靠的技术依据。

为了抵御洪水、造福人类，早在几千年前人类就开始建坝蓄水。早期的水坝都是采用当地材料建造的砌石坝、土坝、堆石坝和木坝。有记载的最早的拱坝是古罗马时期在法国境内建造的 Baume 拱坝[1]，坝高 12m，厚高比 0.32，坝体结构与现代拱坝不一样，上、下游由两堵砌石拱墙形成，墙间用土料填充。随着近代科学技术的发展，1837 年 Francos Zola 在法国普罗旺斯地区艾克斯设计建造了世界上第一座用近代力学理论设计的拱坝 —— 佐拉 (Zola) 拱坝[1,2]，坝高 42.5m，厚高比 0.3，1854 年建成，它的设计采用了圆筒应力公式。

现代拱坝的发展经历了三个重要阶段[2]。第一阶段以 19 世纪下半叶至 20 世纪上半叶的美国为代表，拱坝以厚重体型为主。美国 1936 年建成的胡佛拱坝[3] 是拱坝建设史上一个重要的里程碑，坝高 221m，为当时最高的拱坝，体型相当厚实，其断面厚高比达 0.91，具有很高的安全性。这一时期的拱坝设计多采用多拱梁计算方法，设计思想偏于保守，形成体型厚重的风格。第二阶段以 20 世纪的欧洲为代表，拱坝设计以轻巧、优美等特点见长，充分利用了拱坝良好的受力性能和较高的经济性优势。如意大利的瓦依昂[4] 薄拱坝，坝高 261m，坝底宽仅 22.7m，断面厚高比不足 0.1。这一阶段拱坝修建越来越高，模型试验、计算分析也趋于成熟，新技术不断应用到坝工中，设计思想也逐渐开放。第三阶段从 20 世纪末开始，拱坝的发展中心逐渐转移到中国[5,6]，我国的拱坝建设蓬勃发展。到 1988 年，全世界共兴建高度 15m 以上的拱坝达 1592 座，其中我国有 753 座，占 47.3%；据中国大坝委员会的统计，截至 1998 年年底，我国已建成高度 30m 以上的拱坝 521 座，拱坝建设居世界前列。当前有一大批已建和待建的拱坝，如二滩、拉西瓦、锦屏、苗家坝、小湾和溪洛渡等。

目前，我国每年用于水利工程中的大体积混凝土在 1000 万 m^3 以上。混凝土是一种脆性材料，抗拉强度只有抗压强度的 1/10 左右；拉伸变形能力很小，短期加载的极限拉伸变形只有 $(0.6 \sim 1.0) \times 10^{-4}$，相当于温降 6~10℃的变形；长期加载时的极限拉伸变形也只有 $(1.2 \sim 2.0) \times 10^{-4}$。水工混凝土结构断面尺寸大，浇筑之后，水泥的水化热使得内部温度上升，此时混凝土弹性模量小，徐变大，升温引起一定的压应力；但在温度降低时，弹性模量大，徐变小，在基础约束与内外温差的作用下会产生大的拉应力。由于混凝土材料的抗拉强度低，而混凝土浇筑之后会产生较大的拉应力，很容易产生裂缝。

裂缝的出现破坏了结构的整体性，改变了结构原有的受力情况与应力分布，结构的局部甚至整体可能会发生破坏。特别是结构的深层裂缝危害性更大，如果贯穿到基岩，很有可能成为渗漏的通道，严重影响结构的安全。同时裂缝的出现降低了混凝土的耐久性、水密性等性能，减少结构的使用年限。

这样，在建筑混凝土坝时，如何减少、控制坝体裂缝是一个非常重要的问题，并对混凝土坝的设计、施工产生了深远的影响。

1.2 坝体混凝土裂缝的工程实例

1.2.1 丹江口水利枢纽

20 世纪 50 年代自行设计、施工的丹江口水利枢纽，是具有防洪、发电、灌溉、航运和养殖综合利用的水利工程，也是我国南水北调工程中线的水源地。丹江口大坝最初设计的正常蓄水位为 ∇170.0m，坝顶高程为 ∇175.0m。工程于 1958 年 9 月开工，1959 年 3 月开始浇筑混凝土，5 月就在 #18 坝段首先发现裂缝，比较严重的有 #9~#11 坝段基岩破碎带回填混凝土楔形梁上的裂缝，#18 坝段、#3 坝块的基础贯穿裂缝和 #19~#28 坝段上游迎水面的裂缝等。这一问题引起了有关部门的重视，后经国务院审批，决定丹江口工程停工整顿，进行裂缝补强处理。1961 年 6 月由丹江口工程局、中国水利水电科学研究院、武汉水利电力大学和长江水利委员会长江科学院等组成“丹江口工程温控防裂科研组”，经过多年的调查研究工作，总结了裂缝发生的原因：①施工过程中产生的裂缝绝大多数是表面裂缝，龄期 6~20d 发生的表面裂缝占总数的 90%以上；②引起表面裂缝的主要原因是气温骤降；③一部分表面裂缝可能发展成贯穿性裂缝或深层裂缝，从而引起了对表面保温的重视。工程于 1964 年复工，施工中采用三条主要措施：①严格控制基础允许温差、新老混凝土上下层温差和内外温差；②严格执行新浇混凝土的表面养护；③提高混凝土的抗裂能力 (极限拉伸值和 C_{v} 值)。之后浇筑的二百多万立方米混凝土没有发现危害性裂缝，一般的表面裂缝也很少出现[7]。

1.2.2 野牛嘴拱坝

美国矿务局 1910 年建成野牛嘴 (Buffalo Bill) 拱坝，该坝未设横缝，在两岸之间连续浇筑混凝土，每层厚 0.3m，有时每天浇筑 4 层，上升 1.2m/d，坝址高程

▽2347.0m，最低月平均温度为 −3℃，最高月平均温度为 21℃，坝内产生了大量垂直和水平裂缝 (图 1.1)[9]。

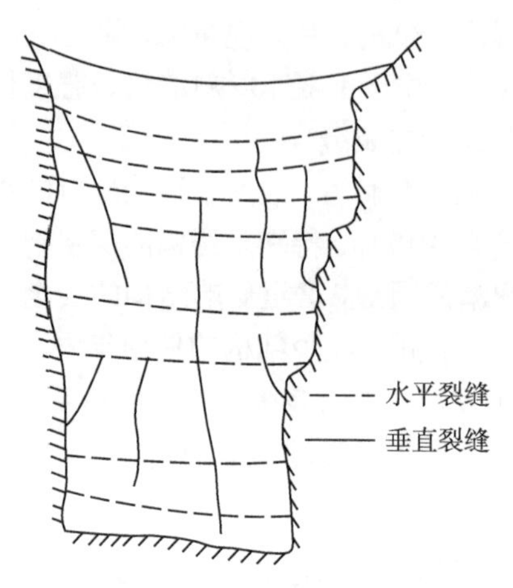

图 1.1　野牛嘴拱坝裂缝 (下游立视图)

1.2.3　卡布里尔拱坝

葡萄牙的卡布里尔 (Cabril) 双曲拱坝，高 132m，弧长 290m，1954 年建成，1980 年因有大量裂缝而被迫进行修补。当时下游面共有 252 条裂缝，这些裂缝都是施工缝 (层厚 1.5m) 被拉开，并在两横缝之间贯穿，有时还延伸到相邻坝段 (图 1.2)。用有限元分析产生裂缝的原因：①坝体顶部刚度过大；②横缝张开，坝的整体性下降；③基岩裂隙被冲刷，渗水增加，排水孔堵塞；④气温年变幅和日变幅较大；⑤初次蓄水时坝体尚未完全冷却[10]。

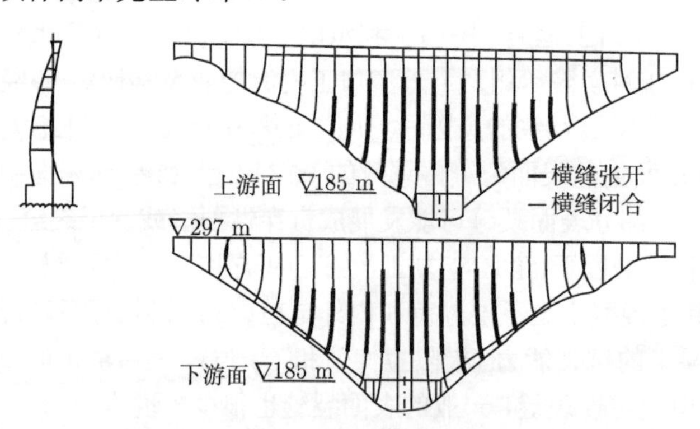

图 1.2　卡布里尔拱坝横缝张开情况图

美国在 20 世纪 30 年代以前建造的奥瓦希等混凝土坝都产生了不少的裂缝。20 世纪 30 年代修建 221m 高的胡佛拱坝，该坝的高度为已建坝高度的 2 倍，为了减少坝体裂缝的发生，美国垦务局首先进行了大量的先期研究工作，最后采用了分缝分块浇筑结合水管冷却的温控防裂措施[11]。建成后，该建筑入选美国历史十大建筑，取得了巨大的成功。

苏联从 20 世纪 50 年代开始在西伯利亚和中亚地区建造了一系列混凝土坝，当地气候条件十分恶劣，年平均气温为 $-2 \sim -3$℃，冬季最低气温达 $-40 \sim -50$℃，直到 20 世纪 70 年代建造托克托古尔重力坝 (高 215m) 时，采用了“托克托古尔施工法”才解决了裂缝问题，该方法是利用自动上升帐篷创造人工气候，冬季保温，夏季遮阳，自始至终在帐篷内浇筑混凝土[11]。

“十坝九裂”的现象在混凝土坝中十分普遍，大体积混凝土在浇筑后，水泥水化过程中产生大量的水化热，使得混凝土结构膨胀，待达到最高温度以后，随着热量向外界散发，温度将由最高温度降至一个稳定温度或者准稳定温度场，产生一个温差。如果浇筑温度越高，水化热温升越大，这个温差就越大，将产生更大的温度应力。

在基岩部位，由于坝体内部非线性温度场与基岩的约束，混凝土的收缩将产生大的拉应力，容易出现基础贯穿裂缝。在非基础约束区，如果混凝土内部的最高温度与外界温差过大，受混凝土内部非线性温度场的影响，容易出现表面裂缝。

传统的温度控制是通过降低混凝土温度来降低温降时的收缩，降低混凝土水化热、降低入仓温度、分块分层浇筑、水管冷却等是减小温度应力的常用措施。通常混凝土坝压应力安全系数为 4.0 左右，抗拉安全系数只有 1.3~1.5，如果抗拉安全系数取值更大，实际施工难以做到，温控费用也将急剧上升，抗拉安全系数较小很难避免坝体裂缝的出现。

1.3 仿真分析的发展

为了有效地控制坝体内部产生的拉应力，减小危害性贯穿与深层裂缝的发生，近几十年来，各国工程技术人员进行了大量的研究与工程实践[12−19]，积累了丰富的工程经验，并制定了各种温控的规范，取得了显著的效果。由于影响温度应力与温度控制的因素众多、关系复杂，对于不同地区的不同工程，很难用通用的规范和简单的计算来具体地指导设计与施工。这需要有一种可靠的分析方法，来预测坝体裂缝的发生。

同时，通常的混凝土坝线性与非线性、动力与静力有限元分析，一般都是假定在坝体竣工前不存在初始应力，并未考虑不同施工方法、不同温控措施以及变化的温度条件的影响，实际上坝体竣工后可能有很大的初始应力，有一定的局限性，而这对坝体的应力状态有重要的影响。

温度场与应力场仿真分析是用有限元方法模拟整个混凝土坝施工、蓄水和运行的全过程，充分考虑气温过程、水压、入仓温度、水化热和施工顺序等主要的影响因素，比较正确地计算出坝体内部温度场与应力场的时空分布，从而预测坝体裂缝发生的位置与时间，是一种可以预测混凝土大坝裂缝的方法；同时通过模拟不同的温控方案，从中选出符合应力控制标准的、可为工程接受的、经济合理的方案，供设计施工参考。

1949 年美国垦务局提出了计算大体积混凝土单根水管冷却但不考虑水化热的算法。1964 年 Sims 等对 Norfork 坝的温度裂缝进行了研究，这是有限元法在土木工程中最早的应用[20]。

受美国陆军工程师团委托，加利福尼亚大学结构工程实验室于 1963~1965 年对德沃夏克坝进行了应力场的仿真分析计算 (温控设计与温度场计算结果由工程师团提供)，以研究通仓浇筑与单纵缝浇筑的区别。采用了简化的方法计算了坝体下部的 17 层混凝土浇筑层，每个浇筑层用一层三角形单元，按照平面应力问题来计算；地基作为半无限弹性平面处理 (平面应变问题)，共计算了 73 天[21]。

我国的朱伯芳院士于 1956 年发表了《混凝土坝的温度计算》一文，并一直对大体积混凝土温度应力与温度控制问题进行了多年的研究，取得了大量成果[21]。1982 及 1983 年，他将 Zienkiewiz 和 Watson 的计算徐变应力的等步长显示算法改进为变步长的显示及隐式算法[22,23]，该算法成为我国弹性徐变应力场仿真分析的理论基础。

清华大学水利水电工程系光弹实验室刘光廷教授将随机有限元法引入了重力坝随机徐变应力的计算[24−26]，考虑了坝体混凝土温度随机性以及混凝土的徐变参数、弹性模量等力学参数随机性对徐变应力场的影响，对一典型重力坝作了计算，结果表明：结构内部温度标准差的最大值可达 4℃，徐变应力标准差的最大值约为 0.25MPa。

有限元仿真分析考虑的因素众多，许多因素还是随时间变化的。仿真分析中需要考虑以下因素。

(1) 基岩与坝体混凝土的材料参数：导温系数、导热系数、热膨胀系数、比热和混凝土的绝热温升等热学参数；容重、泊松比、弹性模量、混凝土徐变度、自生体积变形等力学参数；不同材料的分区。刘光廷教授用“等效龄期”的概念考察了温度对于混凝土弹性模量的影响，考虑温度对于弹性模量的影响有助于了解坝体的应力分布，有利于采取措施防止裂缝的发生[27]。

(2) 外界边界条件：气温、地温、水温、日照影响、寒潮、湿度等；不同时期自重、水位变化等外荷载；朱伯芳院士对我国水库水温变化情况进行了统计分析，提出估算库水温度的一维模型，并可考虑表面结冰及多泥沙水库对库水温度的影响[28,29]。

(3) 施工进度：浇筑厚度、间歇时间、浇筑季节、施工顺序与进度。

(4) 温控措施：入仓温度、表面保温、水管冷却等措施。朱伯芳院士提出了坝体一、二期水管冷却的计算方法以及非金属水管冷却的等效非金属管外半径法[30]。孙护军引入单元子结构方法，将冷却水管所在的单元作为子结构，在计算容量增加不多的情况下实现了用三维有限元法数值模拟含水管冷却效应的混凝土结构温度场和应力场[31]。

(5) 坝体结构：坝体类型、分缝、孔口与廊道等。

清华大学水利水电工程系光弹实验室对碾压混凝土坝的仿真温度场与应力场进行了深入的研究[32−36]，将计算结果与工程实测的结果进行比较分析后，得到影响仿真计算可靠性的关键是入仓温度、绝热温升和边界温度等热学参数的正确取值；设计建造了溪柄、石门子等碾压混凝土拱坝，其中 63.5m 高的溪柄碾压混凝土薄拱坝采用 12℃的低绝热温升混凝土，拱坝中设人工短缝以改进整体式碾压混凝土结构的应力和传力方向，仅用半年即完成整体碾压工作并不需要等待冷却和灌浆即可蓄水，提前发挥工程效益。他们还研究了不同切缝形式[37−39] 对坝体应力分布的影响，对坝高 132m 的沙牌拱坝研究结果表明：如不采取合理的分缝措施，将产生裂缝；建议设置 2~3 条横缝，以减轻拱坝拱向拉应力的危害。

中国水利水电科学研究院结构材料研究所用有限元方法对龙滩碾压混凝土重力坝溢流坝段施工及运行全过程进行了数值仿真，根据控制入仓温度、保温板保温、预冷等不同温控措施的组合，提出了多种可行的温控方案及温度应力的分布规律，为施工单位提供参考[40]。

此外，河海大学[41]、大连理工大学[42]、武汉水利水电大学[43] 等单位都对碾压混凝土坝仿真分析进行了深入的研究。

为了控制坝体开裂，近些年来，人们认识到在混凝土中掺入微膨胀材料有助于减小坝体拉应力，控制坝体裂缝，减少分缝，并可以简化温控措施，快速施工，缩短工期，具有很好的经济效益。这种外掺氧化镁混凝土快速筑拱坝技术作为一种新的筑坝技术，具有广阔的发展前景。

1.4 微膨胀混凝土研究现状

1.4.1 混凝土的自生体积变形

混凝土中所含水分的变化、化学反应及温度变化等因素都能够引起混凝土的体积变形。混凝土的体积变形[44] 有五种：混凝土在浇筑后至终凝前出现泌水和体积缩小产生的凝缩变形；置于未饱和的空气中的混凝土因水分散发而干燥收缩变形；外界温度变化引起混凝土宏观体积变化的温度变形；碳化反应引起的碳化收缩变形；以及胶凝材料的水化作用引起的自生体积变形。

混凝土的自生体积变形是在恒温绝湿条件下，仅由胶凝材料的水化作用引起的体积变形，不包括混凝土受外荷载、温度、湿度和碱活性骨料影响引起的体积变形。

20 世纪 50 年代 Davis 提出了自生体积变形的概念[45]，并指出自生体积变形对大坝混凝土有很重要的意义，对自生体积变形作了长期的测量。测量结果表明大坝混凝土的自生体积收缩不超过 $(50\sim100)\times10^{-6}$。而自生体积变形较小是由于当时所用的混凝土的水灰比较大，自生体积变形与干缩变形 $((200\sim1000)\times10^{-6})$ 相比不是同一数量级，而实际测量的干缩中包含了自生体积变形，当时并没有引起足够的重视。随着高效减水剂和各种掺和料的使用，混凝土的强度大大提高，自生体积变形的研究越来越受到人们的关注。

20 世纪 90 年代，Tazawa 等经研究发现[46−48]：高强混凝土的自生体积收缩是相当大的；随着水灰比的减小，自生体积收缩加大，自生体积收缩在更早龄期开始发生；而干燥收缩随着水灰比的加大而减小；由于温度应力和塑性收缩产生的裂缝是与自生体积收缩有关系的。

混凝土的自生体积变形与水胶比、水泥品种、水泥用量及掺用混合材料 (矿渣、粉煤灰等)、养护条件、龄期等有关，与骨料品种及体积含量也有关。

同时，人们发现自生体积变形的测量由于不能够保证试验要求的绝湿条件，往往造成试验数据不准确。随着测量仪器的发展，人们测量到自生体积变形不仅有收缩，而且还有膨胀的，变形也有大有小[49]。而微膨胀混凝土越来越受到人们的关注[50]。

普通混凝土的自生体积变形大多为微收缩，近年来随着膨胀水泥混凝土的研究和发展，人们逐渐认识到如能调节水泥的矿物成分，使混凝土产生膨胀性的自生体积变形，将有可能改善混凝土的抗裂性能，简化大体积混凝土的温控防裂措施。能产生膨胀性自生体积变形的有以下几种类型的水泥：钙矾石型 (CSA)、氧化钙型 (CaO) 和氧化镁 (MgO) 型，在工程上多数采用 MgO(方镁石) 微膨胀材料。MgO 在混凝土微膨胀作用机理是 MgO 与 H_2O 作用生成 $Mg(OH)_2$，体积变形最大可以增大到约 1.24 倍，使混凝土产生体积微膨胀。

1.4.2　氧化镁混凝土

氧化镁混凝土越来越多地用来提高混凝土的体积稳定性与抗裂性，并已经越来越广泛地运用于水利工程，氧化镁微膨胀混凝土筑坝是直接控制混凝土体积变形，补偿其收缩变形。在混凝土防裂、简化温控、降低成本及加快施工进度上有显著的经济效益。

如果微膨胀氧化镁混凝土的掺量控制不当，将影响混凝土的安定性，一直以来为水泥界所禁忌。如氧化镁混凝土在坝上浇筑部位、膨胀时间不当，不但不能满足补偿变形和防裂的要求，甚至在某些部位容易形成附加的拉应力，反而加大了混凝土的开裂。

成都勘测设计研究院科研所从 1977 年已开始微膨胀混凝土的物理、力学性能和长期徐变的研究[51−56]，对氧化镁混凝土的性质有了比较全面的认识：

(1) 外掺氧化镁混凝土的力学及变形性能都比普通混凝土的各项性能有所提高，氧化镁混凝土的徐变和极限拉伸值较普通混凝土大 20%以上，干缩变形率比普通混凝土要小 15%~22%。外掺氧化镁对水泥水化热和混凝土绝热温升的影响不大(其值稍高 3%~5%)；对混凝土的导温、导热、比热和热膨胀系数均无明显影响。

(2) 温度和约束条件对氧化镁混凝土力学性能的影响较大。当温度从 20℃升至 40℃时，氧化镁混凝土的拉、压强度一般可提高 15%和 20%；温度对约束强度的影响更大，一般抗压强度可提高 30%~36%，抗拉强度可提高 26%。约束混凝土拉、压强度的增长率为非约束混凝土的 1.6 倍及 1.7 倍。

(3) 外掺氧化镁微膨胀混凝土的各项长期耐久性能均优于普通混凝土。外掺氧化镁混凝土的抗冻和抗渗性能有较大的提高，其约束抗渗能可提高数倍；抗冲磨强度一般可提高 7%左右。外掺氧化镁能使粉煤灰混凝土碳化减慢，能降低碳化深度 34.3%，能较大地提高粉煤灰混凝土的抗碳化能力。掺氧化镁对混凝土的抗侵蚀性能的影响不大。

同时，研究结果表明氧化镁混凝土有较好的延迟性能，而且长期稳定。

在掺入氧化镁之后，需要分析补偿应力在坝内的分布情况，这就需要进行补偿应力的仿真分析。氧化镁的“延迟性”膨胀有利于在坝体内部产生有效的压应力，采用氧化镁混凝土可以加大层厚、缩短间歇时间等，方便施工[57]。

氧化镁微膨胀混凝土自生体积变形与混凝土温升引起的变形，虽然在宏观上相似，但在细观上有本质的差别。混凝土由于温度变化而产生变形时，水泥石与骨料的变形基本是同步的，而氧化镁微膨胀混凝土的自生体积膨胀则不同，水泥石产生膨胀，而骨料本身并不膨胀，因而当氧化镁掺量超过一定值时，水泥石与骨料的界面可能产生破坏，从而影响到混凝土的强度、极限拉伸、抗渗性、耐久性等基本性能，当氧化镁含量不超过 5%时，氧化镁对混凝土的力学特性和耐久性的影响不大，一般氧化镁混凝土的掺率不超过 5%。

根据国家水泥标准，氧化镁掺量在 5%以内时，一年的自生体积变形大多在 125×10^{-6} 以内，可以在南方用氧化镁混凝土修建通仓常态混凝土重力坝或在冬季浇筑中小型常态混凝土拱坝；如果能够突破 5%掺率氧化镁的限制，则有可能在全国范围内大量使用[58]。由于水工混凝土骨料粒径大，水泥石膨胀时界面上产生破坏的可能性大，需进行大量的现场与室内试验。如果突破氧化镁这一掺率的限制，氧化镁混凝土安定性更为突出。

通常掺加氧化镁主要有三种方式：水泥内含、水泥厂内掺以及水泥厂外掺。一般前两种方式均匀性有保证，而后一种方式比较容易调整氧化镁的掺量。同时，适当地改变掺和料的成分与粒度，可得到不同膨胀速率的膨胀剂系列，适用于不同的结构。

1.5 微膨胀筑坝技术的工程应用

1.5.1 白山拱坝

1982 年建成的白山重力拱坝，当地气候严寒，温度条件恶劣，但建成后裂缝不多，从原型观测资料中发现，白山拱坝混凝土具有微膨胀性能，对减少大坝裂缝具有重要作用。后经大量研究证明，白山拱坝采用的抚顺大坝水泥中含有 4.28%~4.38%氧化镁是产生膨胀的根本原因，而且氧化镁混凝土的膨胀主要产生在中期，大约 80%的膨胀发生在 20~1000d 龄期，早期膨胀较小，后期趋于稳定。这种膨胀变形有利于在大体积混凝土内产生有效的压应力，以补偿降温所引起的拉应力[59]。

1.5.2 青溪水电站和飞来峡水电站

青溪水电站位于广东省大埔县韩江支流汀江上，河床式径流电站，装机容量 14 万 kW，高 51.5m，坝体混凝土方量 14 万 m^3。该工程位于岭南亚热带地区，混凝土人工降温难度很大，原设计加冰拌合为主，但效果难于达到设计浇筑温度 23℃，并已出现裂缝。因此，决定采用 MgO 混凝土浇筑技术，包括两部分：①为防止大坝基础贯穿裂缝，全坝段基础约束区浇筑 MgO 混凝土，高度为 7~8m，相当于坝块长度的 1/2 左右，取消加冰拌合等温降措施，浇筑温度提高到 31℃；②坝面进行全年保温，防止表面裂缝[60]。

青溪共用 MgO 材料 500t，掺率为 5.0%，共浇筑 MgO 混凝土 5 万 m^3，占总混凝土浇筑量的 36%。施工中严格进行均匀性检验，其安定性是合格的。坝体无应力计测得的混凝土自生体积变形多数为 $(80\sim100)\times10^{-6}$，应变计测得的基础约束应力为 0.8MPa，最终将达到 1.4MPa，补偿应力可达 0.6MPa，满足设计要求[60]。

广东省飞来峡工程重力坝[61] 于 1995 年也成功地运用了外掺 MgO 微膨胀混凝土防裂快速筑坝技术。

1.5.3 水口水电站

水口水电站位于福建闽清县闽江干流上，坝顶全长 783m，最大坝高 101m，设一条纵缝，原设计夏季混凝土允许最高温度 31~33℃，入仓温度 11~16℃，采取冷却水管一期冷却、骨料预冷、加冰拌合温控措施，但由于 1990 年年初制冷系统及运输没有把握，因此采用 MgO 混凝土。补偿设计原采用通仓浇筑，70m 块长不设纵缝，后由于缆机不能正常投产，恢复设置纵缝方案，在 7#~15# 坝段浇筑 MgO 混凝土，将浇筑温度提高到 19~ 24℃ C[60]。

大坝共浇筑 MgO 混凝土 7.5 万 m^3，共用 MgO650t，掺率为 4.4%~4.8%，经过严格质量控制 MgO 安定性达到要求。坝内埋设的无应力计观测的自生体积变形一般为 $(40\sim60)\times10^{-6}$，常态混凝土测得为 $(-20\sim-30)\times10^{-6}$，有效膨胀变形为 $(60\sim80)\times10^{-6}$，提供补偿应力 0.3~0.5MPa。

1.5.4 长沙拱坝

长沙水库电站位于广东省阳春市，总库容 1330 万 m^3，电站装机 1260kW，大坝为混凝土 4 圆心变半径双曲拱坝，最大坝高 55.5m，坝体弧长 140m，坝底宽 9.66m，坝顶宽 3.87m，厚高比 0.18，坝体混凝土总方量 3.2 万 m^3，属超薄型混凝土拱坝 (详见第 4 章)[61]。

该拱坝在混凝土浇筑施工过程中全坝段外掺 3.5%~4.5%的氧化镁，利用其膨胀特性，补偿施工期温度应力，简化了传统混凝土浇筑的分块分缝、加冰预冷骨料、埋设冷却水管等温控措施，实现连续浇筑不设横缝快速筑拱坝，这在国内外尚属首例，它对于研究快速筑拱坝技术，推动混凝土筑坝技术的发展，具有十分重要的意义。

1.6 混凝土高坝强震实例

1.6.1 新丰江工程

新丰江大坝位于广东省东江支流新丰江上，为下游开敞的大头坝，坝高 105m。由每个坝段为 18m 的共 19 个支墩组成，两岸连接重力坝段。大坝中部河床处为溢流坝段。坝顶高程为 124m。坝基岩性是侏罗纪–白垩系花岗岩。新丰江大坝是中国最早被认为与水库蓄水有关的“水库地震”实例，也是世界上已有的 4 个最大震级超过 6 级的水库地震之一。在水库开始蓄水后不久就频繁发生地震，震源深度一般为 3~6km。约两年半后于 1962 年 3 月 19 日发生震级为 6.1 级的主震。震中在坝址东北约 1.1km 处，震中烈度为 8 度。主震后，坝体在右岸第 13~18 坝段高程 108m 附近发现延伸约 82m 的水平裂缝，在左岸 2、5、10 坝段的大致相同高程，也有较小的不连续裂缝[77,78]，这些裂缝大多是上下游贯穿的。

在 1961 年 3 月至 1962 年年初，即因蓄水后频繁发生地震而对大坝按能抗御 8 度地震的要求进行了第一期加固。修建支撑墙将全部支墩间的下游面在结构上联结成整体，以改善原支墩下游面敞水而导致的纵向刚度不足的缺点。接近完工的首期加固工程，减轻了大坝遭受主震时的震害。震后又做了在支墩腹腔内回填一定高度的混凝土的二期加固，以增加坝体整体稳定性。

1.6.2 宝珠寺工程

宝珠寺大坝为平面上两侧向上游偏转呈折线形的重力坝，坝顶高程 595.00m，坝体按柱状块施工，并在平行坝轴线的方向设有 4 条纵缝，纵缝面设水平三角形键槽和灌浆系统，蓄水前进行灌浆以形成整体。大坝设计烈度定为 6 度，原设计未作抗震核算，以后进行抗震复核表明可满足设计烈度为 7 度的抗震设计要求[79−81]。

汶川地震时，水库水位 558.5m，接近死水位 558.0m。震后的观测和检查表明，大坝结构完整，未见明显损伤；河床坝段横缝有挤压现象，坝段结构相差较大的横缝尤为明显，坝顶路面层在坝体横缝处上翘。上游防浪墙及下游栏杆也在横缝处开裂，局部表面修饰层脱落。但各横缝间无明显错动迹象，左、右岸坝段横缝未见挤压、张开、错动现象。各坝段坝体纵缝震后均未见异常，坝体结构表面未见明显裂缝。震前少数在廊道外有渗水的横缝，震后渗水量略有增大。坝体无砂排水管均无大的渗水，多数为干孔，说明坝体上游面死水位以下部分没有贯穿性裂缝[82,83]。

百米级宝珠寺重力坝之所以在强震时未发生震害，可能是由于存在着对抗震有利的下列因素：各个坝段间的横缝设有梯形键槽，而且在 550m 高程以下都进行了灌浆；最高的河床坝段采用了与坝后厂房通过下部灌浆联结成一体的结构；地震时，库水位接近死水位；此外，从坝顶平板闸门的抓梁震后沿坝轴线方向平移了二十多厘米的现象判断，坝体在地震中主要经受的是坝轴线方向的地震作用等。

1.6.3 沙牌工程

于 2001 年建成的沙牌拱坝是当时世界最高的碾压混凝土拱坝，是坝高 132m 的三心圆拱的重力拱坝，但总库容仅 0.18 亿 m^3。坝体设置了两条横缝和两条诱导缝，径向纵缝间距 45m。距坝址最近距离仅 8km 的龙门山后山断裂带，其茂县–草坡段为强活动段，1657 年曾发生过 6.5 级地震，坝址影响烈度为 7 度。根据《水工建筑物抗震设计规范》规定，沙牌拱坝按水平向 $0.138g$ 和竖向 $0.092g$ 的设计峰值加速度和标准设计反应谱进行抗震设计[84−86]。

汶川地震中沙牌拱坝距龙门山中央断裂带的震中约 36km，处于 9 度宏观地震烈度区。地震时库水位接近正常蓄水位。震后的勘测表明：震后坝体结构整体完好。邻近坝段的中部，库岸经锚固的抗力体边坡整体稳定。中国沙牌拱坝和美国 Pacoima 拱坝比较，前者的坝身、经受的地震强度、地震时的库水位都超过后者，且碾压混凝土拱坝受温度的影响要比常规混凝土拱坝大，但前者坝体基本完好，后者震害严重。分析表明：Pacoima 拱坝的震害主要由左坝肩重力坝下卧基岩的失稳所导致，而沙牌拱坝两岸坝肩抗力体未见损坏，两者在强震中的性能差异凸显了坝肩岩体稳定对拱坝抗震安全的重要性。沙牌拱坝经受强震的震例也对碾压混凝土拱坝这类新坝型的抗震安全性具有重要的参考意义。

此外，中国台湾建于 1974 年的 181m 高的德基双曲拱坝，在 1999 年集集地震中，坝址距震中 60km，在坝顶下游溢流孔底部记录到 $0.87g$ 的峰值加速度，估计坝址地面峰值加速度约 $0.3g$。震后除坝基渗漏量增加并逐渐减少外，坝体和坝基都基本完好。该坝曾按 $0.15g$ 的地震系数以静力法进行了抗震设计[87,88]，1994 年又按水平向 $0.35g$ 和竖向 $0.23g$ 的设计峰值加速度对大坝进行了抗震复核。

1.7 混凝土大坝抗震研究

混凝土大坝的抗震研究包括强度和稳定两个方面。考虑坝基失稳、变形，大坝的变形、应力重分布与破坏过程相结合进行综合考虑，可以更为科学地评价大坝的安全性。但就目前情况来说，混凝土大坝，基本上对稳定和应力分别分析和检验。稳定分析主要采用极限平衡方法，按塑性力学上限理论计算安全系数。而大坝剖面的选择将主要通过应力进行控制。从应力方面评价混凝土大坝的抗震安全性，混凝土的容许抗拉强度是大坝抗震安全检验的重要指标，而在动力分析中得到的应力会在坝体内波动变化，这会对相应部位的抗震安全评价产生影响，虽然采取了一定的方式解决这一问题，但总的来讲，利用应力控制的标准在评价结构安全方面还有不足。

在混凝土坝的设计中，很长时期内，拱坝采用试载法 (多拱梁法)，重力坝采用材料力学方法进行分析。在早期大坝设计中，基本上采用不容许拉应力出现的标准，针对的是大坝的设计地震力不高，地震加速度一般取为 0.1g 左右，这种情况下许多大坝的安全性主要由静力情况控制。随着坝工建设的发展，不容许拉应力的评价标准在实践中显得越来越不合时宜。这是由于以下几方面的原因：第一，由于坝高增加，同时在复杂条件下建设的大坝数量越来越多，初期不容许拉应力出现的标准无法满足设计要求；第二，实际大体积混凝土可以承受一定程度的拉应力，从而在一些坝的设计中逐步容许一定数量的拉应力；第三，实际情况中，实测地震加速度超过甚至远超过抗震设计的加速度强度的工程，如印度的 Koyna 大坝，中国的新丰江大坝、石冈坝和美国 Pacoima 拱坝等；第四，在地震作用下，混凝土大坝的不同部位均将产生比静态情况时高的应变速率，而这对混凝土的强度等有所影响。Nard 等[89] 指出 “土木、水利工程结构的危险性分析和安全评价必须考虑混凝土的动态特性”。当前大坝的设计采用设定的容许拉应力，在一定程度上考虑混凝土在静态下的拉应力工作范围，而在动态情况时，则笼统地将强度提高了一定的幅度，这对大型、复杂的混凝土结构如重力坝和拱坝来说不十分恰当，因为研究发现，应变率将对大坝的动态响应产生影响，不同结构、不同部位的应变率不同，因而动态特性对混凝土强度的影响也不同。

从以往混凝土大坝经历地震的历史来看，一方面，不少大坝坝址记录到的地震加速度远超过设计中采用的地震加速度，并且造成大坝震害；另一方面，按传统地震加速度设计的大坝也表现有一定的抗震能力，有的经受了强震的考验。这就产生了矛盾，到底按照什么标准进行混凝土大坝的抗震设防，成为设计人员十分关注的问题。面对这一矛盾，各国已经采用了不同的大坝抗震设防措施。例如，日本和俄罗斯采用较低的设计地震加速度值的做法；美国和欧洲一些国家采用两级或多级地震设防标准；而我国则在现行的《水工建筑物抗震设计规范》标准中采用了极限状态的计算公式，对设计烈度不高、坝高较低的混凝土重力坝和拱坝，容许采用拟静力法分析，并引入地震作用效应折减系数等于 0.25，对重要大坝，则将设计地震加速度的水准提高，地震作用采用反应谱法进行弹性分析，材料强度取值也适当提高等。

近年来，随着大坝抗震安全日益重要，国内外许多研究者从不同的方面研究这一问题。部分研究工作如下：

Zegarra 和 Magno[90] 考虑了滑移的重力坝动力安全评价；Tekie 和 Beraki[91] 研究了动力断裂破坏下大坝的概率安全，并展开了相应的大坝安全评价；Ramirez 和 Luis[92] 对波多黎各的一座重力坝进行了动力安全分析和评价；Fronteddu 和 Lucianotls[93] 考虑重力坝分缝在动力作用时的能量耗散和动力响应，并评估了大坝在强震作用下的可能损伤情况；Ghaemian-Amirkolai 和 Mohsen[94] 则从坝–库水相互作用方面研究了对混凝土重力坝的动力响应影响。

陈厚群等[95] 对丰满大坝在考虑动接触和地基辐射阻尼的影响下，研究了纵缝对坝体地震动力反应的影响，并评价了丰满大坝的抗震安全性。

冯树荣等[96] 对龙滩碾压混凝土重力坝采用材料力学动力法和非线性有限元动力法分析，研究其抗震安全性；刘国明采用材料力学和刚体极限平衡方法研究了重力坝的抗震安全；刘君等应用非连续变形分析和 FEM 耦合方法研究了碾压混凝土重力坝的动力反应和抗震安全性；栗茂田等用不连续变形分析方法对重力坝进行了研究。

当前对大坝的安全评价已经从线弹性方法过渡到非线性方法，包括用断裂力学理论、塑性理论以及损伤理论等。从已有的研究来看，虽然损伤模型还有待完善，但应用于混凝土大坝这样的大体积混凝土结构的静动响应非线性分析、进行对应的非线性安全评价，还是有许多优点，如损伤指标在坝体的发展可表现大坝的渐进破坏过程和趋势，而不像应力指标那样在动力作用下有波动难以反映坝体破损的发展；总之，在大坝的非线性分析和动力安全评价研究方面还很有潜力，是值得努力的一个研究方向。

第2章　氧化镁混凝土膨胀及温度效应原理

2.1　引　　言

氧化镁混凝土筑坝技术为我国首创，对该技术的研究已有 20 多年的历史。氧化镁混凝土筑坝技术涉及学科众多，包括温度应力、补偿水泥化学、混凝土变形理论、现场施工、原型观测及水工结构等学科。实践表明，该技术不仅可作为简化温控的坝体防裂手段，同时也是一项提高施工速度的筑坝技术[97]。

通常来讲，普通混凝土的自身体积变形一般为微收缩。近年来人们通过对外掺氧化镁混凝土的性能研究和工程实践认识到，适当改变水泥的成分组成，如在浇筑混凝土时加入适量的氧化镁，能够使混凝土产生自生体积变形，可能使得混凝土的抗裂性能得到改善。尤其对于大体积混凝土，可以做到全部或部分取代传统大体积混凝土浇筑的温控措施，不仅有利于解决大体积混凝土的开裂问题，而且可以实现长块、厚层、通仓连续浇筑，从而达到简化施工工艺，降低工程造价，缩短工期，大大加快施工进度的目的，因此具有重大的技术经济优势和很好的应用发展前景[98]。

2.2　施工期温度效应原理

施工期影响坝体应力情况的因素有很多，其中温度效应为主要影响因素，本章将主要介绍常用温度效应原理，通过考虑空气对流传热、太阳辐射热等温度因素，结合氧化镁混凝土的水化放热特性，建立坝体施工期温度分析理论，为之后的温度场数值模拟做准备。

水体温度与空气温度的变化存在差异，但彼此之间存在联系，在数值模拟分析中，水温与气温的影响应分开考虑。已有相关研究提出了库水温度的计算公式，通过查阅当地气温及地理位置等条件即可估算得到库水温度情况。

重力坝施工期温度场方面，主要考虑的因素有水泥水化生热、空气对流传热以及太阳辐射热等。

2.2.1　水泥水化热

水泥与水作用放出的热，称为水化热，单位为焦尔/克 (J/g)[99]。影响水泥水化生热的因素有很多，包括水泥熟料矿物组成、水灰比、水泥细度、养护温度、混合材料的掺量与质量等，其中熟料矿物的组成与含量为主要影响因素。

水化生热表达式大致有三种类型，分别为指数式、双曲线式以及复合指数式[100]。分别表示如下：

(1) 指数式。

$$Q(\tau)=Q_0(1-\mathrm{e}^{-m\tau})$$

其中，$Q(\tau)$ 为龄期 τ 时的水化热，kJ/kg；Q_0 为 $\tau\to\infty$ 时的最终水化热，kJ/kg；τ 为龄期，d；m 为常数，随水泥品种、比表面及浇筑温度的不同而变化。

由相关实验资料得到[101]，常数 m 的主要数值如表 2.1 所示。

表 2.1 不同浇筑温度下 m 的取值

浇筑温度/℃	5	10	15	20	25
m/(t/d)	0.295	0.318	0.340	0.362	0.384

(2) 双曲线式。

$$Q(\tau)=\frac{Q_0\tau}{n+\tau} \tag{2-2}$$

其中，n 为常数；由公式可知，当 τ=0 时，$Q(\tau)$=0；当 $\tau\to\infty$ 时，$Q(\tau)=Q_0$；当 $\tau=n$ 时，$Q(\tau)=Q_0/2$。

(3) 复合指数式。

$$Q\left(\tau\right)=Q_0\left(1-\mathrm{e}^{-a\tau^b}\right) \tag{2-3}$$

最终水化热与系数 a、b 的对应关系如表 2.2 所示。

表 2.2 不同品种水泥的系数 a、b 值

水泥品种	Q_0/(kJ/kg)	a	b
普通硅酸盐水泥 425#、525#	330	0.69	0.56
	350	0.36	0.74
普通硅酸盐大坝水泥 525#	270	0.79	0.70
矿渣硅酸盐大坝水泥 425#	285	0.29	0.76

对于混凝土，通常用混凝土的绝热温升 θ 来表示水泥水化热。测定绝热温升的方法大致有两种：直接法与间接法。直接法为用绝热温升试验设备直接测定 θ；间接法为先测定水泥水化热，再根据材料的相关热力学参数计算混凝土温升值[34]。两种方法相比，直接法所得结果更贴近实际。

若缺乏直接测定的材料，可根据水泥水化热公式进行估算，公式如下：

$$\theta(\tau)=\frac{Q(\tau)(W+kF)}{c\rho} \tag{2-4}$$

其中，W 为水泥用量；c 为混凝土比热；ρ 为混凝土密度；F 为混凝土用量；$Q(\tau)$ 为水泥水化热；k 为折减系数，对于粉煤灰，可取 k=0.25。

同水化生热类似，混凝土绝热温升 $\theta(\tau)$ 与龄期 τ 的关系式同样可用指数式、双曲线式或复合指数式表示。资料表明，后两者模拟效果与实验资料拟合较好。

本书将采用构造简易的指数形式表示水化热过程，具体如下：

$$\theta(\tau) = m\rho Q_0 \mathrm{e}^{-m\tau} \tag{2-5}$$

其中，m 为水化热系数，d^{-1}；Q_0 为水泥最终水化散热量，kJ/kg；τ 为龄期，d。

C20 普通混凝土水化生热公式可表示为

$$Q(\tau) = 0.96 \times 2450 \times 24.8 \times 0.331\mathrm{e}^{-0.331\tau} \tag{2-6}$$

2.2.2 日照温升

对于建筑温度影响，日照是主要因素之一。在太阳辐射中，三分之一能量为可见光，而红外线占总能量的三分之二。而当太阳光照射至地球表面时，其能量的一部分又将会被地球表面吸收[102]。

太阳辐射热为由太阳直接照射产生的辐射能量，阴天时太阳辐射热表达式为

$$S = S_0(1 - kn) \tag{2-7}$$

其中，S 为阴天太阳辐射热；S_0 为晴天太阳辐射热；n 为云量；k 为系数。

系数 k 的具体数值按表 2.3 选取。

表 2.3 系数 k 随纬度变化表

纬度/(℃)	75	70	65	60	55	50	45	40	35	30
k	0.45	0.50	0.55	0.60	0.62	0.64	0.66	0.67	0.68	0.68

日照的影响相当于周围空气的温度增高了 $\Delta T = R/\beta = \alpha \cdot S/\beta$，其中 R 为物体表面吸收的辐射热，β 为物体表面放热系数。

太阳辐射热随时间发生改变，变化规律如下：

(1) 年平均辐射热：全年平均值，当混凝土表面接收的年平均辐射热为 R 时，其影响相当于年平均气温增高了 R/β。

(2) 日变化辐射热：可用半波正弦函数近似表示。

2.2.3 对流传热

气温年变化一般可用余弦函数表示：

$$T_\mathrm{a} = T_\mathrm{am} + A_\mathrm{a} \cos\left[\frac{\pi}{6}(\tau - \tau_0)\right] \tag{2-8}$$

其中，T_{a} 为气温；T_{am} 为年平均气温；A_{a} 为气温年变幅；τ 为时间，月；τ_0 为气温最高时的时间。

对流传热中，得到温度数据后，可通过传热系数采用相应公式进行热量传递计算。

2.3 运行期库水温度计算原理

在运行期温度场计算中，需要考虑水温对坝体的影响。水温变化有以下特点：

(1) 同气温类似，水温变化周期为一年。随着水深的增加，水温变幅逐渐减小；

(2) 水温的变化较气温有滞后现象，滞后程度随深度的不同略有改变；

(3) 受到日照因素的影响，坝体表面水温要高于气温。

库水温度的变化规律可用余弦函数近似表示[103]：

$$T(y,\tau)=T_{\mathrm{m}}(y)+A(y)\cos\omega(\tau-\tau_0-\varepsilon) \tag{2-9}$$

其中，y 为水深，m；τ 为时间，s；$T(y,\tau)$ 为水深 y 处在时间为 τ 时的温度；$T_{\mathrm{m}}(y)$ 为水深 y 处的年平均温度；$A(y)$ 为水深 y 处的温度年变幅；τ_0 为气温最高时刻；ε 为水温与气温变化的相位差；ω 为温度变化的圆频率。

通常气温最高时刻发生在 7 月中旬，因此取 $\tau_0=6.5$。公式中的未知量只有年平均温度 $T_{\mathrm{m}}(y)$、温度年变幅 $A(y)$ 以及水气温度变化的相位差 ε。未知量具体求解方法如下。

1) 年平均温度

年平均温度在不同水深处其值会发生改变，通常情况下，水温最高值出现在库水表面处，随着水深的增加，水温逐渐降低。根据相关资料，对于温带地区，水库表面水温的年平均温度可用下式表示[103]：

$$T_{\text{表}}=T_{\text{气}}+\Delta b \tag{2-10}$$

其中，$T_{\text{气}}$ 为当地年平均气温；Δb 为温度增量。秦皇岛地区可取 Δb=3℃。

库底年平均水温可近似取为当地 12 月、1 月、2 月三个月的月气温平均值[103]，即为

$$T_{\text{底}}\approx(T_{12}+T_1+T_2)/3 \tag{2-11}$$

其中，T_{12}、T_1、T_2 分别为 12 月、1 月、2 月的气温平均值。

当水位深度达到 50m 及以上时，一般地区库底年平均水温可取为 6~7℃，本书中，水库上游水位超过 50m，将选取其库底年平均水温 $T_{\text{底}}=6$℃。

年平均水温表示为[103]

$$T_{\mathrm{m}}(y) = c + (b - c)\mathrm{e}^{-0.04}y \tag{2-12}$$

其中，$c = (T_{底} - bg)/(1 - g); g = \mathrm{e}^{-0.04H}$，$H$ 为水库深度，m；$b = T_{表}$。

2) 水温年变幅

温带地区，水库表面水温年变幅可由下式表示[103]：

$$A_0 = (T_7 - T_1)/2 \tag{2-13}$$

其中，T_7, T_1 分别为当地 7 月和 1 月的月平均气温。

任意深度的水温年变幅可表示为

$$A(y) = A_0\mathrm{e}^{-0.018y} \tag{2-14}$$

其中，y 为水深，m。

3) 水温变化的相位差

水温变化相位差可表示为

$$\varepsilon = 2.15 - 1.30\mathrm{e}^{-0.085y} \tag{2-15}$$

其中，y 为水深，m。

综上可知，库水温度可表示为以时间和水位高度为自变量的函数形式。

2.4 本章小结

本章首先介绍氧化镁混凝土应力场理论，之后对氧化镁混凝土膨胀特性、膨胀率及温度效应计算方法作简要说明。主要内容概述如下：

(1) 介绍氧化镁混凝土膨胀机理，查阅文献得到常温环境下混凝土膨胀量计算公式；

(2) 介绍模拟氧化镁混凝土膨胀率的当量龄期法，确定采用此方法对氧化镁膨胀特性进行仿真模拟；

(3) 介绍温度效应主要内容，确定数值模拟中主要考虑的因素；

(4) 介绍相关的理论知识，通过已有的理论公式，推导衍生出所需要的公式，确定相应的数值模拟方法，编辑相关子程序。

第3章 孔压渗流原理

3.1 引 言

在水的作用下，多孔介质会发生渗流现象。通常情况下，可以将混凝土视为透水性材料，坝体渗流遵循非线性渗流原理，已有相关研究对混凝土渗透性理论进行研究分析。

3.2 渗 流 原 理

混凝土的耐久性将受到渗流因素的影响，由于混凝土内部存在微小孔隙，当混凝土处于水环境中时，水分在孔隙中会发生迁移现象[104]。影响迁移现象的因素主要有三种：一是水压渗透作用，二是毛细现象，三是由湿度差引起的水分扩散现象[105]。

3.2.1 渗流研究的主要内容

渗流即为流体在多孔介质中的流动。多孔介质是一种由空隙、裂缝等毛细管组成的材料[106]，其定义如下：

(1) 由非固态物质与其他多组物质组成的空间形式；

(2) 若多孔介质组成中包括固相，需保证固相存在于整个介质中，并存在于每一代表性单元内；

(3) 若有组成部分中包含固相，固相中的孔隙至少有部分是相互流通的，保证流体能够通过[107]。

渗流理论涉及流体力学知识，渗流现象的存在范围广泛，主要存在于工程材料、自然界等[108]。按内容分类，渗流大致可分为地下渗流、水库蓄水、地面沉降等。

3.2.2 渗流基本定律

渗流定律可分为线性定律与非线性定律。

1. 线性定律

线性定律是 1856 年由法国工程师 (Henry-Darcy) 通过渗透实验证明，渗流量 Q 除与断面面积 F 直接成比例外，还正比于水头损失 $(h_1 - h_2)$，反比于渗径长度

L，引入决定土粒结构和流体性质的一个常数 k 时，达西定律可写为

$$Q = Fk\left(h_1 - h_2\right)/L \text{ 或 } Q = kFh/L \tag{3-1}$$

其中，Q 为单位时间渗流量；F 为过水断面面积；h 为总水头损失；L 为流径长度；$I = h/L$ 为水力坡度；k 为渗透系数。

由 Q=Fv，得到达西定律的另一种表达式为

$$v = \frac{Q}{F} = -k\frac{\mathrm{d}h}{\mathrm{d}s} = kI \tag{3-2}$$

其中，v 为过水断面的平均渗流速度，或称达西流速；I 为渗流坡降，即沿流程 s 的水头损失。

渗流基本方程

渗流的连续性方程, 可从质量守恒原理出发来建立。在充满液体的渗流区域内取一无限小的平行六面体，来研究其水流的平衡关系。设六面体的各边长度为 Δx、Δy、Δz，且和相应的坐标轴平行。沿坐标轴方向的渗透速度分量和液体的密度分别以 v_x、v_y、v_z 和 ρ 来表示[57,58]。

在 Δt 时间内，流入六面体左边界面 $abcd$ 的液体质量为

$$\rho Q_x \Delta t = \rho v_x \Delta y \Delta z \Delta t$$

其中，Q_x 表示沿 x 轴方向进入六面体的流量。而从六面体右边界 $a'b'c'd'$ 流出的液体质量为

$$\left[\rho Q_x + \frac{\partial\left(\rho Q_x\right)}{\partial x}\Delta x\right]\Delta t$$

所以，沿 x 轴线方向流入和流出六面体的液体质量差为

$$\rho v_x \Delta y \Delta z \Delta t - \left[\rho v_x \Delta y \Delta z \Delta t + \frac{\partial\left(\rho v_x\right)}{\partial x}\Delta x \Delta y \Delta z \Delta t\right] = -\frac{\partial\left(\rho v_x\right)}{\partial x}\Delta x \Delta y \Delta z \Delta t$$

同理，可分别写出沿 y 轴和 z 轴方向流入六面体的质量差为

$$-\frac{\partial\left(\rho v_y\right)}{\partial y}\Delta x \Delta y \Delta z \Delta t$$

$$-\frac{\partial\left(\rho v_z\right)}{\partial z}\Delta x \Delta y \Delta z \Delta t$$

因此，在时间 Δt 内，流入和流出平行六面体的总的质量差为

$$-\left[\frac{\partial\left(\rho v_x\right)}{\partial x} + \frac{\partial\left(\rho v_y\right)}{\partial y} + \frac{\partial\left(\rho v_z\right)}{\partial z}\right]\Delta x \Delta y \Delta z \Delta t$$

平行六面体内液体质量的变化，是由流入和流出平行六面体的液体质量造成的。根据质量守恒定律，两者在数值上应相等，从而有

$$-\left[\frac{\partial\left(\rho v_x\right)}{\partial x}+\frac{\partial\left(\rho v_y\right)}{\partial y}+\frac{\partial\left(\rho v_z\right)}{\partial z}\right]\Delta x\Delta y\Delta z\Delta t=\frac{\partial}{\partial t}\left[\rho n\Delta x\Delta y\Delta z\right] \tag{3-3}$$

式 (3-3) 被称为渗流的连续性方程。

若把渗流假定为不可压缩的均质液体，其密度 ρ 为常数，同时设流入和流出平行六面体的液体总质量差为零，则有

$$\frac{\partial v_x}{\partial x}+\frac{\partial v_y}{\partial y}+\frac{\partial v_z}{\partial z}=0 \tag{3-4}$$

式 (3-4) 为稳定渗流情况的连续方程。它表明，在稳定渗流情况下，同一时间内流入和流出水量是相等的。

式 (3-3) 中右端项计算比较困难，具体计算应用为了简化计算往往作一些假设：只有垂直向可压缩的情形。

下面仅考虑垂直方向上的压缩来研究式 (3-3) 右端的实质。当含水层的侧向受到限制，可假设 $\Delta x, \Delta y$ 为常量，于是只有水的密度 ρ、孔隙度 n 和单元体高度 Δz 三个量随压力而变化，式 (3-3) 右端可以改写成

$$\frac{\partial}{\partial t}\left[\rho n\Delta x\Delta y\Delta z\right]=\left[n\rho\frac{\partial\left(\Delta z\right)}{\partial t}+\rho\Delta z\frac{\partial n}{\partial t}+n\Delta z\frac{\partial \rho}{\partial t}\right]\Delta x\Delta y \tag{3-5}$$

式 (3-5) 右端三项分别代表单元体骨架颗粒和空隙体积以及流体密度的改变速率，前两项可表示为颗粒之间的有效应力，第三项表示为流体压力；就是说有效应力 σ 用于单元体，空隙水压力 p 压缩水体。

现在分别确定式 (3-5) 右边括号中的 $\dfrac{\partial(\Delta z)}{\partial t}, \dfrac{\partial n}{\partial t}\dfrac{\partial \rho}{\partial t}$ 的表达式。

1) $\dfrac{\partial(\Delta z)}{\partial t}$ 的表示方法

含水层的垂直应变可表示为

$$\frac{\mathrm{d}(\Delta z)}{\Delta z}=\frac{\mathrm{d}\sigma_z}{E_{\mathrm{s}}} \tag{3-6}$$

式中，σ_z 为含水层骨架上的垂直应力；E_{s} 为含水层垂直方向的压缩模量。

若定义含水层的系数垂直压缩 α 为

$$\alpha=\frac{1}{E_{\mathrm{s}}}$$

则式 (3-6) 可变为

$$\mathrm{d}(\Delta z)=-\alpha(\Delta z)\mathrm{d}\sigma_z$$

于是有

$$\frac{\partial(\Delta z)}{\partial t}=-\alpha(\Delta z)\frac{\partial\sigma_z}{\partial t} \tag{3-7}$$

2) $\dfrac{\partial n}{\partial t}$ 的表达式

在所研究的单元体中，由于固体的压缩性比水的压缩性要小得多，所以单元体中固体颗粒体积

$$\Delta V_{\mathrm{s}}=(1-n)\Delta x\Delta y\Delta z$$

可以认为是不变的。所以它的全微分为零，即

$$\mathrm{d}(\Delta V_{\mathrm{s}})=\mathrm{d}[(1-n)\Delta x\Delta y\Delta z]=0$$

或

$$[\Delta z\mathrm{d}(1-n)+(1-n)\mathrm{d}(\Delta z)]\Delta x\Delta y=0$$

因为 $\Delta x\Delta y\neq 0$，故

$$\Delta z(1-n)+(1-n)\mathrm{d}(\Delta z)=0$$

于是

$$\mathrm{d}n=\frac{1-n}{\Delta z}\mathrm{d}(\Delta z)$$

所以

$$\frac{\partial n}{\partial t}=\frac{1-n}{\Delta z}\frac{\partial(\Delta z)}{\partial t} \tag{3-8}$$

将式 (3-7) 代入式 (3-8) 得到

$$\frac{\partial n}{\partial t}=-(1-n)\alpha\frac{\partial\sigma_z}{\partial t} \tag{3-9}$$

3) $\dfrac{\partial\rho}{\partial t}$ 的表达式

定义液体的压缩系数 β 为体积压缩模量的倒数，即

$$\beta=\frac{1}{E_{\mathrm{w}}}$$

从体积压缩模量的定义可知

$$\beta=\frac{\dfrac{\mathrm{d}(\Delta V_{\mathrm{w}})}{\Delta V_{\mathrm{w}}}}{\mathrm{d}p}$$

式中，ΔV_{w} 为微单元体中所占的体积；p 为空隙水压力。

根据质量守恒定律，有

$$\rho(\Delta V_{\mathrm{w}})=\text{常数}$$

因此，$\mathrm{d}(\rho\Delta V_{\mathrm{w}})=0$，于是有

$$\rho\mathrm{d}(\Delta V_{\mathrm{w}})+(\Delta V_{\mathrm{w}})\mathrm{d}\rho=0$$

将 β 的表达式代入上式得

$$-\rho(\Delta V_{\mathrm{w}})\beta\mathrm{d}p+(\Delta V_{\mathrm{w}})\mathrm{d}\rho=0$$

所以

$$\frac{\partial\rho}{\partial t}=\rho\beta\frac{\partial p}{\partial t} \tag{3-10}$$

对于所研究的情况，注意有下式成立

$$\mathrm{d}\sigma_z=-\mathrm{d}p \tag{3-11}$$

将式 (3-7)、式 (3-9)、式 (3-10) 代入式 (3-5) 得到

$$\frac{\partial}{\partial t}(\rho n\Delta x\Delta y\Delta z)=\left[-\rho n\alpha(\Delta z)\frac{\partial\sigma_z}{\partial t}-\rho(\Delta z)(1-n)\alpha\frac{\partial\sigma_z}{\partial t}+n(\Delta z)\rho\beta\frac{\partial p}{\partial t}\right]\Delta x\Delta y$$

$$\begin{aligned}\frac{\partial}{\partial t}(\rho n\Delta x\Delta y\Delta z)=&[\rho n\alpha-\rho(1-n)\alpha+n\rho\beta]\Delta x\Delta y\Delta z\frac{\partial p}{\partial t}\\=&(\rho\alpha+\rho n\beta)\Delta x\Delta y\Delta z\frac{\partial p}{\partial t}\end{aligned}$$

于是，将上式代入式 (3-3) 得到连续方程为

$$-\left[\frac{\partial(\rho v_x)}{\partial x}+\frac{\partial(\rho v_y)}{\partial y}+\frac{\partial(\rho v_z)}{\partial z}\right]=\rho(\alpha+n\beta)\frac{\partial p}{\partial t} \tag{3-12}$$

因为水头 $H=\dfrac{p}{\rho g}+z$，于是

$$\frac{\partial p}{\partial t}=\rho g\frac{\partial H}{\partial t}+\frac{p}{\rho}\frac{\partial\rho}{\partial t}$$

将式 (3-10) 代入上式得到

$$\rho\beta\frac{\partial\rho}{\partial t}=\rho g\frac{\partial H}{\partial t}+\frac{p}{\rho}\frac{\partial\rho}{\partial t}$$

因为水的压缩系数很小，所以 βp 项很小，$\dfrac{1}{1-\beta p}\approx 1$，所以

$$\frac{\partial p}{\partial t}\approx\rho g\frac{\partial H}{\partial t} \tag{3-13}$$

将式 (3-13) 代入式 (3-12) 得到

$$-\rho\left(\frac{\partial v_x}{\partial x}+\frac{\partial v_y}{\partial y}+\frac{\partial v_z}{\partial z}\right)-\left(v_x\frac{\partial\rho}{\partial x}+v_y\frac{\partial\rho}{\partial y}+v_z\frac{\partial\rho}{\partial z}\right)=\rho^2 g(\alpha+n\beta)\frac{\partial H}{\partial t} \tag{3-14}$$

式 (3-14) 中，左端第二括弧项要小很多，可以忽略不计，于是得到

$$-\left(\frac{\partial v_x}{\partial x}+\frac{\partial v_y}{\partial y}+\frac{\partial v_z}{\partial z}\right)=\rho g(\alpha+n\beta)\frac{\partial H}{\partial t} \tag{3-15}$$

上式为雅可布 (1950 年) 给出的渗流连续性方程。

根据达西定律，x，y，z 速度可表示为

$$v_x=-k_x\frac{\partial H}{\partial x},\quad v_y=-k_y\frac{\partial H}{\partial y},\quad v_z=-k_z\frac{\partial H}{\partial z} \tag{3-16}$$

将式 (3-16) 代入式 (3-15)，并令 $S_{\mathrm{s}}=\rho g\left(\alpha+n\beta\right)$ 得到

$$\frac{\partial}{\partial x}\left(k_x\frac{\partial H}{\partial x}\right)+\frac{\partial}{\partial y}\left(k_y\frac{\partial H}{\partial y}\right)+\frac{\partial}{\partial z}\left(k_z\frac{\partial H}{\partial z}\right)=S_{\mathrm{s}}\frac{\partial H}{\partial t} \tag{3-17}$$

当各向渗透性为常数，就变为

$$k_x\frac{\partial^2 H}{\partial x^2}+k_y\frac{\partial^2 H}{\partial y^2}+k_z\frac{\partial^2 H}{\partial z^2}=S_{\mathrm{s}}\frac{\partial H}{\partial t} \tag{3-18}$$

当水和土为不可压缩，即 S_{s}=0 时，式 (3-17) 和式 (3-18) 就变为

$$\frac{\partial}{\partial x}\left(k_x\frac{\partial H}{\partial x}\right)+\frac{\partial}{\partial y}\left(k_y\frac{\partial H}{\partial y}\right)+\frac{\partial}{\partial z}\left(k_z\frac{\partial H}{\partial z}\right)=0 \tag{3-19}$$

$$\frac{\partial^2 H}{\partial x^2}+\frac{\partial^2 H}{\partial y^2}+\frac{\partial^2 H}{\partial z^2}=0 \tag{3-20}$$

式 (3-19) 就是稳定渗流的基本微分方程，当各向渗透性为常数时，式 (3-19) 就变成式 (3-20)，式 (3-20) 为著名的拉普拉斯方程。上式只包含一个未知数，结合边界条件就是定解。虽然该式是稳定渗流微分方程，但对于不可压缩介质和流体的非稳定流，也可以进行瞬时稳定场的计算。

对于平面渗流场，其渗流基本微分方程为

$$\frac{\partial}{\partial x}\left(k_x\frac{\partial H}{\partial x}\right)+\frac{\partial}{\partial z}\left(k_z\frac{\partial H}{\partial z}\right)=S_{\mathrm{s}}\frac{\partial H}{\partial t} \tag{3-21}$$

当各向渗透性为常数时，就变为

$$k_x\frac{\partial^2 H}{\partial x^2}+k_z\frac{\partial^2 H}{\partial z^2}=S_{\mathrm{s}}\frac{\partial H}{\partial t} \tag{3-22}$$

当水和土为不可压缩，即 $S_{\mathrm{s}}=0$ 时，式 (3-22) 就变为各向异性二维稳定渗流基本微分方程：

$$k_x\frac{\partial^2 H}{\partial x^2}+k_z\frac{\partial^2 H}{\partial z^2}=0 \tag{3-23}$$

对于具有恒定降雨入渗或蒸发量 w 的平面稳定渗流场，其基本微分方程可写为

$$k_x\frac{\partial^2 H}{\partial x^2}+k_z\frac{\partial^2 H}{\partial z^2}+w=0 \tag{3-24}$$

对于各向同性渗流场，即当 $k_x=k_z=k$ 时，式 (3-24) 变为

$$\frac{\partial^2 H}{\partial x^2}+\frac{\partial^2 H}{\partial z^2}=-\frac{w}{k} \tag{3-25}$$

式 (3-25) 即为著名的泊松方程。

以上介绍了渗流的基本微分方程，在这里将研究这些微分方程的定解条件。

对于稳定流，基本微分方程的定解条件仅为边界条件，此时的定解问题常称为边界问题。若所研究渗流区域边界上的水头值已知，则这种边界条件可表示为

$$H(x,y,z)=f(x,y,z)\,|(x,y,z)\in\varGamma_1 \tag{3-26}$$

式中，$\varGamma_1$ 为渗流区的边界；$f(x,y,z)$ 为已知函数，x、y、z 位于边界 $\varGamma_1$ 上。这种边界条件通常称为第一类边界条件，或称为 Dirichlet 条件。

若所研究的渗流区域边界上水头是未知的, 而边界单位面积上流入 (流出时为负值) 的流量 q 是已知的，则其相应边界条件可表示为

$$k\frac{\partial H}{\partial n}\,|\varGamma_2=q(x,y,z) \tag{3-27}$$

式中，$\varGamma_2$ 为具有给定流入流量的边界段；n 为 $\varGamma_2$ 的外法线方向。

对于二维各向异性渗流情况，式 (3-27) 变为

$$k_x\frac{\partial H}{\partial x}\cos(n,x)+k_y\frac{\partial H}{\partial y}\cos(n,y)-q=0 \tag{3-28}$$

在隔水边界上，$q=0$，故式 (3.27) 变为

$$\frac{\partial H}{\partial n}=0 \tag{3-29}$$

式 (3-27) 所表示的边界条件, 一般称为第二类边界条件, 或称 Neumann 条件。

对于非稳定渗流, 其定解条件包括边界条件和初始条件。

水头边界：

$$H(x,y,z,t)\,|_{\varGamma_1}=f(x,y,z)\,|(x,y,z,t)\quad (t>0) \tag{3-30}$$

流量边界：

$$k\frac{\partial H}{\partial n}\,|_{\varGamma_2}=q(x,y,z,t)\quad (t>0) \tag{3-31}$$

在隔水边界上

$$\frac{\partial H}{\partial n}=0 \tag{3-32}$$

初始条件：

$$H(x,y,z,t)\left|_{t=0}\right.=H_0(x,y,z) \tag{3-33}$$

式中，H_0 为已知函数。

渗流方程的有限元解法：

考虑土和水的压缩性, 符合达西定律的二向非均质各向异性土体渗流问题的微分方程的定解问题为

$$\begin{cases}\dfrac{\partial}{\partial x}\left(k_x\dfrac{\partial H}{\partial x}\right)+\dfrac{\partial}{\partial z}\left(k_z\dfrac{\partial H}{\partial z}\right)=S_{\mathrm{s}}\dfrac{\partial H}{\partial t} & (\text{在 } \varOmega \text{ 内})\\ H(x,z,0)=H_0(x,z) & (\text{初始条件})\\ H\left|_{\varGamma_1}\right.=H_1(x,z,t),t\geqslant 0 & (\text{水头边界})\\ k_x\dfrac{\partial H}{\partial x}\cos(n,x)+k_z\dfrac{\partial H}{\partial z}\cos(n,z)=q & (\text{在 } \varGamma_2 \text{ 上，} t\geqslant 0 \text{ 流量边界})\end{cases} \tag{3-34}$$

式中，k_x、k_z 为当坐标轴方向与渗透主轴方向一致时，x、z 方向上的渗透系数；$\varOmega$ 为渗流区域，即 $\varGamma_1$ 和 $\varGamma_2$ 所围成的研究区域；$\varGamma_1$ 为水头分布规律已知水头值的边界，视为边界水头，一般称为第一类边界；$\varGamma_2$ 为流量情况已知的边界，q 为单位时间边界法向流量 (流入为正，流出为负)，$\cos(n,x)$，$\cos(n,z)$ 为边界面外法线方向的方向余弦，$\varGamma_2$ 一般称为第二类边界；H_0 为初始时刻的水头值, 称为初始条件；S_{s} 为贮水率。

在求解时，必须在边界结点处规定水头值。在边界结点规定水头为第一类边界条件，而规定通过边界的流量称为第二类边界条件。正的结点流量表示结点处有入渗，负的结点流量表示该结点处有渗出。当通过边界的流量为零时，表示为不透水边界。

对任意几何形状的渗流域, 直接求解方程组 (3-34) 的解析解的困难在于难以找一个全域的精确函数, 在有限单元里，这个困难可以通过定义分片插值的水头函数来得到解决。

根据变分原理，式 (3-34) 的解可以化为求以下泛函的极小值问题。

$$\chi(H)=\iint\limits_{\varOmega}\left\{\frac{1}{2}\left[k_x\left(\frac{\partial H}{\partial x}\right)^2+k_z\left(\frac{\partial H}{\partial z}\right)^2\right]+S_{\mathrm{s}}H\frac{\partial H}{\partial t}\right\}\mathrm{d}x\mathrm{d}z+\int\limits_{\varGamma_2}qh\mathrm{d}\varGamma \tag{3-35}$$

渗流场剖分成若干单元后, 渗流场就分解为各个单元之和，$\varGamma_2$ 边界则分解成为一

些特定的直线 (线元) 之和。于是泛函式 (3-35) 相应地分解为有关单元之和，即

$$\chi(H)=\sum_{e=1}^{m}\iint_{\Omega}\left\{\frac{1}{2}\left[k_x\left(\frac{\partial H}{\partial x}\right)^2+k_z\left(\frac{\partial H}{\partial z}\right)^2\right]+S_{\rm s}H\frac{\partial H}{\partial t}\right\}{\rm d}x{\rm d}z+\sum_{j=1}^{k}\int_{\varGamma_2}qh{\rm d}\varGamma \tag{3-36}$$

为了方便计算，以 χ^e 表示单元 e 上的泛函，即

$$\begin{aligned}\chi^e=&\iint_{e}\left\{\frac{1}{2}\left[k_x\left(\frac{\partial H}{\partial x}\right)^2+k_z\left(\frac{\partial H}{\partial z}\right)^2\right]+S_{\rm s}H\frac{\partial H}{\partial t}\right\}{\rm d}x{\rm d}z+\int_{\varGamma_2}qh{\rm d}\varGamma\\=&\chi_1^e+\chi_2^e+\chi_3^e\end{aligned} \tag{3-37}$$

下面对泛函式 (3-36) 进行变分，即依次求泛函式 (3-36) 中各项的导数及其最小值。

首先研究其中第一项 χ_1^e

$$\chi_i^e=\iint_{e}\frac{1}{2}\left[k_x\left(\frac{\partial H}{\partial x}\right)^2+k_z\left(\frac{\partial H}{\partial z}\right)^2\right]{\rm d}x{\rm d}z$$

上式对单元三结点水头 H_iH_j 和 H_m 求导数，有

$$\begin{aligned}\frac{\partial\chi_i^e}{\partial H_i}=&\frac{\partial}{\partial H_i}\iint_{e}\frac{1}{2}\left[k_x\left(\frac{\partial H}{\partial x}\right)^2+k_z\left(\frac{\partial H}{\partial z}\right)^2\right]{\rm d}x{\rm d}z\\=&\frac{1}{2}\iint_{e}\left[k_x\frac{\partial}{\partial H_i}\left(\frac{\partial H}{\partial x}\right)^2+k_z\frac{\partial}{\partial H_i}\left(\frac{\partial H}{\partial z}\right)^2\right]{\rm d}x{\rm d}z\end{aligned}$$

将式 $\dfrac{\partial H}{\partial x}=\dfrac{1}{2\varDelta}(b_ih_i+b_jh_j+b_mh_m)$ 和 $\dfrac{\partial H}{\partial z}=\dfrac{1}{2\varDelta}(c_ih_i+c_jh_j+c_mh_m)$ 代入上式得

$$\begin{aligned}\frac{\partial\chi_i^e}{\partial H_i}=&\frac{\partial}{\partial H_i}\iint_{e}\frac{1}{2}\left[k_x\left(\frac{b_iH_i+b_jH_j+b_mH_m}{2\varDelta}\right)^2\right.\\&\left.+k_z\left(\frac{c_iH_i+c_jH_j+c_mH_m}{2\varDelta}\right)^2\right]{\rm d}x{\rm d}z\\=&\frac{1}{4\varDelta}[(k_xb_ib_i+k_zc_ic_j)H_i+(k_xb_ib_j+k_zc_ic_j)H_j+(k_xb_ib_m+k_zc_ic_m)H_m\end{aligned}$$

同理有

$$\frac{\partial\chi_1^e}{\partial H_j}=\frac{1}{4\varDelta}[(k_xb_jb_i+k_zc_jc_j)H_i+(k_xb_jb_j+k_zc_jc_j)H_j+(k_xb_jb_m+k_zc_jc_m)H_m$$

$$\frac{\partial \chi_1^e}{\partial H_m}=\frac{1}{4\Delta}[(k_x b_m b_i+k_z c_m c_j)H_i+(k_x b_m b_j+k_z c_m c_j)H_j+(k_x b_m b_m+k_z c_m c_m)H_m$$

以矩阵表示为

$$\begin{Bmatrix}\dfrac{\partial \chi_1^e}{\partial H_i}\\ \dfrac{\partial \chi_1^e}{\partial H_j}\\ \dfrac{\partial \chi_1^e}{\partial H_m}\end{Bmatrix}=\frac{1}{4\Delta}\begin{bmatrix}k_x b_i b_i+k_z c_i c_i & k_x b_i b_j+k_z c_i c_j & k_x b_i b_m+k_z c_i c_m\\ & k_x b_j b_j+k_z c_j c_j & k_x b_j b_m+k_z c_j c_m\\ & & k_x b_m b_m+k_z c_m c_m\end{bmatrix}\begin{Bmatrix}H_i\\ H_j\\ H_m\end{Bmatrix}$$
$$=[K]^e\{H\}^e \tag{3-38}$$

其次研究第二项 χ_2^e

$$\chi_2^e=\iint_e S_s H\frac{\partial H}{\partial t}\mathrm{d}x\mathrm{d}z$$

同样对单元三结点求导数，有

$$\begin{aligned}\frac{\partial \chi_2^e}{\partial H_i}&=S_s\iint_e \frac{\partial}{\partial H_i}(N_i H_i+N_j H_j+N_m H_m)\left(N_i\frac{\partial H_i}{\partial t}+N_j\frac{\partial H_j}{\partial t}+N_m\frac{\partial H_m}{\partial t}\right)\mathrm{d}x\mathrm{d}z\\&=S_s\iint_e N_i\left(N_i\frac{\partial H_i}{\partial t}+N_j\frac{\partial H_j}{\partial t}+N_m\frac{\partial H_m}{\partial t}\right)\mathrm{d}x\mathrm{d}z\\&=S_s\iint_e\left(N_i^2\frac{\partial H_i}{\partial t}+N_i N_j\frac{\partial H_j}{\partial t}+N_i N_m\frac{\partial H_m}{\partial t}\right)\mathrm{d}x\mathrm{d}z\end{aligned}$$

引用面积积分：

$$\iint_e N_i N_j\mathrm{d}x\mathrm{d}z=\begin{cases}\dfrac{\Delta}{6} & (i=j)\\ \dfrac{\Delta}{12} & (i\neq j)\end{cases}$$

得到

$$\frac{\partial \chi_2^e}{\partial H_i}=S_s\left(\frac{\Delta}{12}\frac{\partial H_i}{\partial t}+\frac{\Delta}{6}\frac{\partial H_j}{\partial t}+\frac{\Delta}{12}\frac{\partial H_m}{\partial t}\right)$$

同理可得到

$$\frac{\partial \chi_2^e}{\partial H_j}=S_s\left(\frac{\Delta}{12}\frac{\partial H_i}{\partial t}+\frac{\Delta}{6}\frac{\partial H_j}{\partial t}+\frac{\Delta}{12}\frac{\partial H_m}{\partial t}\right)$$

$$\frac{\partial \chi_2^e}{\partial H_m}=S_s\left(\frac{\Delta}{12}\frac{\partial H_i}{\partial t}+\frac{\Delta}{12}\frac{\partial H_j}{\partial t}+\frac{\Delta}{6}\frac{\partial H_m}{\partial t}\right)$$

用矩阵表示为

$$\begin{Bmatrix} \dfrac{\partial \chi_2^e}{\partial H_i} \\ \dfrac{\partial \chi_2^e}{\partial H_j} \\ \dfrac{\partial \chi_2^e}{\partial H_m} \end{Bmatrix} = \frac{\Delta}{12}\begin{bmatrix} 2 & 1 & 1 \\ 1 & 2 & 1 \\ 1 & 1 & 2 \end{bmatrix}\begin{Bmatrix} \dfrac{\partial H_i}{\partial t} \\ \dfrac{\partial H_j}{\partial t} \\ \dfrac{\partial H_m}{\partial t} \end{Bmatrix} = [S]^e\left\{\frac{\partial H}{\partial t}\right\}^e \tag{3-39}$$

最后研究第三项线积分, 是表示 Γ_2 边界的流量边界条件，即

$$\chi_3^e = \int_{\Gamma_2} qH\mathrm{d}\Gamma$$

边界 Γ_2 上的单元 e，规定 j、m 为边界上相邻的结点, 对非稳定渗流变动着的渗流自由面作为流量补给边界条件时有

$$\begin{aligned}\chi_3^e &= \int_{\Gamma_2} \mu H\frac{\partial H}{\partial T}\cos\theta\mathrm{d}\Gamma = \int_m^j \mu H\frac{\partial H}{\partial t}\mathrm{d}x \\ &= \frac{\mu}{6}(x_j - x_m)\left[\left(2\frac{\partial H_m}{\partial t} + \frac{\partial H_j}{\partial t}\right)H_m + \left(2\frac{\partial H_j}{\partial t} + \frac{\partial H_m}{\partial t}\right)H_j\right]\end{aligned}$$

如此

$$\frac{\partial \chi_3^e}{\partial H_j} = \frac{\mu}{6}(x_j - x_m)\left(2\frac{\partial H_j}{\partial t} + \frac{\partial H_m}{\partial t}\right)$$

$$\frac{\partial \chi_3^e}{\partial H_m} = \frac{\mu}{6}(x_j - x_m)\left(2\frac{\partial H_m}{\partial t} + \frac{\partial H_j}{\partial t}\right)$$

用矩阵表示为

$$\begin{Bmatrix} \dfrac{\partial \chi_3^e}{\partial H_i} \\ \dfrac{\partial \chi_3^e}{\partial H_j} \\ \dfrac{\partial \chi_3^e}{\partial H_m} \end{Bmatrix} = \frac{\mu(x_j - x_m)}{6}\begin{bmatrix} 0 & 0 & 0 \\ 0 & 2 & 1 \\ 0 & 1 & 2 \end{bmatrix}\begin{Bmatrix} \dfrac{\partial H_i}{\partial t} \\ \dfrac{\partial H_j}{\partial t} \\ \dfrac{\partial H_m}{\partial t} \end{Bmatrix} = [P]^e\left\{\frac{\partial H}{\partial t}\right\}^e \tag{3-40}$$

这样，对于任何单元 e 有

$$\left\{\frac{\partial \chi}{\partial H}\right\} = [K]^e\{H\}^e + [S]^e\left\{\frac{\partial H}{\partial t}\right\}^e + [P]^e\left\{\frac{\partial H}{\partial T}\right\}^e \tag{3-41}$$

需要注意的是，如果是内部单元只有前两项之和，对于非稳定渗流自由面边界单元才有第三项。

对所有单元的泛函进行变分后叠加, 并使其等于零 (极小值) 就得到泛函对结点水头进行变分的方程组

$$\frac{\partial \chi}{\partial H_i}=\sum_e \frac{\partial \chi^e}{\partial H_i}=0 \quad (i=1,2,\cdots,n) \tag{3-42}$$

式中，n 为结点总数；$\sum\limits_e$ 表示对所有单元求和。

在这里需要说明的是: 对于某结点 i 只有与其相连接的结点值才出现，而且系数中也只有相邻单元才有贡献，因此上式对所有单元求和，实际上就是对环绕结点 i 的所有单元求和；对于已知水头结点的变分值等于零，所以不存在上式的条件。这样上述线性代数方程组的数目 n 也就等于未知水头结点的数目。至于已知水头结点值是作为自由项也就是恒等式而存于各方程中。

对于上述汇总方程写成矩阵形式为

$$[K]\{H\}+[S]\left\{\frac{\partial H}{\partial t}\right\}+[P]\left\{\frac{\partial H}{\partial t}\right\}=\{F\} \tag{3-43}$$

式中，$\{F\}$ 是已知常数项，由已知结点水头得出。

对于上式中时间的导数项应用隐式有限差分，则得到

$$\left([K]+\frac{1}{\Delta t}[S]\right)\{H\}_{t+\Delta t}+\frac{1}{\Delta t}[P]\{H\}_{t+\Delta t}-\frac{\mathbf{1}}{\Delta t}[S]\{H\}_T-\frac{1}{\Delta t}[P]\{H\}_t=\{F\} \tag{3-44}$$

这就是最后要求解的线性代数方程组。式中总系数矩阵和常数列向量中的典型元素都是对各单元求和，即

$$K_{ij}=\sum_{e=1}^{m}k_{ij}^e,\quad S_{ij}=\sum_{e=1}^{m}s_{ij}^e,\quad P_{ij}=\sum_{e=1}^{m}p_{ij}^e,\quad F_{ij}=\sum_{e=1}^{m}f_{ij}^e$$

式中，K_{ij}、S_{ij}、P_{ij} 为总系数矩阵中第 i 行第 j 列元素，为各单元相应于总坐标编号的第 i 行第 j 列元素。常数项也是相应于总坐标的。其中求和项的 m 为单元总数, k 为渗流自由面上的单元总数。也就是说泛函中的第三项 x，即渗流自由面边界是对其边界单元求和的, 其余为对所有单元求和。

由式 (3-44) 可知，已知前一时刻 t 的结点水头分布，即可求出下一时刻 $t+\Delta t$ 水的水头分布，因此只要知道初始条件下的渗流场水头分布，即可计算水位降落等边界条件改变时的渗流场水头分布。

当式 (3-44) 中的矩阵 $[S]$ 等于零时, 得到不可压缩土体的非稳定渗流有限元法计算公式

$$[K\{H\}]_{t+\Delta t}+\frac{1}{\Delta t}[P]\{H\}_{t+\Delta t}-\frac{1}{\Delta t}[P]\{H\}_t=\{F\} \tag{3-45}$$

不计时间项，且 $[S]$、$[P]$ 矩阵均为零时，得稳定渗流有限单元法计算公式

$$[K]\{H\}=\{F\} \tag{3-46}$$

坝地基的有压渗流也可用上述各式计算，但因其不存在渗流自由面，流自由面边界的流量补给条件，也不必满足 $H=z$ 条件。

有限元方程组可针对每一个单元来写, 然后装配起来形成总体方程体系。在此过程中必须满足结点的相容条件，即要求被周围单元共有的某一结点在各单元中具有相同的水头。从整个体系的方程组可以求解各结点处的水头 $\{H\}$。但是，因为计算中有时间步的存在，所以在计算中，先要计算出初始的水头值，作为下一时刻的初始条件。为了由 t 时刻的水头分布求出 $t+\Delta t$ 时刻的水头分布，本节采用迭代法求解, 其主要步骤是:

(1) 对每个待求水头选定一组数值作为迭代初值 (实际计算中选用时段初水头值作为第一次迭代值)，由此解出各结点水头值，计为 H^1，作为待求水头的第一次近似值。

(2) 以 H^1 作为第二次迭代值，由此解出各结点水头值，计为 H^2，作为待求水头的第二次近似值。

如此递推计算，直至相邻两次计算值满足 $\left|H^{n+1}-H^n\right|<\varepsilon$。$\varepsilon$ 是相邻两次迭代值的绝对误差, 此时的迭代值 H^n 是作为 $t+\Delta t$ 时刻的水头值，至此才算完成了由 t 时刻的水头分布计算出 $t+\Delta t$ 的水头值，然后再进行下一时步的计算。

某时间步长内达到收敛后，便可由收敛的结点水头计算出其他从属量，如孔隙水压力、水头梯度和水流速度，结点孔隙水压力的公式是

$$\{\mu\}=(\{H\}-\{z\})\,\gamma_{\mathrm{w}} \tag{3-47}$$

式中，μ 为各点处孔隙水压力；z 为各结点的位置水头。

将达西定律普遍化到各向异性渗透时，可写成下面的一般微分形式:

$$\begin{cases} v_x=-k_x\dfrac{\partial h}{\partial x} \\ v_y=-k_y\dfrac{\partial h}{\partial y} \\ v_z=-k_z\dfrac{\partial h}{\partial z} \end{cases} \tag{3-48}$$

或写成向量式为

$$v=-k\mathrm{grad}h$$

式中，v_x、v_y、v_z 为 x、y、z 三个渗透主轴方向上的流速；k_x、k_y、k_z 为 x、y、z 三个渗透主轴方向上的主渗透系数；$h(x,\ y,\ z)$ 为渗流场中各点的测压管水头。

由达西定律公式可知，水通过多孔介质时的流量性或流速值，与介质渗透系数及其水力坡度成正比。

对于流体的速度，达西定律有其适用范围：通过大量实验，人们认为当雷诺数 $Re \leqslant 5$ 时，达西定律适用。

2. 非线性定律

一般认为，当雷诺数 $Re > 10$ 时，渗流运动满足非线性运动方程。低渗介质中的渗流运动多视为非线性的，其渗流运动方程为

$$v\left(a_1+\frac{a_2}{1+b\cdot v}\right)=-\nabla p \tag{3-49}$$

其中，a_1，a_2，b 为由实验确定的参数，量纲分别为 $[\mathrm{ML^{-3}T^{-1}}]$，$[\mathrm{ML^{-3}T^{-1}}]$，$[\mathrm{L^{-1}T}]$。对于大坝来说，长期在水下服役，受到水压的冲击较大，一旦渗透水穿透坝体，将对整个混凝土结构稳定性造成影响；此外，坝体在温度及外界环境的多重侵蚀作用下，易产生裂缝，通过水的渗透作用，裂缝处易受到较大冲击造成更大破坏。因此，在大坝工程中，对渗流作用的研究十分必要。

低速非达西渗透现象存在于低渗透介质中，低速非达西渗透可用启动压力梯度进行表示。通过以往研究表明，启动压力梯度的主要影响因素有流体性质、介质表面相互作用、孔隙结构等[109]。同时启动压力梯度理论存在缺陷，需要对其进行进一步改进。

在实际应用中，非线性渗透的应用范围较为广泛，由于在低流速与低压力作用下，往往会产生非线性渗流，此时材料的特点一般为孔隙细小的低渗介质。根据已有理论，低渗介质中的非线性渗透规律模型可简化表示为

$$\begin{cases} v=-\dfrac{K}{\mu}\nabla p\left(1-\dfrac{G}{|\nabla p|}\right) & (\nabla p|>G) \\ v=0 & (\nabla p|\leqslant G) \end{cases} \tag{3-50}$$

式中，K 为绝对渗透率，m^2；μ 为黏度，$\mathrm{Pa\cdot s}$；G 为启动压力梯度，$\mathrm{Pa/m}$。对于这类模型，无法求出精确解析解，只能求解数值解或近似解析解。

3.2.3 混凝土渗流

这里主要考虑混凝土在水压作用下孔隙内部的渗流状况。

在大坝工程中，渗流流体对象为水。孔隙中水的流动规律较为复杂，为了便于计算分析，需要对其进行简化。将水流量简化为某断面中孔隙水流，等效为常规状态下的水流，显然这种等效仅是流量的等效。

通常情况下的渗流问题中，主要考虑以下几方面问题[110]：

(1) 渗流速度的确定；

(2) 渗流流量的确定；

(3) 浸润线位置的确定；

(4) 渗透压力与压强的确定。

在研究过程中，混凝土在未发生损坏时由于渗透系数较小，可以看成是防渗体系。当混凝土出现裂缝或发生其他损伤时，其抗渗能力会大大降低，此时需要研究分析其渗透作用。但由于混凝土内部裂缝开展路径较为复杂，模拟难度较大，需要对其进行简化，国内目前对于混凝土裂缝的渗透性能的模拟研究还比较少，模拟探索过程较为复杂，本章主要对静水压力作用下的坝体受力情况进行分析，由于时间与能力有限，只对渗流分析进行初步模拟。

3.3　本章小结

通过已有的库水温度计算理论，结合当地月平均气温情况，总结出库水温度计算公式。同时，了解孔压渗流原理，初步介绍线性渗流与非线性渗流间的联系与区别。本章主要内容及结论如下：

(1) 介绍库水温度相关理论，查阅相关资料，得到秦皇岛地区的库水温度估算公式；

(2) 简介渗流原理，考虑与混凝土相关的渗流理论，初步确定混凝土坝运行期渗流分析的计算方法。

第4章　应力场原理

在拱坝仿真分析中，温度是基本作用荷载。坝体温度变化是一个热传递问题，需用有限元法求解，有下面几个优点：①容易适应不规则边界；②在温度梯度大的地方，可局部加密网格；③容易与计算应力的有限单元法程序配套，将温度场、应力场和徐变变形三者放在一个统一的程序计算中。仿真应力计算中需考虑混凝土温度、徐变、水压、自重、自生体积变形和干缩变形等的作用[111,112]。

4.1　氧化镁混凝土膨胀原理

大部分混凝土在水化反应过程中其自生体积变形是收缩的，随着对混凝土的研究和发展，人们逐渐认识到如果调节水泥的矿物成分，可以使混凝土产生膨胀性的自生体积变形。在混凝土中掺 MgO 使其产生微膨胀性，可以部分抵消温降收缩、减小拉应力、简化温控措施。MgO 在混凝土中发生水化反应产生氢氧化镁，使得混凝土体积膨胀。外掺 MgO 混凝土的微膨胀特性与 MgO 掺量、温度、水泥品种、粉煤灰掺量、MgO 的质量等诸多因素有关。

在实际工程应用中，除了需要进行科学试验，确定外掺 MgO 混凝土的各种特性以外，还需要发展新的结构分析方法，来进行外掺 MgO 混凝土结构的设计。目前已提出一些方法进行设计分析，但对于外掺 MgO 混凝土的一些重要特性没有充分模拟，分析精度较差，如 MgO 混凝土膨胀特性与温度历程有直接关系，需要对此进行深入研究。试验成果揭示：温度对 MgO 混凝土自生体积变形的影响较大，温度越高，混凝土水化膨胀速率越快。

本章根据外掺 MgO 混凝土的特点，提出考虑 MgO 混凝土膨胀特性与温度历程关系的仿真分析模型并通过一个算例予以验证说明[113]。

4.2　氧化镁混凝土应力场有限单元法

微膨胀效果是氧化镁混凝土的主要特性之一，氧化镁的模拟包括热、化学、温度三场模拟，通过耦合计算将三场结合在一起。但由于多场耦合分析较为复杂，在实际模拟中，通常可以将其进行简化，采用单向耦合方式进行模拟，即只考虑热和化学场对位移应力场的作用，忽略位移应力场对其他两场的反作用。在化学场中，主要研究氧化镁混凝土的膨胀特性。在温度场中，将外界环境温度以及混凝土自身水化放热作为荷载加入模型中进行计算。在位移应力场计算中，氧化镁混凝土应变增量实际包含四部分，即温度应变增量、自生体积膨胀变形增量、弹性应变增量以及蠕变应变增量，在本章研究中，由于时间与能力所限，暂未考虑蠕变应变增量[114]：

$$\{\Delta\varepsilon_n\} = \{\Delta\varepsilon_n^e\} + \{\Delta\varepsilon_n^\tau\} + \{\Delta\varepsilon_n^S\} \tag{4-1}$$

其中，$\{\Delta\varepsilon_n\}$ 为 n 时间段的总应变增量；$\{\Delta\varepsilon_n^e\}$ 为 n 时间段的弹性应变增量；$\{\Delta\varepsilon_n^T\}$ 为 n 时间段的温度应变增量；$\{\Delta\varepsilon_n^S\}$ 为 n 时间段内的自生体积膨胀变形增量。

氧化镁单元的应力-应变增量关系为

$$\{\Delta\sigma_n\} = [D_n]\{\Delta\varepsilon_n^e\} \tag{4-2}$$

其中，$[D_n]$ 为增量步中点龄期材料矩阵。

忽略蠕变应变增量的影响，将式 (4-1) 代入式 (4-2) 整理得

$$\{\Delta\sigma_n\} = [D_n](\{\Delta\varepsilon_n\} - \{\Delta\varepsilon_n^\tau\} - \{\Delta\varepsilon_n^S\}) \tag{4-3}$$

位移应变转移关系的增量表达式为

$$\{\Delta\varepsilon_n\} = [B]\{\Delta\delta_n\} \tag{4-4}$$

将式 (4-4) 代入式 (4-2)，有

$$\{\Delta\sigma_n\} = [D_n]([B]\{\Delta\delta_n\} - \{\Delta\varepsilon_n^T\} - \{\Delta\varepsilon_n^S\}) \tag{4-5}$$

利用虚功原理，可得到有限元的平衡方程组为

$$\int [B]^{\mathrm{T}}\{\Delta\delta_n\}\mathrm{d}\Omega = \{\Delta P_n\} \tag{4-6}$$

其中，$\{\Delta P_n\}$ 为外载荷增量。从而得到掺氧化镁混凝土结构的应力场实时仿真分析的基本方程为

$$[K_n]\{\Delta\delta_n\} = \{\Delta P_n\} + \{\Delta P_n^T\} + \{\Delta P_n^S\} \tag{4-7}$$

其中，$[K_n] = \int [B]^{\mathrm{T}}[D_n][B]\mathrm{d}\Omega$ 为结构的刚度矩阵；$\{\Delta P_n^T\} = \int [B]^{\mathrm{T}}[D_n]\{\Delta\varepsilon_n^T\mathrm{d}\Omega\}$ 为温度变化引起的载荷增量；$\{\Delta P_n^S\} = \int [B]^{\mathrm{T}}[D_n]\{\Delta\varepsilon_n^S\}\mathrm{d}\Omega$ 为自生体积膨胀变形产生的当量载荷增量。

位移增量 $\{\Delta\delta_n\}$ 可以通过式 (4-4) 求解得到，由式 (4-2) 可计算得到应力增量 $\{\Delta\sigma_n\}$，通过累加最终可得到结构的三维应力场。

4.2.1 氧化镁混凝土自生体积变形特点

MgO 混凝土的膨胀特性与温度过程相关，即给定时刻的膨胀率和膨胀量取决于该时刻之前混凝土经历的温度过程。

图 4.1 为一 4%MgO 掺率的混凝土在不同养护温度下的膨胀量典型曲线图。氧化镁混凝土的膨胀性具有如下特点：

(1) 对于给定水泥和骨料等材料的 MgO 混凝土的最终膨胀量只与 MgO 含量有关。这是因为 MgO 混凝土的膨胀性能来自于水泥中所含的 MgO 晶体水化生成氢氧化镁时的体积膨胀，其最终膨胀量取决于 MgO 完全水化后产生的体积膨胀。因此，对于一定 MgO 含量的混凝土，经过足够长时间达到的最终膨胀量是一定的。

(2) 由于 MgO 水化生成氢氧化镁的速度与温度有关，温度越高水化速度越快，MgO 混凝土的膨胀速率与 MgO 的水化速度成正比，因此，膨胀速率与养护温度密切相关。

(3) MgO 水化反应是不可逆的，由此产生的膨胀也不可逆且单调增加，因此，MgO 混凝土的膨胀性单调递增且不可逆。

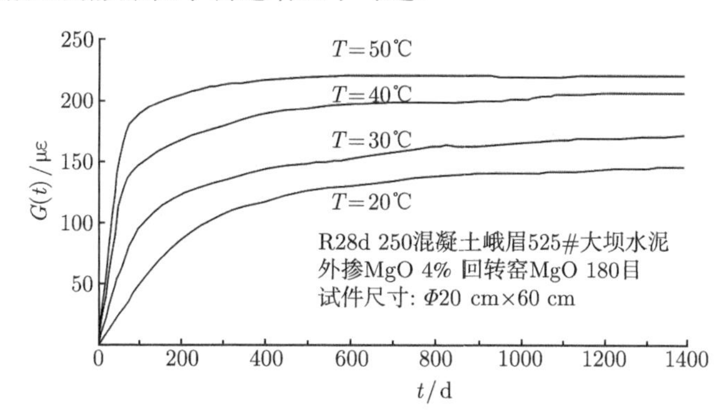

图 4.1 峨眉 525#大坝水泥外掺 4%MgO 混凝土的自生体积变形

4.2.2 考虑温度历程效应的氧化镁混凝土膨胀模型

从图 4.1 中可以看出，自生体积变形可以有下面的形式：

$$\varepsilon(T,\tau)=f(T)g(T,\tau) \tag{4-8}$$

式中，$f(T)$ 是在养护温度 T 时的最终自生体积变形，等于该氧化镁掺率下的最终膨胀量 ε_g^0；$g(T,\tau)$ 为在养护温度 T 时的自生体积变形增长函数，与养护温度 T 和龄期 τ 有关。选择合适的自生体积增长形式 $g(T,\tau)$，如指数形式：

$$\varepsilon(T,t)=\varepsilon_g^0(1-\mathrm{e}^{-aT^b\tau}) \tag{4-9}$$

从上面的分析可以得出：给定时刻的膨胀率和膨胀量取决于该时刻之前的温度过程和膨胀过程。假定龄期 τ 时 MgO 混凝土膨胀速率与该时刻的温度和膨胀残量成正比，即

$$\frac{\mathrm{d}\varepsilon_g(\tau)}{\mathrm{d}\tau}=\varepsilon_g^0\alpha f(T(\tau))\left(1-\frac{\varepsilon_g(\tau)}{\varepsilon_g^0}\right) \tag{4-10}$$

式中，$\varepsilon_g(\tau)$ 为龄期 τ 时的总膨胀量；ε_g^0 为最终膨胀量；$T(\tau)$ 为 τ 时刻的温度值；τ 为龄期。α 和 $f(T(\tau))$ 分别是待定系数和待定的函数形式。

由图 4.1 可知膨胀量与温度成非线性正比关系，因此可取 $f(T(\tau))$ 为

$$f(T(\tau))=T(\tau)^\beta \tag{4-11}$$

式 (4-10)、式 (4-11) 只有一项，有时精度不够，可取多项，选取三项的膨胀速率的表达式为

$$\begin{aligned}\frac{\mathrm{d}\varepsilon_g(\tau)}{\mathrm{d}\tau}=&\varepsilon_{g1}^0\alpha_1T(\tau)^{\beta_1}\left(1-\frac{\varepsilon_{g1}(\tau)}{\varepsilon_{g1}^0}\right)+\varepsilon_{g2}^0\alpha_2T(\tau)^{\beta_2}\left(1-\frac{\varepsilon_{g2}(\tau)}{\varepsilon_{g2}^0}\right)\\&+\varepsilon_{g3}^0\alpha_3T(\tau)^{\beta_3}\left(1-\frac{\varepsilon_{g3}(\tau)}{\varepsilon_{g3}^0}\right)\\=&\sum_{i=1}^{3}\varepsilon_{gi}^0\alpha_iT(\tau)^{\beta_i}\left(1-\frac{\varepsilon_{gi}(\tau)}{\varepsilon_{gi}^0}\right)\quad(\varepsilon_{g3}^0=\varepsilon_g^0-\varepsilon_{gi}^0-\varepsilon_{g2}^0)\end{aligned} \tag{4-12}$$

可以通过室内恒温试验确定各参数，将式 (4-12) 对 0~ τ 积分，可得龄期为 τ 时的膨胀量表达式为

$$\varepsilon_g(\tau)=\sum_{i=1}^{3}\varepsilon_{gi}^0(1-\mathrm{e}^{-\alpha_iT^{\beta_i}\tau}) \tag{4-13}$$

根据不同养护温度下的膨胀量、龄期曲线及不同 MgO 含量时的最终膨胀量，可以得到式 (4-13) 中的 ε_{gi}^0，α_i，β_i 9 个参数值，由式 (4-13) 构造出 MgO 混凝土的膨胀模型。

如混凝土经历一个复杂的温度过程，难以用解析法来对式 (4-5) 进行积分；用递推方法求解 τ 的膨胀量 $(\varepsilon_g)_n$，初始膨胀量为 0：

$$\begin{cases}(\varepsilon_g)_0=0\\(\varepsilon_g)_n=(\varepsilon_g)_{n-1}+(\Delta\varepsilon_g)_n\\(\Delta\varepsilon_g)_n=\displaystyle\sum_{i=1}^{3}\varepsilon_{gi}^0\alpha_iT(t)^{\beta_i}\left(1-\frac{(\varepsilon_{gi})_n}{\varepsilon_{gi}^0}\right)\Delta\tau_n\end{cases} \tag{4-14}$$

$(\Delta\varepsilon_g)_n$ 为 $\Delta\tau_n$ 时段的自生体积变形增量，这一膨胀增量在单元 e 上产生的荷载增量 $\{\Delta P_e^0\}_n$ 为

$$\{\Delta P_e^0\}_n = \iiint [B]^{\mathrm{T}}[\bar{D}_n]\{\Delta\varepsilon_g\}_n \mathrm{d}x\mathrm{d}y\mathrm{d}z \tag{4-15}$$

把这一自生体积变形产生的荷载增量 $\{\Delta P_e^0\}_n$ 加到仿真应力场计算中，详见式 (4-14) 和式 (4-15)。

4.2.3 当量龄期法

氧化镁混凝土的自生体积变形量将随温度的变化而发生改变，而温度是时间的函数，当温度发生变化时，实际是函数的时间变量发生变化，由此可能会造成计算结果与实际情况的偏差，为此，需要对变温下混凝土的自生体积表达式进行改进[115]。具体方式如下：

温度不变时，混凝土膨胀量方程为

$$\varepsilon_g = \varepsilon_g(T, t) \tag{4-16}$$

其中，T 为温度；t 为龄期。

由微分原理，可通过式 (4-16) 得到由温度 T、龄期 t 变化所引起的膨胀增量为

$$\mathrm{d}\varepsilon_g = \frac{\partial\varepsilon_g}{\partial T}\mathrm{d}T + \frac{\partial\varepsilon_g}{\partial t}\mathrm{d}t \tag{4-17}$$

由上式可知，当温度升高即 $\mathrm{d}T > 0$，$\mathrm{d}t > 0$ 时，膨胀量增量 $\mathrm{d}\varepsilon_g > 0$，在变化趋势方面与实际符合，但在数值上与实验数据存在偏差[115]；而当温度降低即 $\mathrm{d}T < 0, \mathrm{d}t > 0$ 时，可能会出现 $\mathrm{d}\varepsilon_g < 0$ 的情况，即膨胀增量为负，这违背了混凝土膨胀的不可逆性。由此，式 (4-17) 无法正确模拟氧化镁混凝土在变温条件下的膨胀特性。

为探究正确的表达方法，需要对公式进行改进，考虑将式 (4-17) 中的 $\mathrm{d}T$ 省略，得到下式：

$$\mathrm{d}\varepsilon_g = \frac{\partial\varepsilon_g}{\partial t}\mathrm{d}t \tag{4-18}$$

式中的 $\mathrm{d}\varepsilon_g$ 单调递增，在变化趋势上与实际相符，但缺少温度变量，必然使得其模拟结果与实际不符。

鉴于常规方法无法真实模拟氧化镁混凝土在变温条件下的膨胀特征，有学者提出采用当量龄期法进行模拟[115]。

当量龄期法的基本思路为：当温度变化时，采用变温后与变温前膨胀量相同处的曲线切线斜率来代替温度改变后处的切线斜率。这样，当温度上升时，如图 4.2(a) 所示，所取切线斜率值要大于变化前的斜率值，其与实际情况相符；当温

度下降时，如图 4.2(b) 所示，与变温前膨胀量相同处的曲线变化率要小于变化前的曲线斜率，这同样与实际相符。从定性角度上考虑，此种方法满足要求。

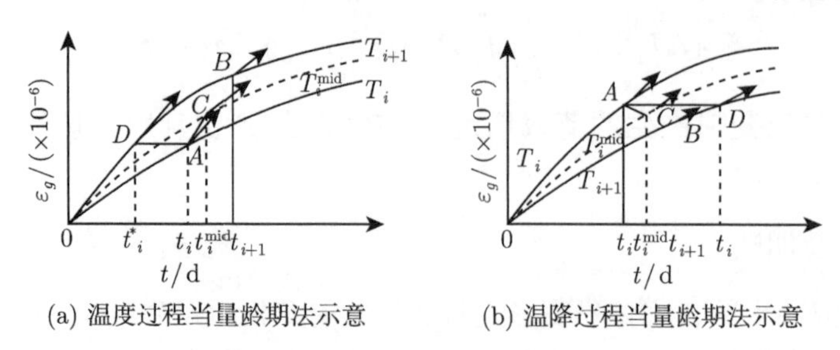

(a) 温度过程当量龄期法示意　　(b) 温降过程当量龄期法示意

图 4.2　温度改变时当量龄期法示意图

在定量方面，已有学者通过实验对当量龄期法的模拟精度进行验证，证实此种方法能够满足模拟要求[116]。

4.3　仿真应力场

4.3.1　温度应力

当混凝土各部分温度发生变化时，将产生应变 $\alpha(T-T_0)$，α 是混凝土的线膨胀系数，T 是当前温度值，T_0 是初始温度值。如果大体积混凝土各部分温度变形不受任何约束，则混凝土有变形但不引起应力。但是，大体积混凝土由于约束或各部分温度变化不均匀，混凝土不能自由地膨胀与收缩，则将产生应力。当混凝土温度场 T 求解后，需进一步求出各部分的温度应力。

温度变形只产生线应变，不产生剪应变，可以把这种线应变看成是物体的初应变。计算温度应力时首先计算出温度引起的变形 ε_0，进而求得相应的初应变引起的等效结点温度荷载 P_{ε_0}，然后按通常的求解应力方法求得由温度变化引起的结点位移，然后求得温度应力 σ。单元 e 的等效结点温度荷载 $P_{\varepsilon_0}^e$ 为

$$P_{\varepsilon_0}^e=\iiint_{\Delta R}[B]^{\mathrm{T}}[D]\varepsilon_0\mathrm{d}R \tag{4-19}$$

式中，$[B]$ 为应变与位移的转换矩阵；$[D]$ 为弹性矩阵。

可以将温度变形引起的等效结点荷载 P_{ε_0} 与其他荷载项加在一起，求得包括温度应力在内的总应力。

计算应力的应力–应变关系中包括初应变项：

$$\sigma=D(\varepsilon-\varepsilon_0) \tag{4-20}$$

4.3.2 仿真应力

混凝土是弹性徐变体，在仿真计算过程中需要考虑混凝土的徐变影响。混凝土的徐变柔度为

$$J(t,\tau)=\frac{1}{E(\tau)}+C(t,\tau) \tag{4-21}$$

其中，$E(\tau)$ 为混凝土瞬时弹性模量；$C(t,\tau)$ 为混凝土徐变度。

用增量法求解，把时间 τ 划分成一系列时间段：$\Delta\tau_1$、$\Delta\tau_2$、$\cdots$、$\Delta\tau_n$。

在时段 $\Delta\tau_n$ 内产生的应变增量为

$$\{\Delta\varepsilon_n\}=\{\varepsilon_n(\tau_n)\}-\{\varepsilon_n(\tau_{n-1})\}=\{\Delta\varepsilon_n^e\}+\{\Delta\varepsilon_n^c\}+\{\Delta\varepsilon_n^T\}+\{\Delta\varepsilon_n^0\}+\{\Delta\varepsilon_n^s\} \tag{4-22}$$

式中，$\{\Delta\varepsilon_n^e\}$ 为弹性应变增量；$\{\Delta\varepsilon_n^c\}$ 为徐变应变增量；$\{\Delta\varepsilon_n^T\}$ 为温度应变增量；$\{\Delta\varepsilon_n^0\}$ 为自生体积变形增量；$\{\Delta\varepsilon_n^s\}$ 为干缩应变增量。

混凝土的徐变与当前应力状态有关，还与应力历史有关，计算中需要记录应力的历史。为了提高计算的精度与效率，采用指数形式的徐变形式[117]：

$$C(t,\tau)=\sum_{s=1}\psi_s(\tau)[1-\mathrm{e}^{-r_s(t-\tau)}] \tag{4-23}$$

假设在每一个时段 $\Delta\tau_i$ 中，应力呈线性变化，即应力对时间的导数为常数(图 4.3)。弹性应变增量 $\{\Delta\varepsilon_n^e\}$ 为

$$\{\Delta\varepsilon_n^e\}=\frac{1}{E(\bar{\tau}_n)}[Q]\{\Delta\sigma_n\} \tag{4-24}$$

式中，$E(\bar{\tau}_n)$ 为中点龄期 $\bar{\tau}_n=(\tau_{n-1}+\tau_n)/2=\tau_{n-1}+0.5\Delta\tau_n$ 的弹性模量。

$$[Q]=\begin{bmatrix} 1 & -\mu & -\mu & 0 & 0 & 0 \\ & 1 & -\mu & 0 & 0 & 0 \\ & & 1 & 0 & 0 & 0 \\ & 对 & & 2(1+\mu) & 0 & 0 \\ & & 称 & & 2(1+\mu) & 0 \\ & & & & & 2(1+\mu) \end{bmatrix} \tag{4-25}$$

徐变应变增量[117] 为

$$\{\Delta\varepsilon_n^c\}=\{\eta_n\}+C(\tau_n,\bar{\tau}_n)[Q]\{\Delta\sigma_n\} \tag{4-26}$$

$$\{\eta_n\}=\sum_s(1-\mathrm{e}^{-r_s\Delta\tau_n})\{\omega_{sn}\} \tag{4-27}$$

$$\{\omega_{sn}\}=\{\omega_{s,n-1}\}\mathrm{e}^{-r_s\Delta\tau_{n-1}}+[Q]\{\Delta\sigma_{n-1}\}\psi_s(\bar{\tau}_{n-1})\mathrm{e}^{-0.5r_s\Delta\tau_{n-1}} \tag{4-28}$$

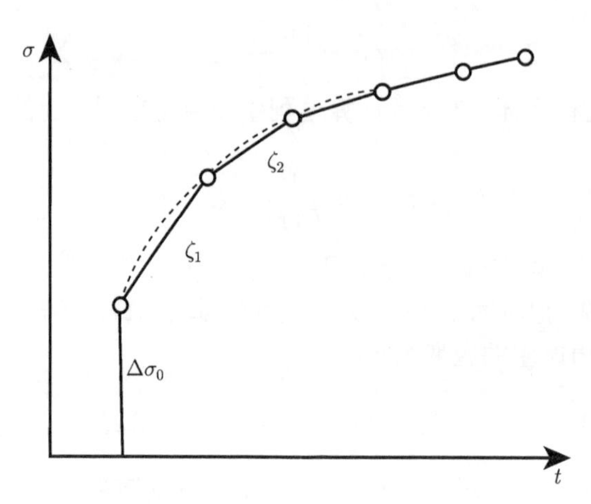

图 4.3　应力增量示意图

应力增量与应变增量关系为

$$\{\Delta\sigma_n\} = [\bar{D}_n](\{\Delta\varepsilon_n\} - \{\eta_n\} - \{\Delta\varepsilon_n^T\} - \{\Delta\varepsilon_n^0\} - \{\Delta\varepsilon_n^s\}) \tag{4-29}$$

式中

$$[\bar{D}_n] = \bar{E}_n[Q]^{-1} \tag{4-30}$$

$$\bar{E}_n = \frac{E(\bar{\tau}_n)}{1 + E(\bar{\tau}_n)C(\tau_n, \bar{\tau}_n)} \tag{4-31}$$

单元的结点力增量为

$$\{\Delta F\}^e = \iiint [B]^{\mathrm{T}}\{\Delta\sigma\}\mathrm{d}x\mathrm{d}y\mathrm{d}z \tag{4-32}$$

$[B]$ 为应变与位移的转换矩阵；把式 (4-29) 代入上式：

$$\{\Delta F\}^e = [k]^e\{\Delta\delta_n\}^e - \iiint [B]^{\mathrm{T}}[\bar{D}_n](\{\eta_n\} + \{\Delta\varepsilon_n^T\} + \{\Delta\varepsilon_n^0\} + \{\Delta\varepsilon_n^s\})\mathrm{d}x\mathrm{d}y\mathrm{d}z \tag{4-33}$$

单元刚度矩阵为

$$[k]^e = \iiint [B]^{\mathrm{T}}[\bar{D}_n][B]\mathrm{d}x\mathrm{d}y\mathrm{d}z \tag{4-34}$$

由式 (4-34) 可得非应变变形引起的单元结点力增量为

$$\{\Delta P_n\}_e^c = \iiint [B]^{\mathrm{T}}[\bar{D}_n]\{\eta_n\}\mathrm{d}x\mathrm{d}y\mathrm{d}z \tag{4-35}$$

$$\{\Delta P_n\}_e^T = \iiint [B]^{\mathrm{T}}[\bar{D}_n]\{\Delta\varepsilon_n^T\}\mathrm{d}x\mathrm{d}y\mathrm{d}z \tag{4-36}$$

$$\{\Delta P_n\}_e^0 = \iiint [B]^{\mathrm{T}}[\bar{D}_n]\{\Delta\varepsilon_n^0\}\mathrm{d}x\mathrm{d}y\mathrm{d}z \tag{4-37}$$

$$\{\Delta P_n\}_e^s = \iiint [B]^{\mathrm{T}}[\bar{D}_n]\{\Delta\varepsilon_n^s\}\mathrm{d}x\mathrm{d}y\mathrm{d}z \tag{4-38}$$

其中，$\{\Delta P_n\}_e^c$ 为徐变引起的单元结点荷载增量；$\{\Delta P_n\}_e^T$ 为温度引起的单元结点荷载增量；$\{\Delta P_n\}_e^0$ 为自生体积变形引起的单元结点荷载增量；$\{\Delta P_n\}_e^s$ 为干缩引起的单元结点荷载增量。

进行整体的单元集成，可得整体平衡方程：

$$[K]\{\Delta\delta_n\} = \{\Delta P_n\}^L + \{\Delta P_n\}^c + \{\Delta P_n\}^T + \{\Delta P_n\}^0 + \{\Delta P_n\}^s \tag{4-39}$$

式中，$\{\Delta P_n\}^L$ 为外荷载引起的结点荷载增量；$\{\Delta P_n\}^c$ 为徐变引起的结点荷载增量；$\{\Delta P_n\}^T$ 为温度引起的结点荷载增量；$\{\Delta P_n\}^0$ 为自生体积变形引起的结点荷载增量；$\{\Delta P_n\}^s$ 为干缩引起的结点荷载增量。

求出各个结点的位移增量 $\{\Delta\delta_n\}$ 之后，由式 (4-40) 求得应力增量 $\{\Delta\sigma_n\}$，累加后得到各个单元 τ_n 时刻的应力。

$$\{\sigma_n\} = \sum\{\Delta\sigma_n\} \tag{4-40}$$

4.4 验算实例

4.4.1 实际温度变化的膨胀过程

外掺 4%MgO 的峨嵋 525＃硅酸盐大坝水泥混凝土在不同恒温养护条件下的自生体积变形的试验结果如图 4.4 所示。由图 4.4 可以看出 50℃养护条件下的自

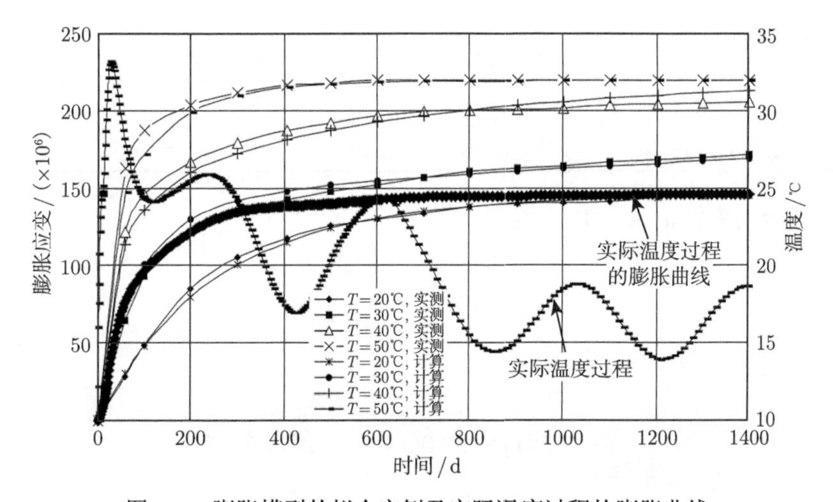

图 4.4 膨胀模型的拟合实例及实际温度过程的膨胀曲线

生体积变形从 500d 开始几乎不再增长，假定其稳定值 220με 为该混凝土 4%MgO 掺量的最终混凝土膨胀量，由式 (4-13) 可以求出各种稳定养护温度下的计算值，如图 4.4 所示。由图 4.4 可以看出，式 (4-13) 的拟合值与实测值吻合良好。

假定一个混凝土坝内部比较典型的温度过程曲线 (图 4.4 中的温度过程线)。该点的入仓温度为 12.2℃，在浇筑后 29d 温度达到峰值 33℃，随后温度逐渐下降并随气温周期性变化，相应的膨胀量曲线如图 4.4 中与实际温度过程对应的膨胀量曲线所示，由该曲线可以看出，早期温度较高时，膨胀量增长快，而后期则增长缓慢，温度从峰值下降到第一个低谷时，膨胀量增长了约 70με，因此，可以看出该例中 MgO 对降温时引起的收缩有一定的补偿作用。

4.4.2　基坑回填混凝土

作为一个简单的应用实例，计算图 4.5 所示的回填混凝土掺入与不掺入 MgO 时的温度应力。该混凝土块长 30m，高 10m，混凝土及岩石的热力学参数见表 4.1。

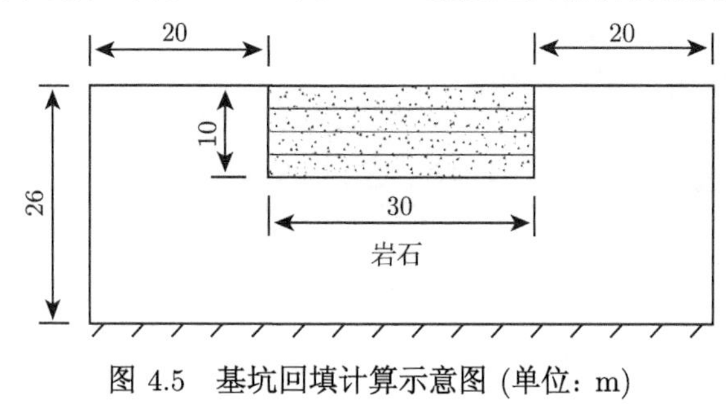

图 4.5　基坑回填计算示意图 (单位：m)

表 4.1　混凝土及岩石的热力学参数

材料	弹性模量 /GPa	泊松比	容重 /(t/m^3)	线胀系数 /℃$^{-1}$	导温系数 /(m^2/h)	比热 /(kJ/(t · ℃))	导热系数 /(kJ/(m· h · ℃))	表面散热系数 /(kJ/(m^2· h · ℃))
混凝土	30	0.17	2.5	0.000008	3.6×10^{-3}	870	7.83	41
基岩	15	0.2	2.4	0.000008	3.6×10^{-3}	870	7.52	41

混凝土的弹性模量 (MPa) 为

$$E(\tau) = 30000(1 - \mathrm{e}^{-0.36\tau^{0.432}}) \tag{4-41}$$

混凝土的绝热温升 (℃) 为

$$T(\tau) = 28.0(1 - \mathrm{e}^{-0.35\tau}) \tag{4-42}$$

徐变度 ($10^{-6}\mathrm{MPa}^{-1}$) 为

$$C(t,\tau)=\left[\left(4.06+\frac{223.8}{\tau}+\frac{8.2}{\tau^2}\right)(1-\mathrm{e}^{-0.344(t-\tau)})\right.$$
$$\left.+\left(11.29+\frac{209.2}{\tau}+\frac{4.59}{\tau^2}\right)(1-\mathrm{e}^{-0.012(t-\tau)})\right] \tag{4-43}$$

假定混凝土分 4 次浇筑，每次浇筑 2.5m，间歇时间为 2d，分别取不同的入仓温 10℃、15℃、20℃、25℃。混凝土及岩石的上表面温度取为恒温 20℃，岩体的另外 3 个边界为绝热，计算外掺 4%MgO 时对该混凝土块温度应力的影响。

图 4.6 为不同入仓温度时混凝土块中部的温度和膨胀量变化过程。由图可以看出，混凝土入仓后温度迅速上升，在龄期 15d 左右温度达到峰值。不同入仓温度时温度峰值的差值略低于入仓温度的差值，如 10°C 入仓时的最高温度为 38°C，而 25°C 入仓时的最高温度为 51°C。温度达到峰值后，随表面散热而下降，逐渐接近外部气温 20°C。

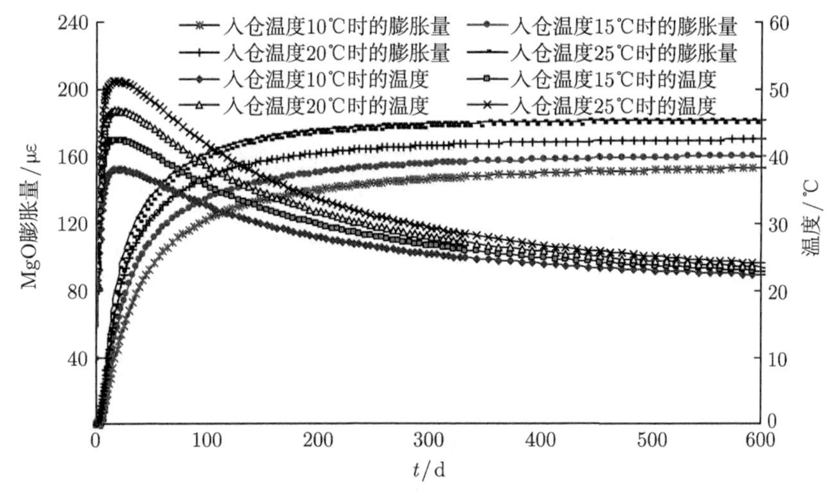

图 4.6 不同入仓温度时的膨胀量曲线

由 MgO 的膨胀引起的早期自生体积变形速率与温度成正比。25℃入仓时早期的膨胀速率明显高于 10℃入仓时的膨胀速率，龄期 15d 时两种工况膨胀量差为 37.25με，龄期 30d 时的差为 44.93με，但后期膨胀量差距减小，如 600d 时 25℃入仓的混凝土的膨胀量约 184.32με，而 10℃入仓的混凝土的膨胀量为 157.69με，相差 26.63με。

由于早龄期混凝土弹性模量低、徐变度大，早期 MgO 膨胀引起的压应力小，因此早期膨胀效果不大。MgO 膨胀效果主要体现在补偿温度由最高温度下降时引起的收缩，即取决于由最高温度开始的膨胀增量。图 4.7 为温度峰值之后，即 15d 龄期之后各入仓温度时的膨胀增量曲线，由图可以看出，龄期 300d 以内 4 种入仓温度时的膨胀增量几乎相同，龄期 600d 时入仓温度为 10℃，20℃，30℃，40℃时的有效膨胀量分别为 119.07με，115.05με，112.23με，110.87με, 最多相差 8.2με，后期低入仓温度的膨胀增量略高于高温入仓的情况，有效补偿效果与入仓温度关系不大。与图 4.6 比较可以看出，高温入仓时较大的膨胀量发生在补偿效果差的早龄期。

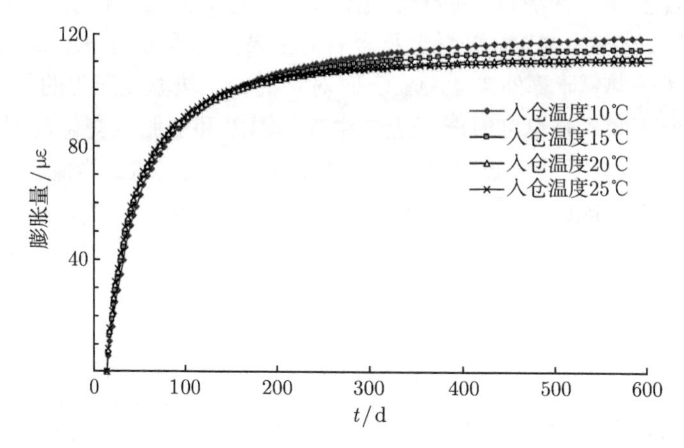

图 4.7　温度峰值之后不同入仓温度时的膨胀量曲线

图 4.8 为掺与不掺 MgO 时回填块中部水平应力变化过程。由图可以看出，随浇注后温度的升高，压应力增长。不掺入 MgO 时，压应力的增长幅度相同，且在温度到达峰值后压应力开始减小并逐步转为拉应力，拉应力的增长速率与最终拉应力值都与入仓温度成正比。掺入 MgO 后，由于 MgO 的膨胀，温度达到峰值后压应力仍继续增长，当温度下降引起的收缩大于 MgO 膨胀时，压应力才开始减小并逐渐转为拉。掺入 MgO 后拉应力普遍减小，减小的幅度与入仓温度

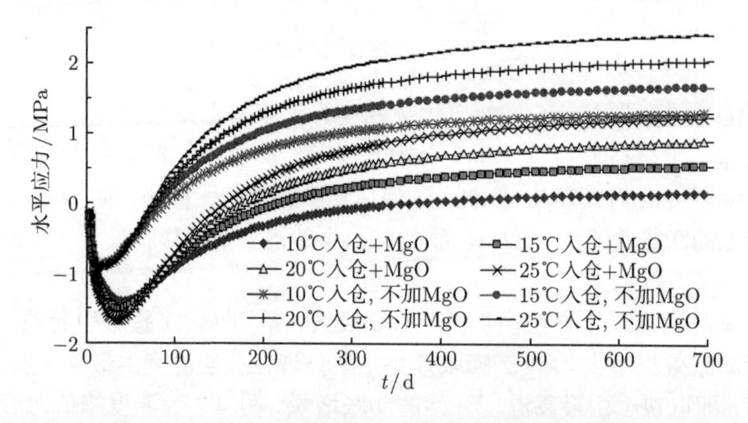

图 4.8　不同入仓温度、是否掺入 MgO 作用时回填块中部的应力过程

关系不大，700d 时入仓温度为 10℃，15℃，20℃，25℃的拉应力减小分别为 1.14MPa，1.13MPa，1.15MPa，1.18MPa，该结论和图 4.7 所示的有效补偿效果与入仓温度关系不大的结论一致。

图 4.9 为入仓温度 25℃、掺与不掺 MgO 时，回填块中部和上表面的应力变化过程。由于浇注后表面温升较小，由早期温升引起的压应力也很小。随着内部温度升高，内外温差加大，使表面产生拉应力。当内部温度开始下降，应力由压不断变为拉时，表面应力则由拉向压应力转化，即表面的应力变化过程与内部相反。由图 4.9 可以看出，表面的 MgO 补偿效果比内部小，MgO 的膨胀会在浇注早期在表面引起拉应力增大。

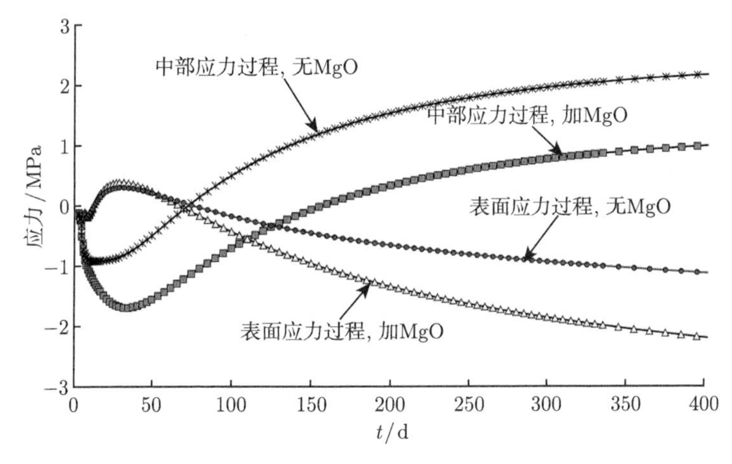

图 4.9 入仓温度 25℃、掺与不掺 MgO 时，回填块中部和上表面的应力变化过程

4.5 本 章 小 结

本章介绍了如何有效地求解温度场与仿真应力场。瞬态温度场的偏微分方程是一个抛物线形的微分方程，利用最小位能原理转换为泛函极值问题，通过对求解域的空间离散得到温度一次导数的线性常微分方程组，利用中心差分法求解该方程组，而中心差分法是无条件稳定的，稳定性对于时间步长的选择没有严格的限制。由于混凝土仿真应力场求解比较复杂，选择指数形式的徐变可以节省存储量与计算时间，提高计算效率。通过计算中加入徐变引起的单元结点徐变增量，采用应力增量法求解温度仿真应力场。

从上面的讨论分析可以看出：

(1) 本章给出的膨胀模型能较好地模拟复杂温度过程的 MgO 混凝土的膨胀特性。

(2) 温度越高，膨胀速率越大，早期膨胀越大；温度越高早期膨胀量越大，从而减小了温度下降时对收缩的补偿作用。常温情况下，入仓温度对有效膨胀量的影响不大。

(3) 回填 MgO 混凝土能有效地降低内部混凝土拉应力，但会增大早期表面的拉应力，因此掺 MgO 可能对防止早期的表面裂缝不利。

(4) 实际 MgO 混凝土的温度过程与膨胀过程非常复杂，由此带来的对应力分布及变化过程的影响也十分复杂。在工程中掺入 MgO 混凝土时，应作具体的仿真分析，本模型将用于长沙坝的仿真分析中。

第 5 章　长沙拱坝仿真分析及与实测结果对比

长沙水库是广东省阳春市三甲河梯级小水电站的龙头水库，总库容 1330 万 m^3，功能以发电为主，具有防洪、灌溉等综合效益。长沙水库控制集水面积 53.2km^2，流域降雨受气旋雨及台风雨影响较多，多年平均雨量为 2250mm，暴雨洪水集中在每年 4~10 月。长沙电站装机 1260kW(整个三甲河梯级电站总装机为 12275kW)，电站年发电量 558 万 kWh，并可同时增加下游梯级电站年发电量 347.2 万 kWh。工程地区属亚热带季风气候，多年平均气温为 22℃，极端高温 36.8℃，最低气温 −1.8℃。多年平均日照 1739h，多年平均风速 2.1m/s，最大风速 24m/s，年平均湿度为 82%[118]。

5.1　长沙拱坝简介

长沙拱坝是国内外第一座全坝段外掺氧化镁的拱坝，坝体使用了掺率为 3.5%~4.5%的氧化镁混凝土。施工过程中不分横缝，利用氧化镁的微膨胀特性补偿温度应力，简化了传统混凝土浇筑的分块分缝、加冰预冷骨料、埋设冷却水管等温控措施，实现了不分横缝快速整体浇筑。

1998 年 12 月 25 日开始浇筑垫层混凝土基础填塘 (至高程 ▽190.0m)，1999 年 1 月 6 日开始浇筑坝体，1999 年 4 月 5 日筑至坝顶，坝体施工期仅为 90d。工程于 1999 年 10 月 8 日通过下闸蓄水验收，投入正常使用。

长沙拱坝体型为混凝土 4 圆心变半径双曲薄拱坝，最大坝高 55.5m，厚高比 0.18，坝体混凝土总方量 3.2 万 m^3，属 3 级建筑物，如图 5.1 所示。

图 5.1　长沙拱坝下游面图

工程位置按广东省地震烈度区划图属 4 度区。坝址处为 V 形峡谷，两岸基本对称坡度大于 65°。坝址出露地层为古生界寒武系变质岩，主要为条带状、条纹状混合岩及眼球状混合岩，两种岩体相互包含，局部有岩化花岗岩。地质主要构造断裂有两组，走向为 NW (顺河) 和 NE，其中 NW 组对坝体渗漏和坝肩稳定有一定影响。

混凝土浇筑采用分层台阶法通仓浇筑模式，从左岸向右岸推进，层厚 2.5m，分 4~5 层台阶。每层上升时间平均为 4d (0.625m/d)，浇筑强度平均为 350m^3/d，最高 210m^3/台班。拌合系统采用 2×1m^3 拌合机，布置在右岸 ▽240.0m~▽245.5m 平台，成品混凝土由斜槽溜入门机吊罐，再由布置在下游河床高程 ▽220.0m 的 DMQ540/30 高架门机直接吊运混凝土入仓，人工平仓，插入式振捣器振捣。模板采用钢木混合结构，门机吊运，人工装模加固，装模与混凝土浇筑交叉作业。长沙拱坝各主要体型参数见表 5.1。

表 5.1 长沙拱坝体型参数表

	项目	单位	数量
1	校核洪水流量 ($P = 0.2\%$)	m^3/s	1135
2	设计洪水流量 ($P = 2\%$)	m^3/s	805
3	校核洪水位	m	244.29
4	设计洪水位	m	243.03
5	正常蓄水位	m	242.00
6	死水位	m	228.00
7	校核情况下游水位	m	200.31
8	设计情况下游水位	m	198.42
9	正常水位相应库容	×10^{4}m^3	1158
10	死库容	×10^{4}m^3	435
11	校核洪水下泄量	m^3/s	923.30
12	设计洪水下泄量	m^3/s	658.80
13	溢流堰顶高程	m	238.00
14	溢流堰顶净宽	m	3×10
15	溢流堰出口宽	m	27.82
16	最大坝高	m	55.50
17	坝顶中心弧长	m	142.8
18	坝顶厚	m	3.9
19	最大坝厚/坝高		0.18
20	最大坝厚	m	9.66
21	坝顶高程	m	245.50
22	淤沙高程	m	215.70
23	坝后巡视交通桥	m	220.00

长沙拱坝应用了外掺氧化镁混凝土不分横缝快速筑坝技术，主要有以下经济效益：①加快了施工速度、缩短了工期，比常规混凝土拱坝施工可提前发挥效益至少 9 个月至一年，增加发电量 800 万 kW · h，按 0.4 元/(kW · h) 计算，增收电费 320 万元，还有减少工程贷款的银行利息、提早发挥水库防洪和灌溉等综合效益；②节省混凝土大坝施工常规的温控费用约 80 万元；③施工单位提前工期在施工产值、施工管理方面的效益 300~500 万元[118]。

长沙水库 1999 年 10 月 8 日下闸蓄水，11 月 4 日大坝上游水位为 ▽224.8m，并开始上升，至 1999 年 12 月水位达到 ▽234.0m，其后至 2000 年 3 月保持在 ▽233.2m~▽234.0m，开始下降，至 2000 年 6 月 11 日为 ▽227.65m，之后 2000 年 9 月 6 日又回升至 ▽232.0m，2000 年 10 月下旬最高水位 ▽241.2m，接近正常蓄水位 (图 5.1)。

蓄水运行后，2000 年 1 月中旬在坝体下游面 1/3 坝高拱冠处发现一条竖向裂缝以及若干条水平裂缝，在左右坝肩 ▽200.0m~▽210.0m 高程处各发现一条斜裂缝，缝宽 0.1~0.3mm (图 5.2)，被发现时表现为水痕，后期有水渗出。于 2000 年 3 月对裂缝进行化灌处理，目前已经历了正常水位和泄洪工况，运行正常。本章通过对长沙拱坝的仿真分析对裂缝产生的原因进行了分析，对比了掺入 MgO 后微膨胀混凝土的自生体积变形对坝体应力的改善作用。

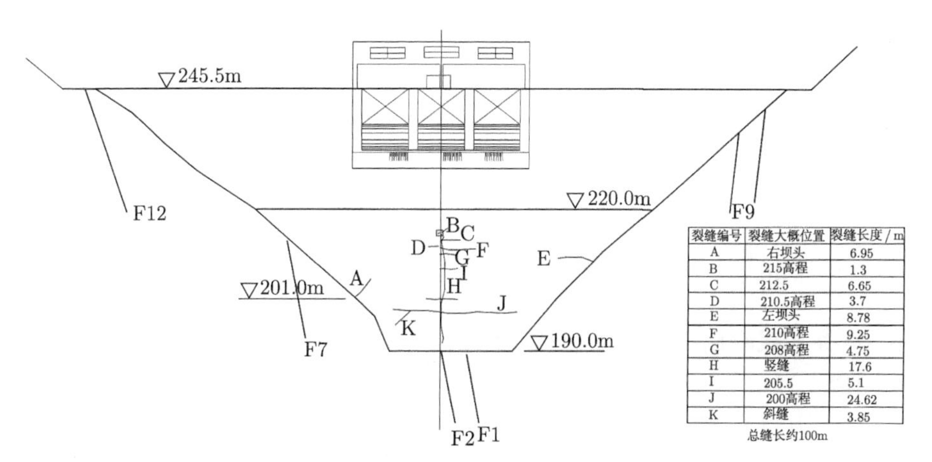

裂缝编号	裂缝大概位置	裂缝长度 / m
A	右坝头	6.95
B	215高程	1.3
C	212.5	6.65
D	210.5高程	3.7
E	左坝头	8.78
F	210高程	9.25
G	208高程	4.75
H	竖缝	17.6
I	205.5	5.1
J	200高程	24.62
K	斜缝	3.85

总缝长约100m

图 5.2　长沙拱坝下游面裂缝图 (下游面立视图)

5.2　计算条件

长沙拱坝的混凝土标号为 $R_{90}200^{\#}$，以广东省水利水电科学研究院提供的试验数据作为计算的参数[119,120]。

5.2.1　材料参数

在材料的基本力学性能方面，不考虑干缩变形；在耐久性能中，不考虑抗渗、抗冲、耐蚀及碳化等性能。主要考虑氧化镁混凝土弹性模量、绝热温升、徐变度与自生体积变形的影响；各参数如下：

混凝土弹性模量随龄期增长的关系为 (τ 为龄期 (d))

$$E_c(\tau) = 2.7 \times 10^4(1 - \mathrm{e}^{-0.599\tau^{0.265}})(\mathrm{MPa}) \tag{5-1}$$

根据实验资料表 5.2，拟合得到混凝土绝热温升 $\theta(\tau)$(℃)：

$$\theta(\tau) = 24.653(1 - \mathrm{e}^{-0.77\tau^{0.47}}) \tag{5-2}$$

表 5.2　混凝土绝热温升数据表

龄期/d	1	2	3	4	5	6	7
绝热温升 (试验)	5.12	16.37	18.39	19.53	20.26	20.76	21.13
绝热温升 (拟合)	13.24	16.17	17.87	19.03	19.87	20.53	21.04

混凝土徐变为 (对不同氧化镁掺率混凝土均适用)

$$C(t,\tau) = (9.00 + 146.91\tau^{-0.356}) \times [1 - \mathrm{e}^{-(0.040+0.427\tau-0.235)(t-\tau)S}]$$

$$S = 0.337 + 0.0144\ln(\tau^{0.98} + 1) \tag{5-3}$$

把上面的试验徐变公式拟合成下面指数函数的徐变形式：

$$C(t,\tau) = \left(10 + \frac{100}{\tau} + \frac{20}{\tau^2}\right)(1 - \mathrm{e}^{-0.12(t-\tau)}) + \left(15 + \frac{5}{\tau} + \frac{25}{\tau^2}\right)(1 - \mathrm{e}^{-0.008(t-\tau)}) + 40(\mathrm{e}^{-0.014\tau} - \mathrm{e}^{-0.014t}) \tag{5-4}$$

式中，τ 为加载龄期；t 为混凝土龄期；$t-\tau$ 为加荷持荷时间；$C(t,\tau)$ 为徐变度 ($10^{-6}\mathrm{MPa}^{-1}$)。

坝体采用了两种不同掺率的氧化镁混凝土，见表 5.3。

表 5.3　不同高程 MgO 掺量

高程分区/m	▽190.0～▽207.5	▽207.5～▽245.5
MgO 掺率	3.5%	4.5%
分区	第一区	第二区

坝体混凝土在不同养护温度下的自生体积变形试验数据见表 5.4。

表 5.4 不同养护温度下的 MgO 砼自生体积变形表 (单位：με)

掺率	温度/℃	3	7	14	28	45	60	90	120	150	180
4.5%	20	3.2	5.3	9.4	15.0	21.0	25.7	35.0	44.2	52.0	60.0
	30	4.5	9.0	17.5	32.2	44.5	52.5	65.0	74.1	82.2	90.0
	40	13.5	24.0	40.0	59.5	74.0	83.0	95.5	105.0	114.0	122.0
	50	28.0	48.0	67.5	90.0	105.0	114.7	128.0	138.4	147.0	155.0
3.5%	20	3.0	5.0	9.0	14.0	18.1	21.0	26.0	30.0	35.0	40.0
	30	4.0	8.0	14.0	23.0	29.8	34.0	41.0	47.0	53.5	59.0
	40	13.0	20.5	30.0	42.0	51.0	58.0	67.5	76.5	84.5	92.5
	50	24.0	38.0	54.0	69.2	82.0	90.0	101.0	109.5	117.5	125.0

通过表 5.4 的实验数据进行拟合，得到各个掺率条件下氧化镁混凝土自生体积变形的 9 个参数，见表 5.5。

表 5.5 不同掺率下的 MgO 砼自生体积变形参数表

掺率	最终膨胀量	C_1	C_2	C_3	α_1	α_2	α_3	β_1	β_2	β_3
3.5%	160με	65με	55με	40με	4.5×10^{-6}	1.4×10^{-7}	1.2×10^{-13}	1.85	3.25	6.25
4.5%	200με	78με	65με	57με	5.5×10^{-6}	2.0×10^{-7}	1.0×10^{-13}	1.85	3.35	6.30

基岩在 ▽245.5m 高程以上为强风化带，▽245.5m～▽238.0m 高程为弱风化带，▽238.0m 高程以下为微风化带，表 5.6 是基岩与坝体混凝土的力学和热学参数。

表 5.6 基岩与混凝土力学和热学参数表

分类	导温系数 α_1 /(m^2/h)	导热系数 λ /(kJ/(m · h·℃))	线膨胀系数 α_2 /($\times10^{-6}$)	弹性模量 E_0 /MPa	比热 c /(kJ/(kg·℃))	密度 ρ /(kg/m^3)
强风化	0.00547	10.505	8.50	400	0.716	2680
弱风化	0.00547	10.505	8.50	6000	0.716	2680
微风化	0.00547	10.505	8.50	24000	0.716	2680
混凝土	0.00355	8.2814	8～9.48	—	0.96	2430

基岩泊松比：$\nu = 0.20$；混凝土泊松比：$\nu = 0.167$。

保温材料的表面放热系数：$\beta_{eq} = 82.2\text{kJ}/(\text{m}^2\cdot\text{h}\cdot℃)$。按线性热传导来分析，基岩、混凝土均假定为各向同性传导率和常比热材料。

5.2.2 温度边界

按照实测的日平均气温进行计算，如图 5.3 和图 5.4 所示，坝顶与下游面的表面气温过程大致为

$$T = 22 + 7\sin\frac{2\pi}{365}(\tau - 6.5) \tag{5-5}$$

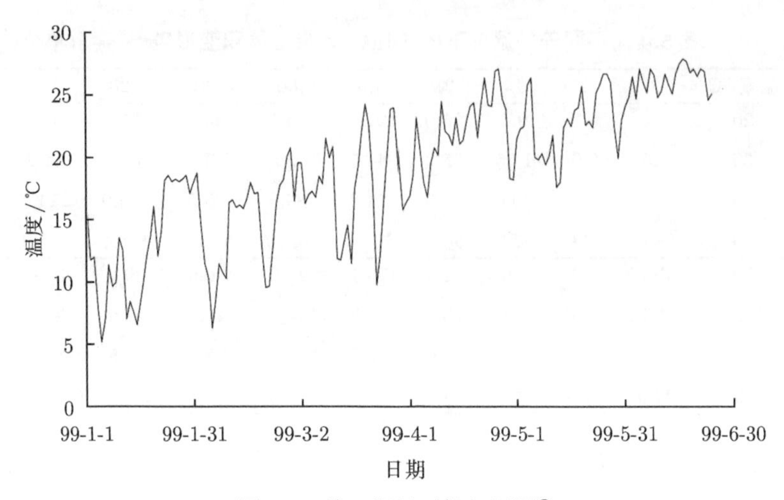

图 5.3　施工期日平均气温图①

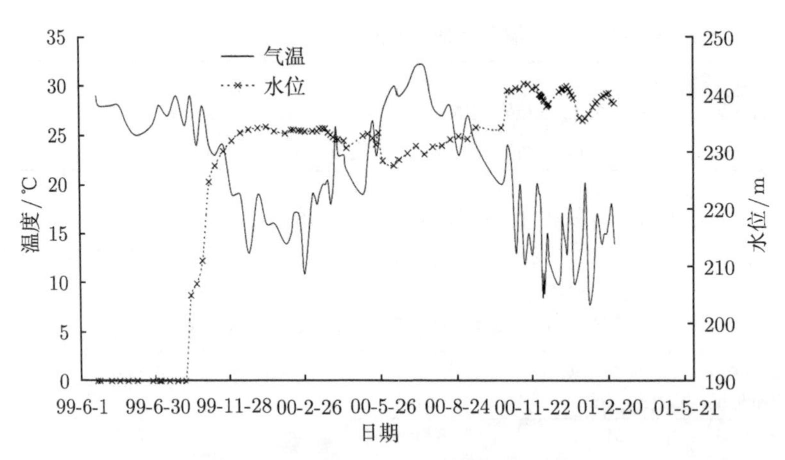

图 5.4　长沙拱坝日平均气温与水位图

基础地温变幅不大，初始温度基岩面 10m 内为 20℃，10m 以下为 23℃；基础侧面为绝热边界，底面为已知温度 26℃。大坝下游面朝东，上游面朝西，日照影响可简化为：在气温的基础上，下游坝面加 1℃，上游坝面加 2℃；坝顶层面加 2℃，岩体面加 1℃。

施工期时气温变化较大，在 2 月初、2 月下旬、3 月中旬、3 月下旬有较大的温降。

水库中水温情况较复杂，根据对我国已建水库的水温变化情况的统计，我国绝大多数水库水温分布属于稳定分层型，全年库水温度呈层状变化[121]：

水温以一年为周期呈现周期性变化，温度变幅表面最大，随着水深的增加，变

① 本书中的 99-1-1 是指 1999 年 1 月 1 日，下同。

幅逐渐减小，在水深 70m 以下，水温很少变化，终年维持在一个比较稳定的低温。当水深不到 50m 时，库水温度有一定的变化。

水温的变化比气温变化滞后，相位差随着水深增加有一定的变化。

长沙水库的水深不超过 50m，属层状水温变化，参照当地的气温资料得到水温变化规律：库水表面温度等于气温加 1℃，库底温度等于 21℃，t 时刻水深 y 处温度为

$$
\begin{aligned}
T(y,t) = & T_0 + T_1 \mathrm{e}^{-a_0 y} + T_2 \mathrm{e}^{-a_1 y} \sin\omega(t + t_{01} + a_2 y) \\
& + T_3 \mathrm{e}^{-a_3 y} \cos\omega(t + t_{02} + a_4 y)
\end{aligned} \tag{5-6}
$$

式中，y 为水深，m；t 为时间，d；$T(y,t)$ 为水深 y 处在 t 时刻的温度，℃；t_{01}，t_{02} 为延迟时间，为自 1 月 1 日起的天数 (负值)，分别为 -120，-220；T_0，T_1，T_2，T_3 为平均温度和温度变幅，分别为 20℃，2℃，6℃，1℃；a_0，a_1，a_2，a_3，a_4 为系数，分别为 0.015，0.04，-0.9，0.025，-0.9；$\omega = \dfrac{2\pi}{365}$ 为温度变化圆频率。

5.2.3 结构分析

截取基岩作为计算边界，顺河向向上游取 60m，向下游取 60m；沿坝轴线两边取 160m；在竖向沿坝底取 60m。

基岩假定为各向同性线弹性材料；坝体混凝土为各向同性弹性材料，弹性模量、徐变与自生体积变形随龄期与温度变化。

考虑温度、水压与自重荷载的作用，不考虑作用在水库岩石表面上的水压力和坝基的扬压力；不考虑浪压力、淤沙和地应力的影响。

位移计算条件：考虑到温度与水压作用，上游基岩顺河向有拉应力场，顺河向上游基岩面自由，下游基岩面给顺河向的约束；侧向基岩面给定沿坝轴线方向的约束，底部基岩面固定。

基础深层地温变化不大，按照固定温度考虑。基础上、下游面按绝热考虑：$\dfrac{\partial T}{\partial n}=0$，坝体与空气接触部位按第三类边界条件计算：$\lambda\dfrac{\partial T}{\partial n} = -\beta(T - T_a)$，上游面与水接触部位按第一类边界条件计算：$T = T_b$。

5.2.4 网格剖分

首先初划坝体与基础的网格，形成尺寸较大的 20 结点超元，模拟由左坝向右坝浇筑施工的过程，每 4d 上升一层，在整个仿真计算过程中逐渐加入超元；然后用程序细划网格用于计算，结构的计算时段划分见表 5.7，在施工期计算时段较小，运行期计算时段较大。

表 5.7 结构计算时间步长

仿真时间段	温度场和应力场计算步长
90d 以前	0.5d
90~100d	从 1d 过渡到 2d
100~180d	3d
180d 以后	15d

坝体划分了 128 个超元，基础划分了 150 个超元，共有 3162 个结点，坝体分为 22 层，每层 2.5m，各层分为 6 个超元，平均每 3d 坝体浇筑一层；如果 2d 上升一层，每天在仿真计算中累加 3 个超元；如果 3d 上升一层，每天累加 2 个超元；如果 4d 上升一层，左右坝肩处各浇筑 1d，每天累加 1 个超元，坝体中部浇筑 2d，每天累加 2 个超元。

在超元上细划单元，每个坝体超元沿厚度方向划分 5 层单元，沿坝轴线与高度方向划分 4 层，在坝体交界附近的基础进行单元过渡，以减小基础单元。

通过上面的单元细划，得到基础与坝体单元 13615 个，总结点 15972 个；坝体单元 10240 个，基础单元 3375 个，两者单元数之比约为 3∶1，坝体网格如图 5.5 所示。

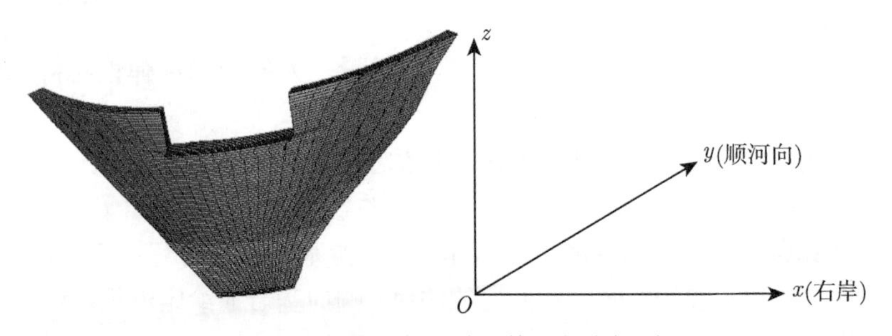

图 5.5 长沙拱坝坝体网格图与坐标系

模拟从 1999 年 1 月 1 日到 2002 年 5 月 1 日①坝体施工、蓄水至运行整个过程。计算坐标系符合右手法则，x 轴为横河向 (指向右岸)，y 轴指向下游，z 轴向上 (图 5.5)。

5.3 温度场变化过程

长沙坝坝体上安装了 9 个温度测点，基础上安装了 3 个温度测点 (图 5.6)。采用坝址当地气温资料和拟合的库水温度资料作为温度边界条件，通过温度测点实

① 书中主要列出了 99-2-7，99-4-7，99-10-7，00-1-20，00-8-17，01-2-13，00-8-12，00-2-8 共 8 个时刻的数据。

测与计算温度历程的对比来校核温度过程，分析坝体温度场变化。

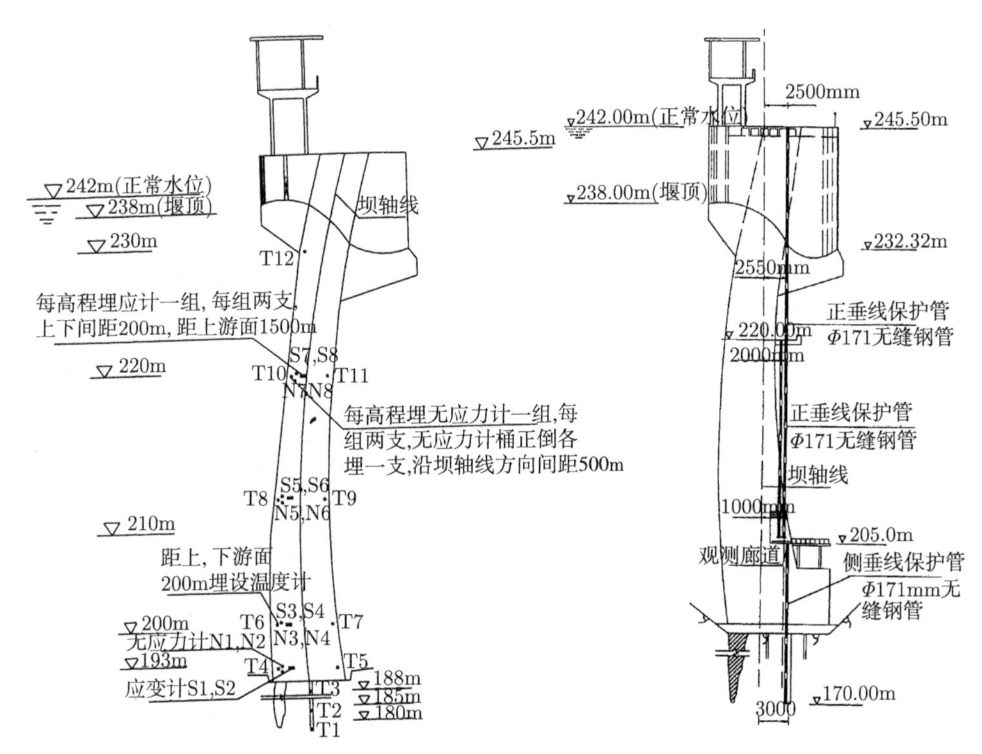

图 5.6 坝体温度计与无应力计、正倒垂线布置图

5.3.1 温度历程对比

测点的温度变化如图 5.7 所示，坝体温度计 T4、T6、T8、T10、T12 位于拱冠的上游，距上游坝面 20~50cm，施工期受入仓温度与混凝土绝热温升的影响，温度变化剧烈；蓄水之后受库水温度变化影响显著。T4、T6、T8 测点在施工期计算温度比实测温度小 3~5℃，蓄水之后温度显著下降，实测温度在蓄水之后比较稳定，计算温度在蓄水之后有一定的变幅，两者相差 4~6℃。T10、T12 测点施工期时实测温度比计算温度高 6~8℃，蓄水之后实测温度与计算温度比较吻合。计算中坝体沿厚度方向按照等间距进行网格剖分，在上游坝面处网格偏粗，均化了上游表面的温度梯度，从而实测温度测点温度数值高于计算数值。

坝体温度计 T5、T7、T9、T11 位于拱冠的下游面，距下游坝面 20~50cm。主要受气温变化与混凝土绝热温升的影响，实测与计算的温度变化规律一致，数值相差 1~3℃。

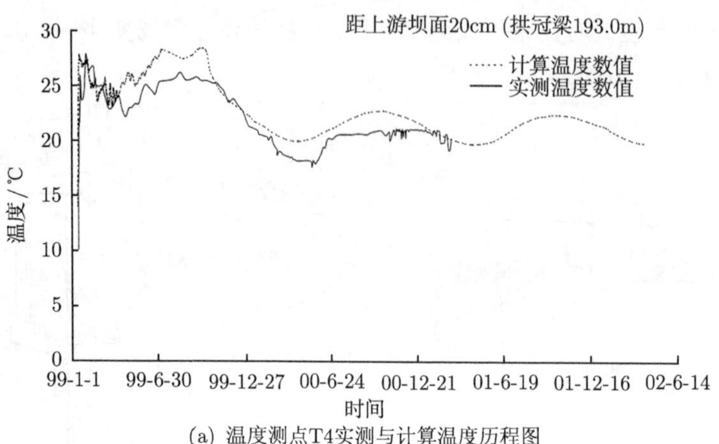

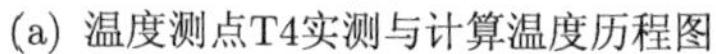
(a) 温度测点T4实测与计算温度历程图

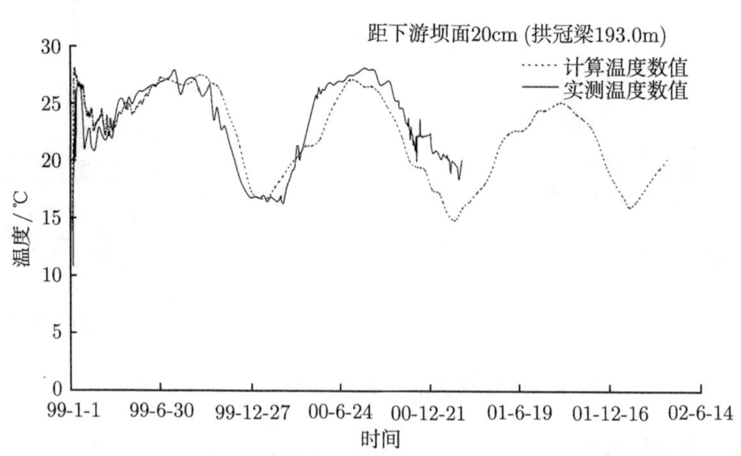

(b) 温度测点T5实测与计算温度历程图

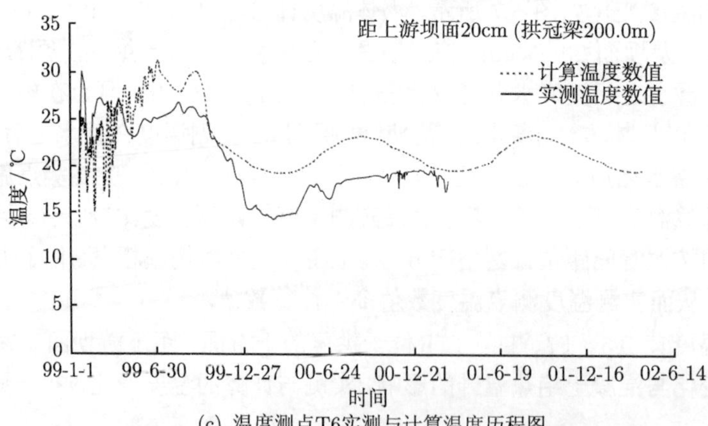

(c) 温度测点T6实测与计算温度历程图

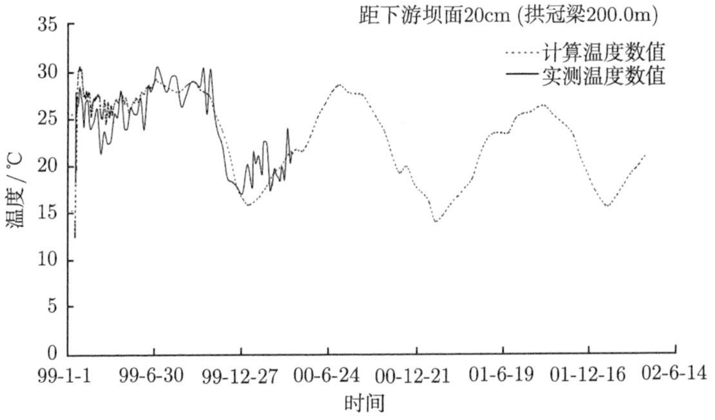

(d) 温度测点T7实测与计算温度历程图

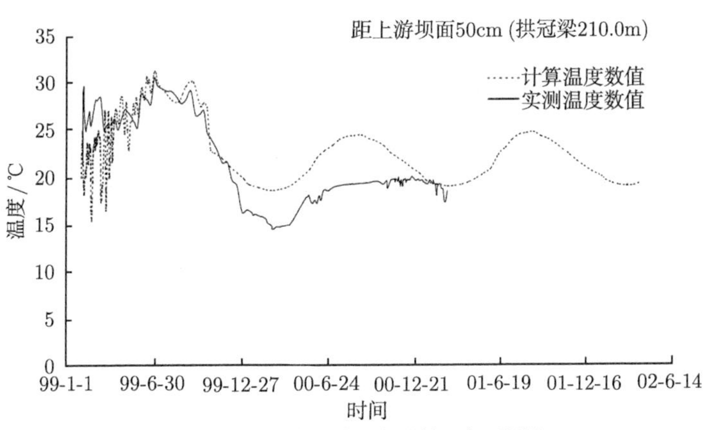

(e) 温度测点T8实测与计算温度历程图

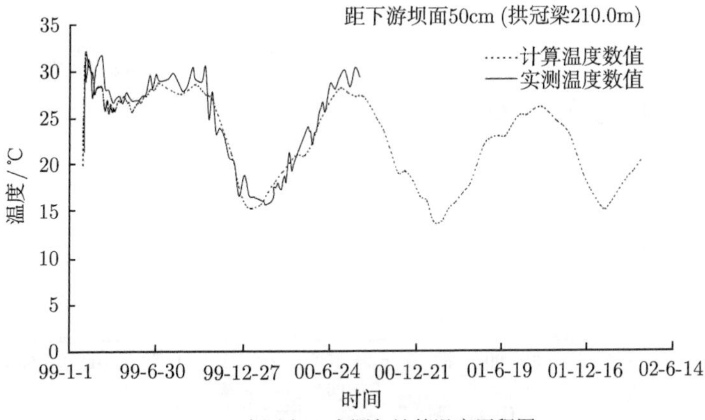

(f) 温度测点T9实测与计算温度历程图

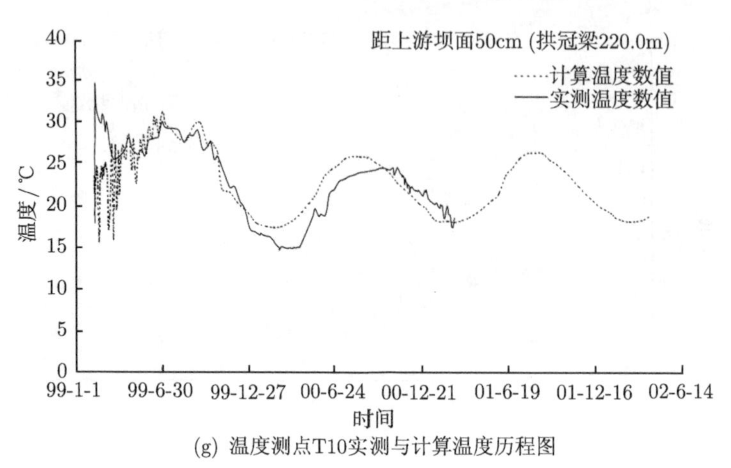

(g) 温度测点T10实测与计算温度历程图

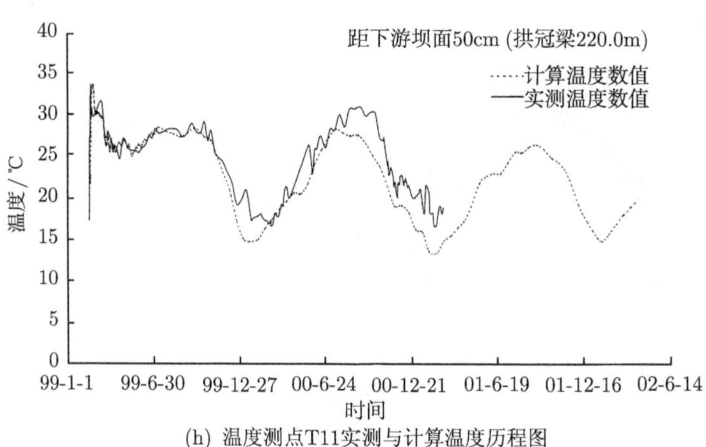

(h) 温度测点T11实测与计算温度历程图

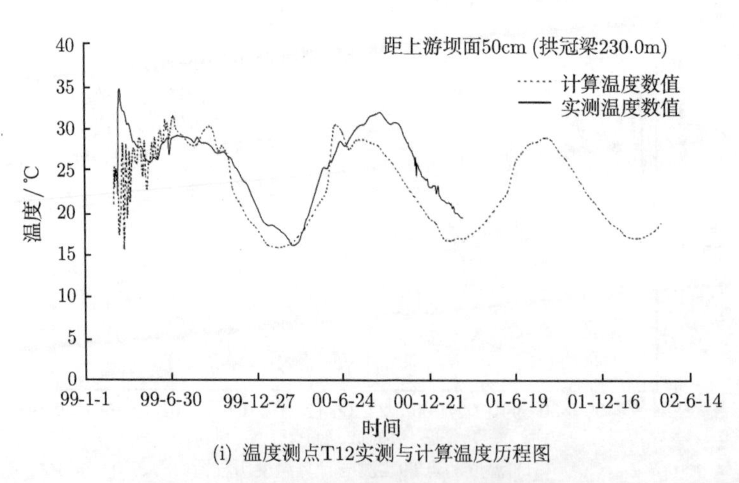

(i) 温度测点T12实测与计算温度历程图

图 5.7　坝体温度测点实测与计算温度对比图

上面的对比表明在仿真分析中较准确地模拟了库水温度与气温的实际变化过程。

5.3.2 典型部位温度过程

混凝土从 1999 年 1 月 6 日开始浇筑，1999 年 1 月 28 日开始浇筑 ▽207.5m 拱圈，由于水化热的影响，在浇筑 15d 之后 (1999 年 2 月 11 日) 达到最高温度 41.4℃，随着表面散热，经过 80d 左右 (1999 年 5 月 1 日) 温度降低到正常温度；1999 年 2 月 12 日开始浇筑 ▽220.0m 拱圈，浇筑 11d 之后 (1999 年 2 月 23 日) 出现 39.4℃ 的最高温度，经过 70d 左右 (1999 年 5 月 4 日) 温度降低到正常温度，水化热的影响在入仓 90～100d 之后消失。图 5.8 为拱冠梁典型部位的温度历程图。

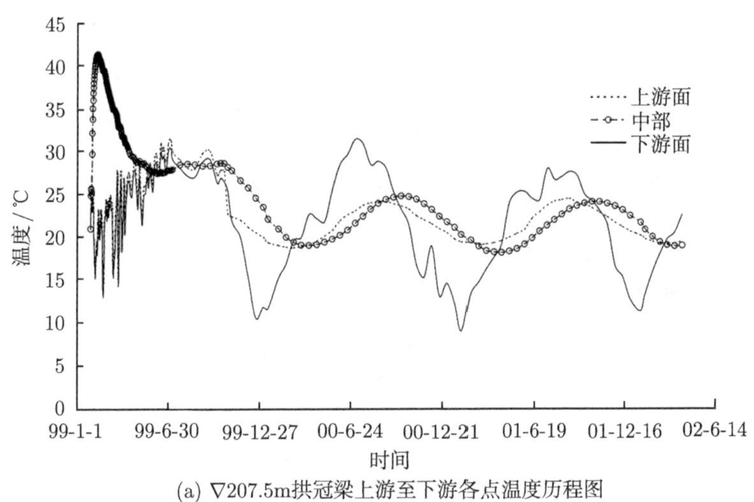

(a) ▽207.5m拱冠梁上游至下游各点温度历程图

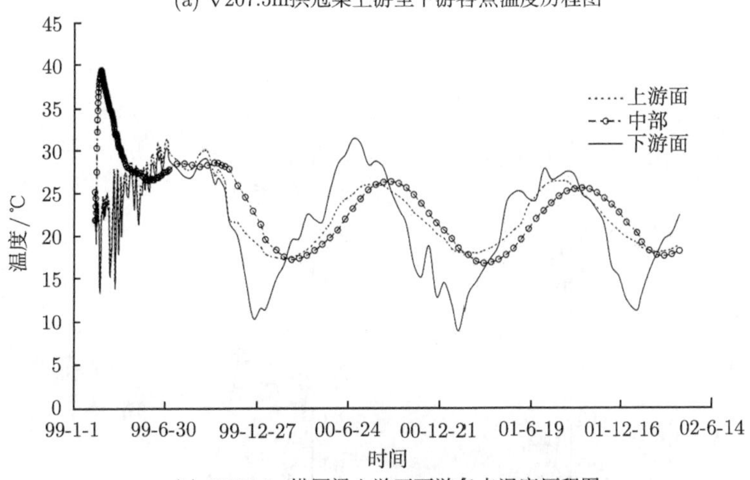

(b) ▽220.0m拱冠梁上游至下游各点温度历程图

图 5.8 拱冠梁典型部位的温度历程图

水化热散去之后坝体温度主要受水温和气温变化影响。下游面温度变化幅值大，峰值发生在 7 月份与 1 月份；上游面温度变化峰值小一些，峰值比下游面温度峰值滞后 1 个月左右；中面温度峰值发生在 9 月份与 3 月份左右，相比气温与水温峰值分别滞后 2 个月与 1 个月左右。中面温度峰值比气温峰值变化小，但比水温峰值变化大 2℃左右。

由表 5.8 可知：随着混凝土浇筑层的上升，坝体变薄，表面散热相对加大。浇筑层达到最高温度的时间和最高温度降到正常温度的时间相对缩短，达到的最高温度相对减小。

表 5.8　不同高程的温度变化

高程	入仓温度	绝热温升	入仓温度＋绝热温升	浇筑层最高温度	表面散热对温升影响	达到最高温度时间	最高温度降到正常温度时间
▽207.5m	21℃	24.6℃	45.6℃	41.4℃	4.2℃	15d	80d
▽220.0m	21.5℃	24.6℃	46.1℃	39.4℃	6.7℃	11d	70d

从上面的温度历程可以看到，浇筑的混凝土在施工期有近 20℃的内外温差，应该防止冷击后产生大的表面拉应力，蓄水后最大有 10℃的内外温差。

5.3.3　温度等值线

从图 5.9~图 5.12 等值线可以看出：在施工期，坝体内部持续高温，最高达到 43℃，内外温差较大。

在施工开始 1 个月后的 1999 年 2 月 7 日，拱冠 ▽205.0m 高程中部出现 43℃左右高温区，上下游表面约为 18℃，考虑日照的影响，等于该时刻的气温 (16.8℃) 加 1℃ (日照影响) 左右。

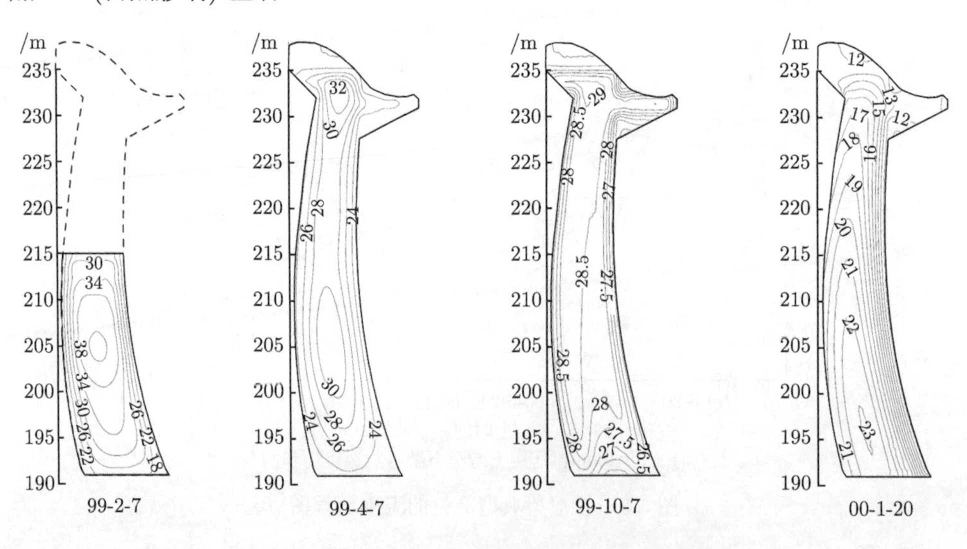

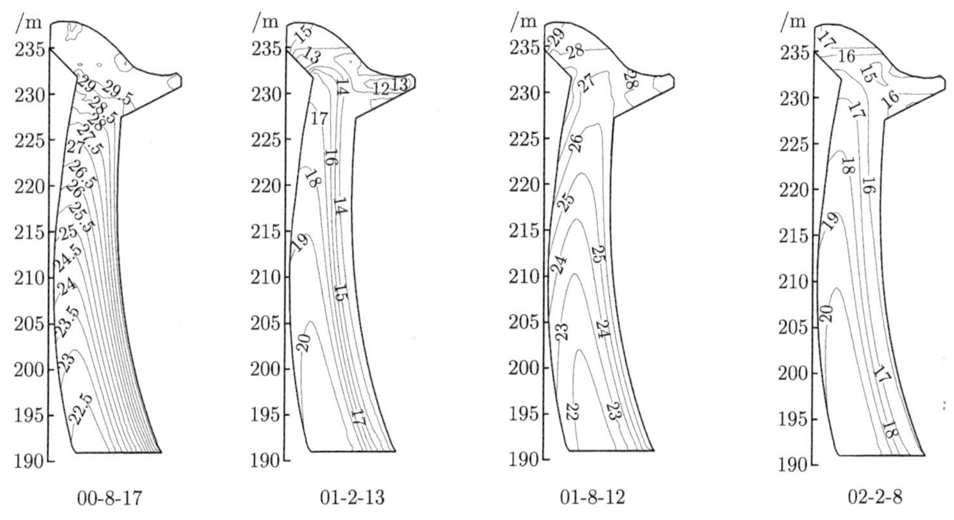

图 5.9 拱冠梁不同时间的温度等值线图 (单位：℃)

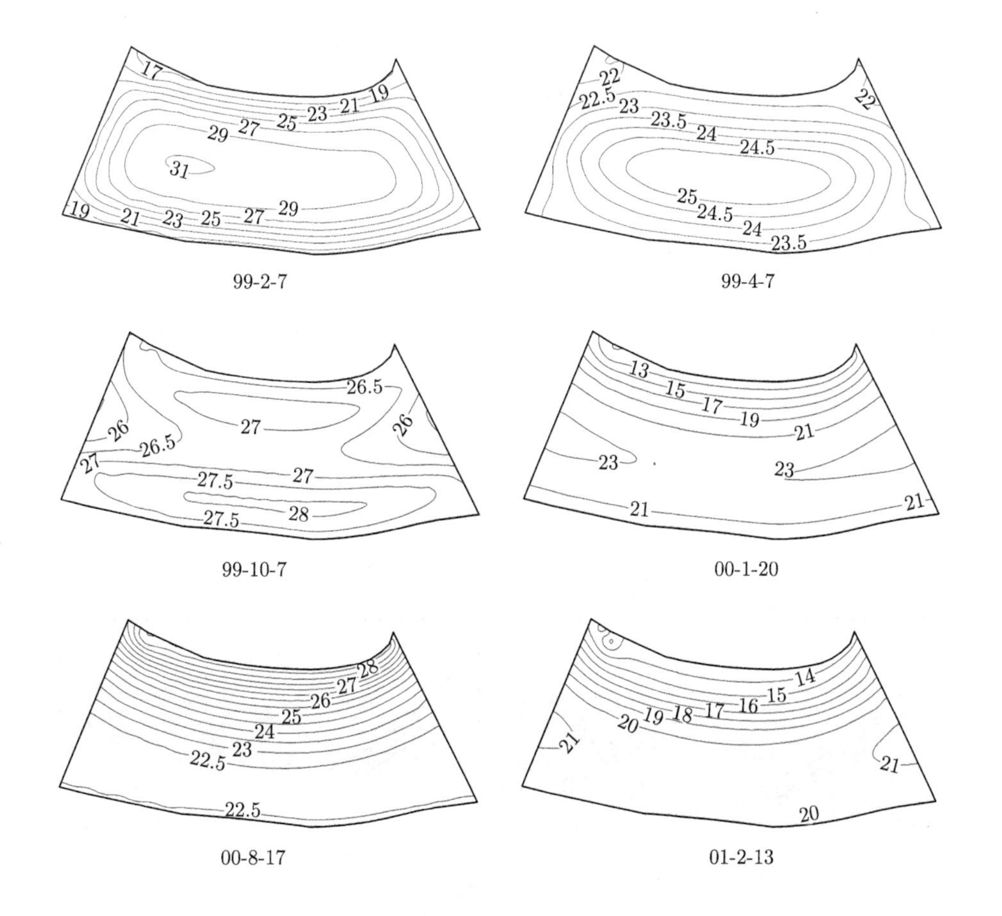

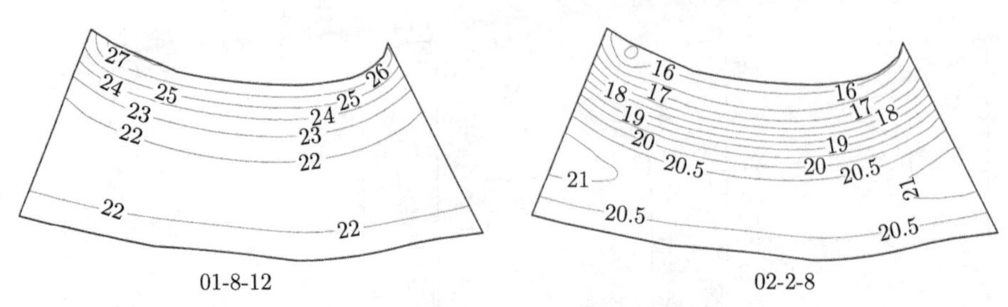

图 5.10　▽193.0m 拱圈不同时间的温度等值线图 (单位：℃)

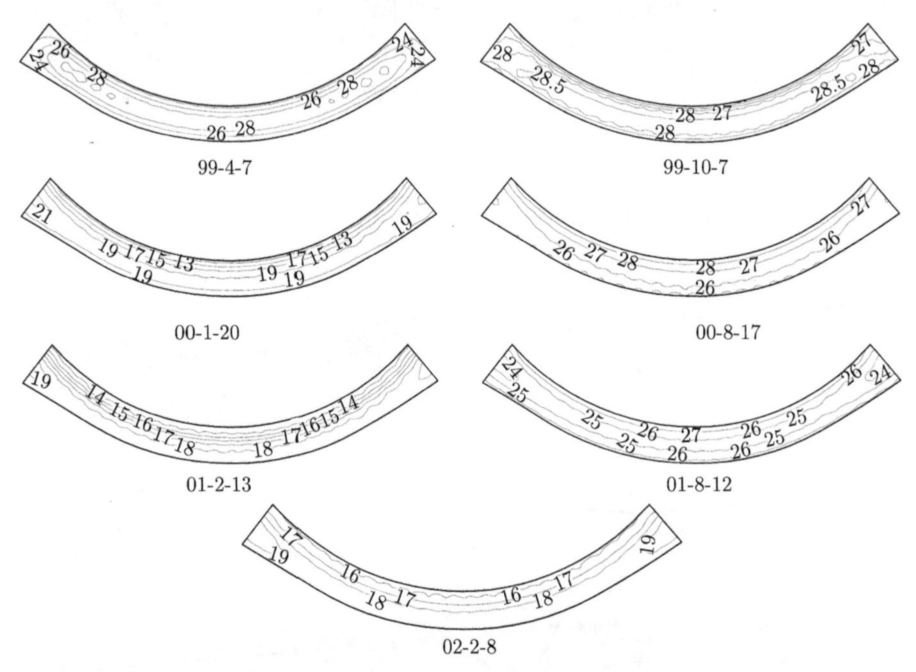

图 5.11　▽220.0m 拱圈不同时间的温度等值线图 (单位：℃)

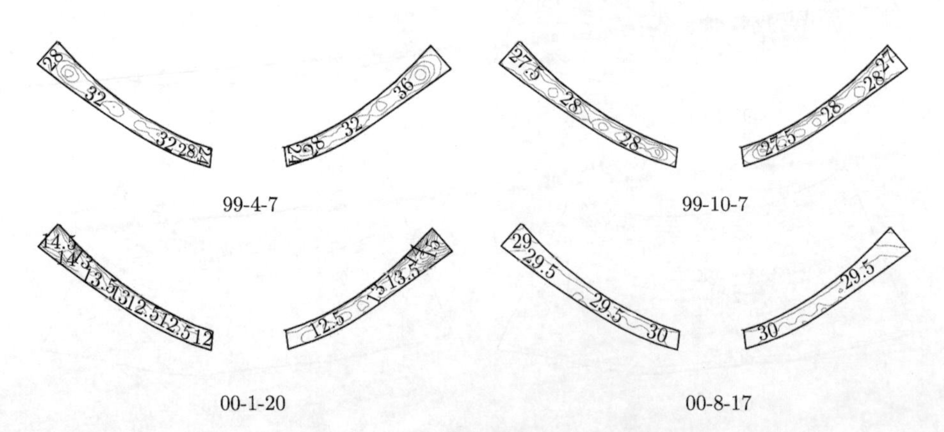

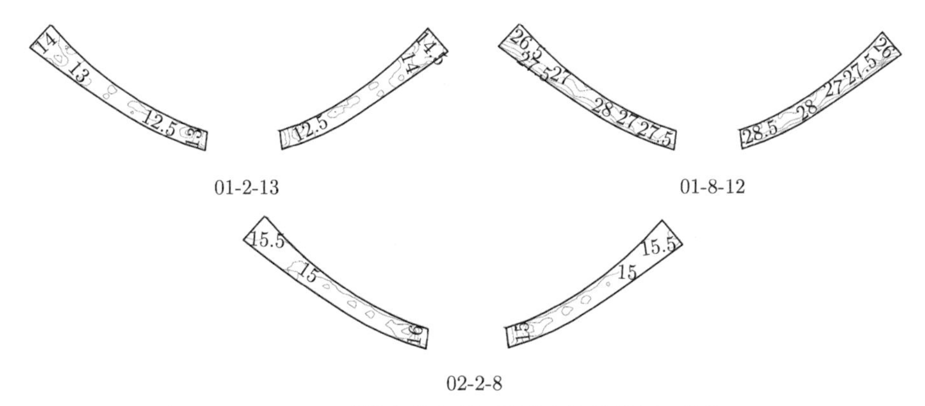

图 5.12 ▽240.0m 拱圈不同时间的温度等值线图 (单位：℃)

在施工期末 1999 年 4 月 7 日，拱冠 ▽205.0m 高程与 ▽232.0m 高程处存在两个高温区，分别为 31℃和 33℃，在 1999 年 10 月 7 日蓄水之前，随着外界温度的升高，拱坝表面温度上升，内部温度下降，内外温差减小，温度场变得比较均匀，到 1999 年年底坝体温度接近准稳定温度场，之后随着气温和水温的年周期变化而变化。

在冬季，坝体上游面温度保持在 12~21℃ (水温影响)，下游面暴露在空气中，与外界气温相同 (考虑日照影响之后)，有一定的内外温差，会引起一定的拉应力；在夏季，下游面温度较高，上游面温度较低，此时下游面有较大的压应力。

5.4 MgO 膨胀量过程

坝体的不同部位埋设了 16 个无应力计，每组 2 支用于测量坝体混凝土的膨胀过程，无应力计的埋设位置如图 5.6、图 5.12 和图 5.13 所示。通过无应力计测点实测与计算自生体积变形的历程对比来校核 MgO 膨胀量过程。图 5.14 为 ▽240.0m 拱圈观测仪器平面布置示意图。

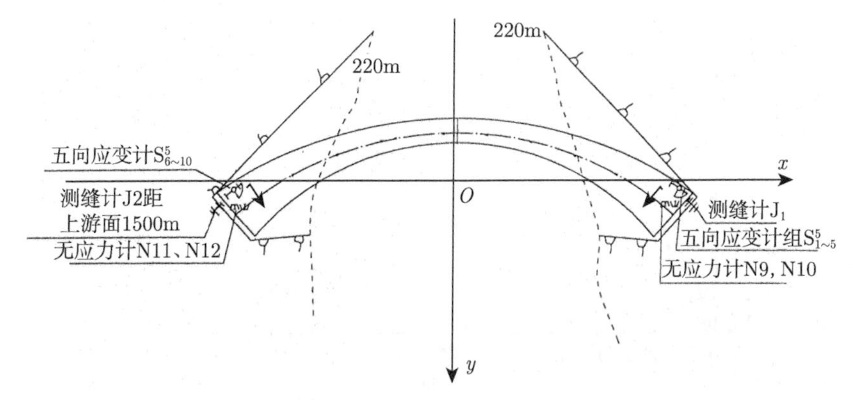

图 5.13 ▽220.0m 拱圈观测仪器平面布置示意图

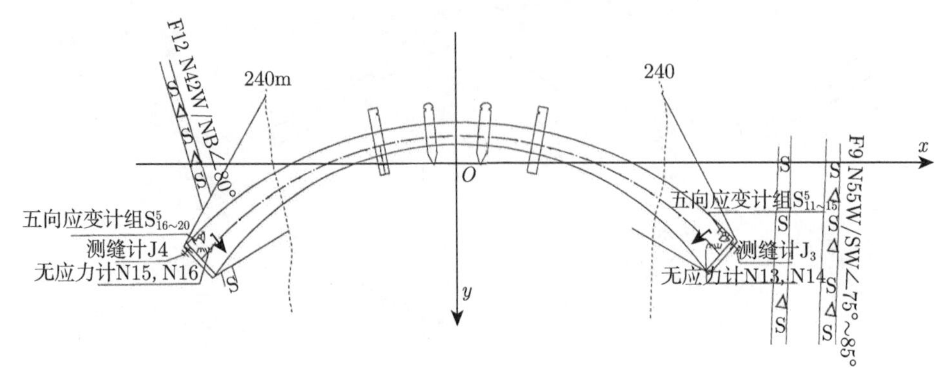

图 5.14　▽240.0m 拱圈观测仪器平面布置示意图

图 5.15 为无应力计测点实测与计算温度对比图。无应力计 N12 和 N34 位于▽207.5m 高程以下氧化镁掺率为 3.5%的混凝土范围内，在蓄水之前膨胀量达到 70～80με，由于这两组无应力计埋设在坝体上游，距离上游面仅 50cm，从前面的温度计算结果可以看出，由于网格偏粗，均化了温度梯度，蓄水之前温度变化不大，计算的膨胀量上升比较均匀；实测的无应力计在浇筑之后测得的膨胀量上升很快，两者有一定的差别。由于无应力计测得的包括温度、湿度和 MgO 膨胀等引起的变形，计算中并未考虑湿胀等因素引起的变形，两者有一定的差别。在蓄水之后，计算与实测的变形大致一致，上升很慢，2001 年年底约 110με。

其他 6 组无应力计埋设在掺率为 4.5%的混凝土范围内。在混凝土的浇筑早期，MgO 的膨胀量上升快，原因是早期坝内温度高，在蓄水时达到 110με 左右。冬季气温较低时，膨胀增长变小。在 1999 年冬季以后的两年半时间内，MgO 膨胀量只增长了 30με 左右。据提供资料的单位介绍，实测两条 MgO 膨胀量过程线较小

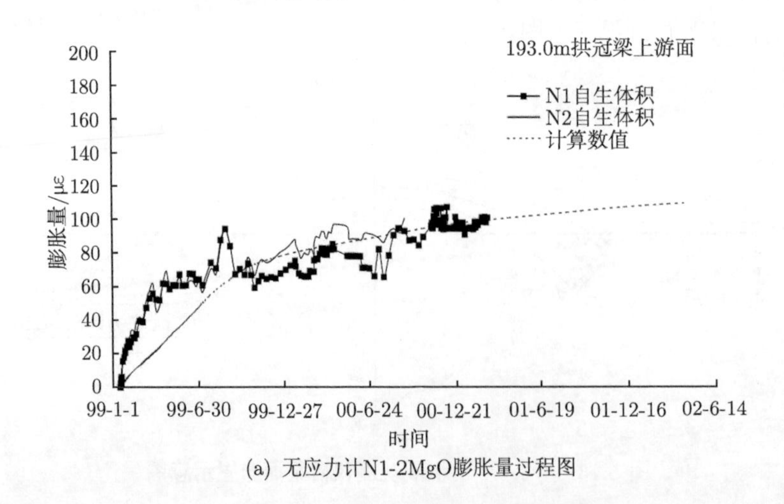

(a) 无应力计N1-2MgO膨胀量过程图

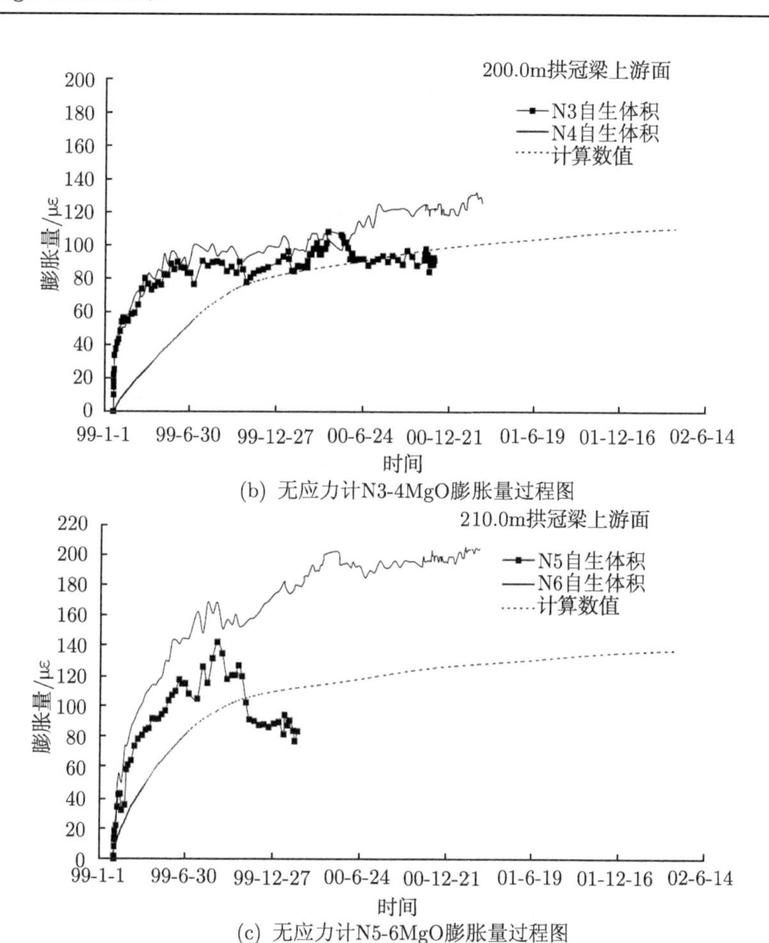

(b) 无应力计N3-4MgO膨胀量过程图

(c) 无应力计N5-6MgO膨胀量过程图

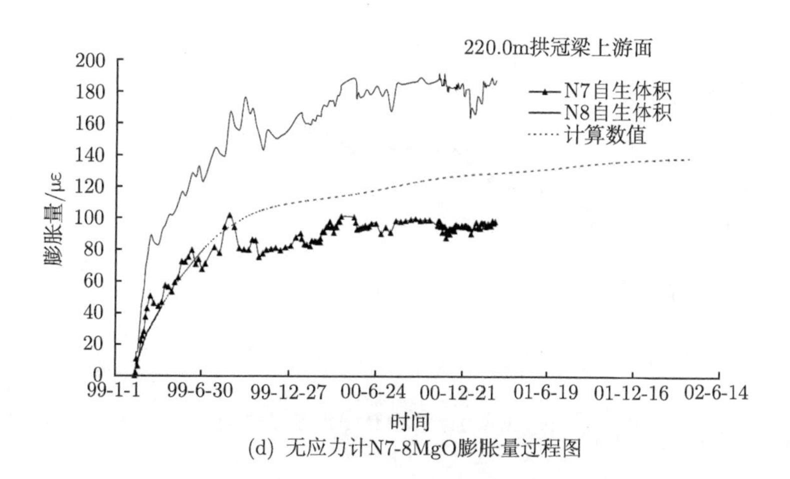

(d) 无应力计N7-8MgO膨胀量过程图

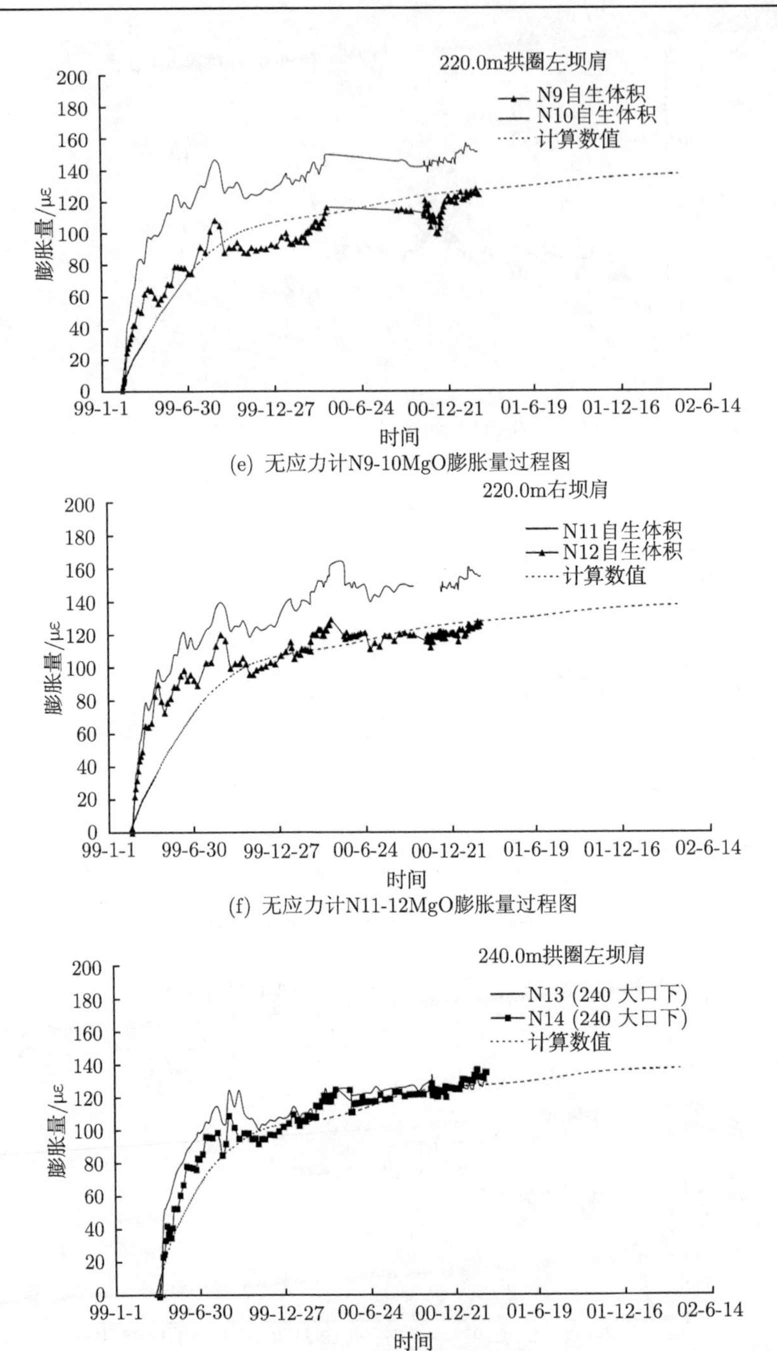

(e) 无应力计N9-10MgO膨胀量过程图

(f) 无应力计N11-12MgO膨胀量过程图

(g) 无应力计N13-14MgO膨胀量过程图

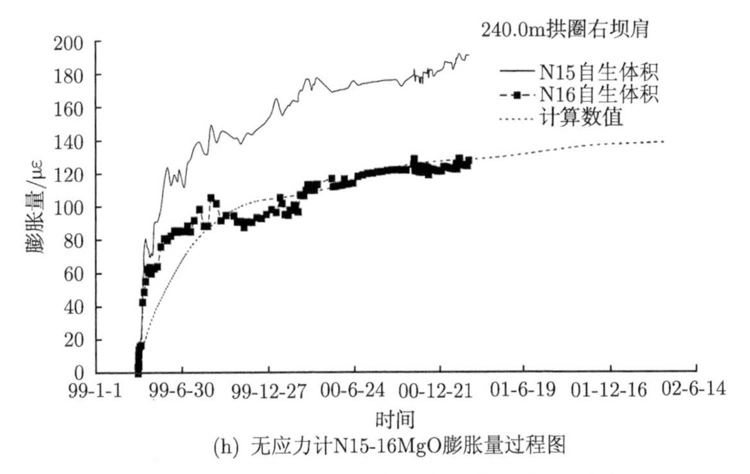

(h) 无应力计N15-16MgO膨胀量过程图

图 5.15 无应力计测点实测与计算温度对比图

的更加符合实际的膨胀过程，计算的 MgO 膨胀过程线与实测的过程线大体是一致的，说明本章采用的 MgO 膨胀模型较合适地反映了长沙拱坝 MgO 混凝土实际的自生体积变形过程。在经历实际的温度过程 3 年后，膨胀量为 140με 左右，仅为总膨胀量的 70%左右，以后的膨胀量增长会非常缓慢。

应当指出，无应力计和室内实验试件所用的混凝土经过了湿筛，MgO 的含量较坝体实际混凝土可能要高，因此坝体实际膨胀量可能要小于无应力计实测值和室内试验值。

从图 5.16~图 5.19 的氧化镁膨胀量等值线图可以看出：掺率 4.5%的混凝土在同一时刻的膨胀量比 3.5%的混凝土大 20~30με (表 5.9)。

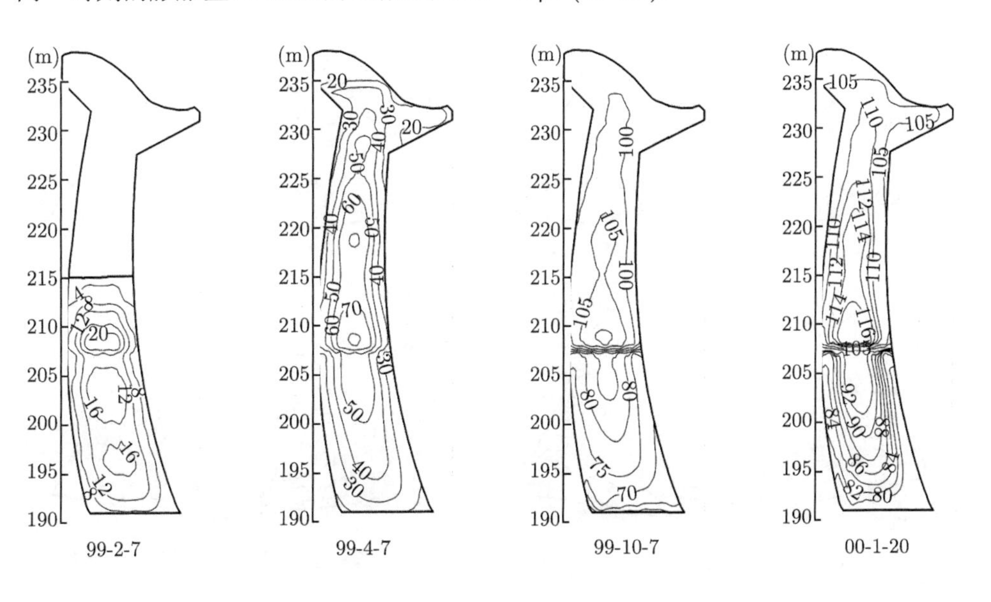

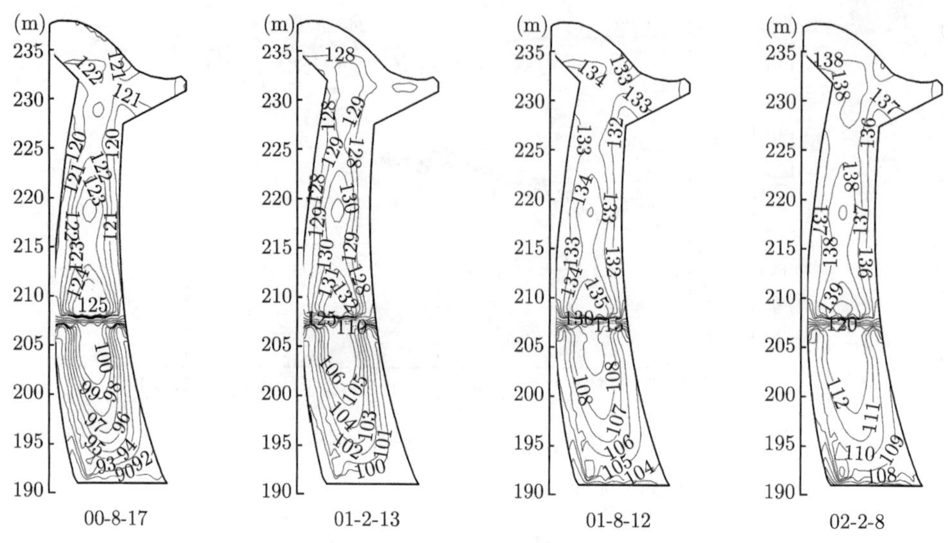

图 5.16　拱冠梁不同时刻氧化镁膨胀量等值线图 (单位：με)

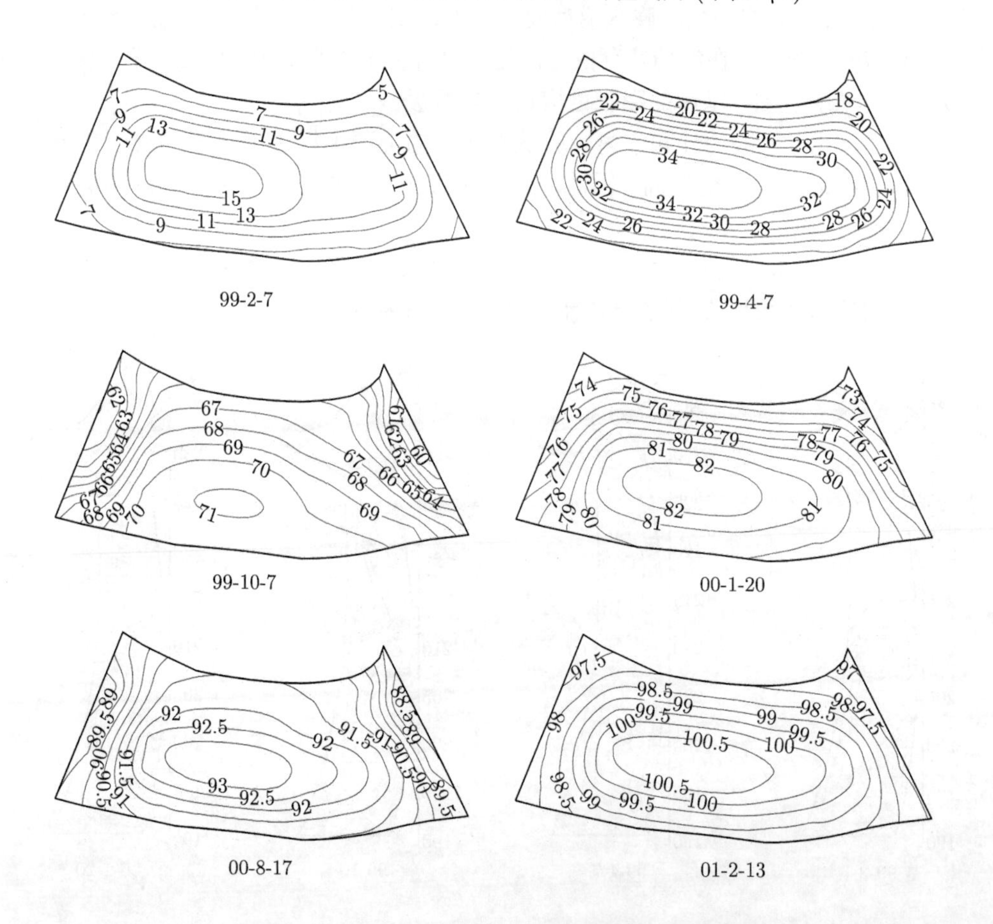

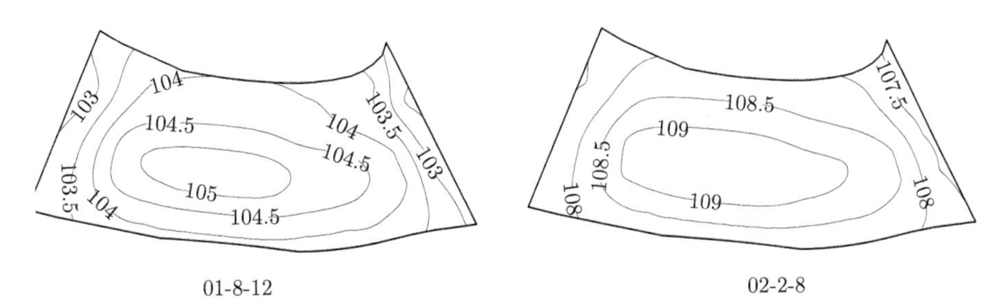

01-8-12　　02-2-8

图 5.17　▽193.0m 不同时刻氧化镁膨胀量等值线图 (单位：με)

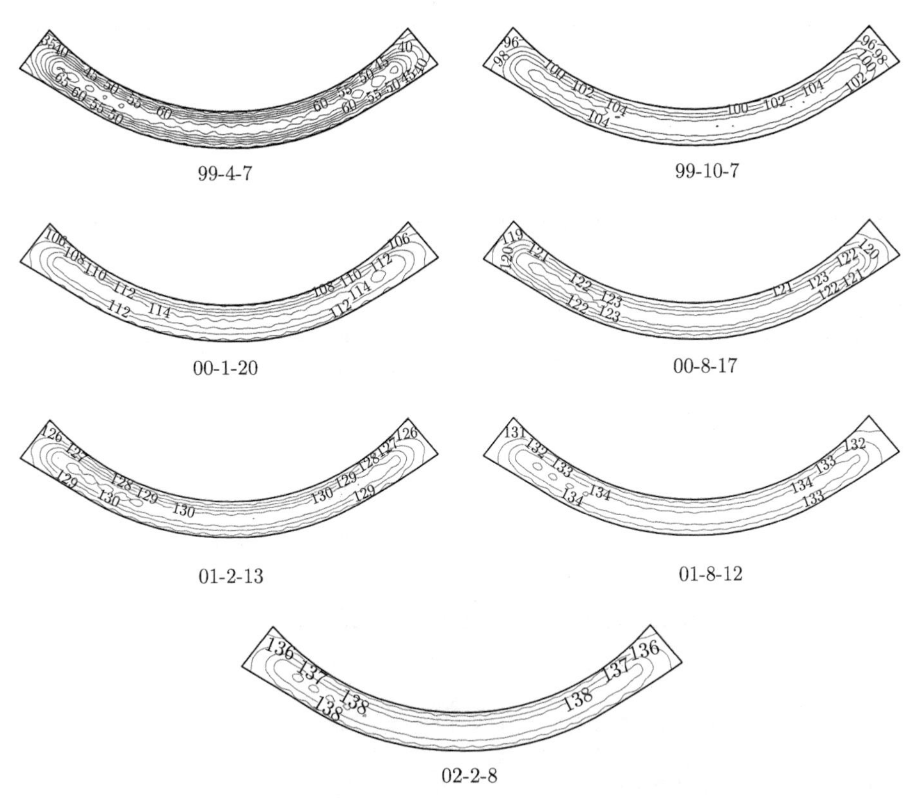

99-4-7　　99-10-7

00-1-20　　00-8-17

01-2-13　　01-8-12

02-2-8

图 5.18　▽220.0m 不同时刻氧化镁膨胀量等值线图 (单位：με)

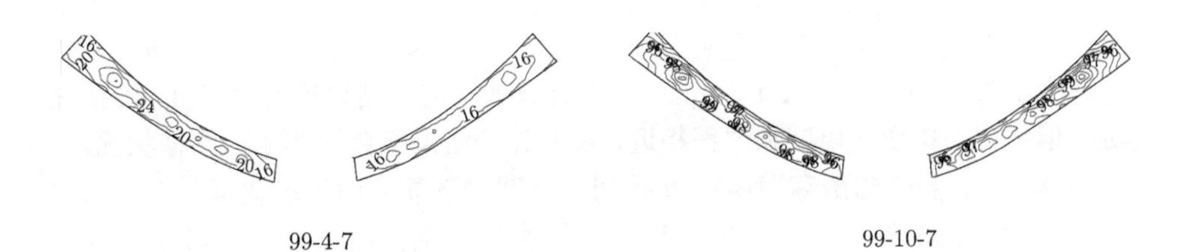

99-4-7　　99-10-7

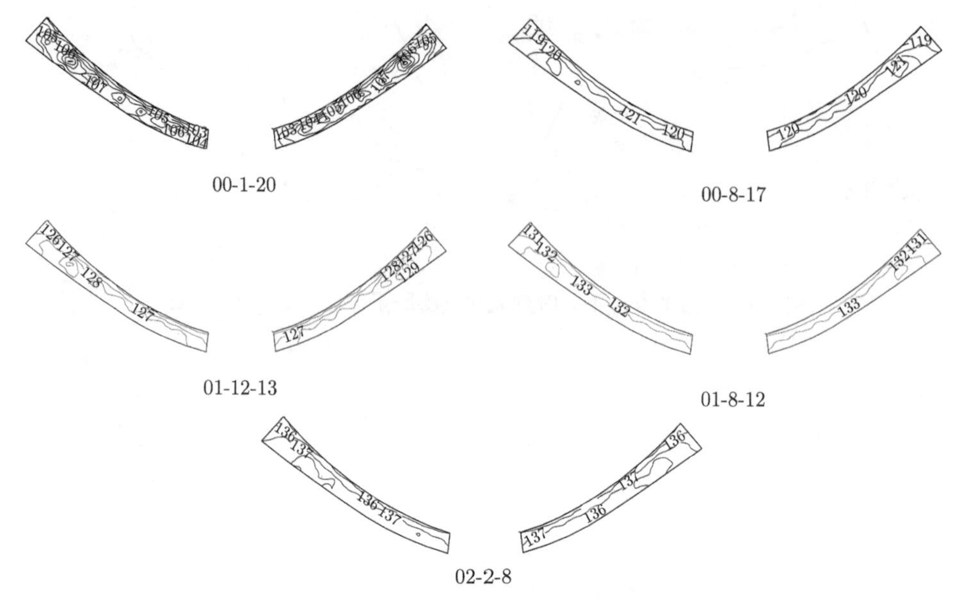

图 5.19　▽240.0m 不同时刻氧化镁膨胀量等值线图 (单位：με)

表 5.9　不同时刻氧化镁膨胀量表　　(单位：με)

时间	99-2-7	99-4-7	99-10-7	00-1-20	00-8-17	01-2-13	01-8-12	02-2-8
3.5%	20	55	88	93	101	106	109	112
4.5%	—	80	110	117	126	132	136	140
差值		25	22	24	25	26	27	28

在蓄水之前，由于水化热影响，内部混凝土的自生体积变形明显大于上下游面的变形，最大可达 40~50με。蓄水之后，由于外部混凝土的膨胀变形速率要大于内部混凝土的速率，内外混凝土自生体积变形变得均匀，相差仅 3~10με。

5.5　位移过程

坝体在拱冠梁安装了两条正垂线和一条倒垂线，如图 5.6 所示。

在图 5.20 中，以 1999 年 6 月 22 日为起点，画出了两个正垂测点相对于建基面的 y 向位移过程。由图可见，在冬季，由于气温低，坝体收缩，▽220.0m 高程处有 7~8mm 的向下游的相对位移，坝顶位移可达 10~12mm。夏季坝顶向上游位移，坝中部为 1mm，坝顶为 4~6mm。仿真计算值与实测结果绝对值有 3~4mm 的差别，但位移的年变化幅度和过程相近，说明计算结果符合坝体实际位移状况。

从图 5.21 的位移历程图中可以看到：在蓄水之前，由于氧化镁的膨胀补偿作用，有 2~5mm 的向上游 y 向位移；在冬季向下游 y 向位移为 2~9mm；而且

坝体下部的 y 向位移变幅要小于坝顶部的位移。上下游面位移图中的标注说明如图 5.22 所示。

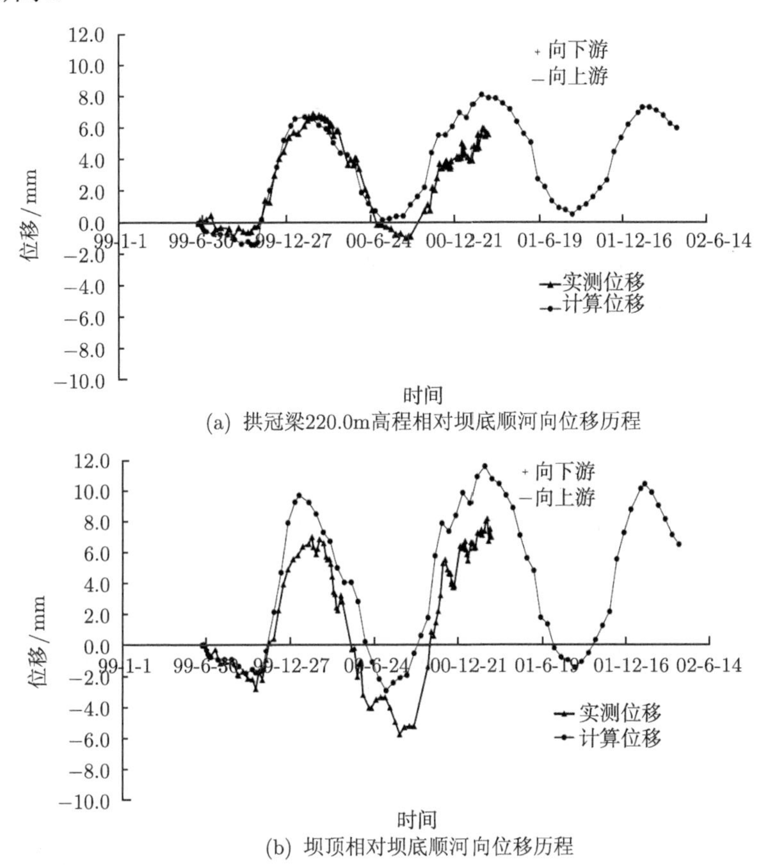

(a) 拱冠梁220.0m高程相对坝底顺河向位移历程

(b) 坝顶相对坝底顺河向位移历程

图 5.20 拱冠梁 y 向位移实测值与计算值的比较

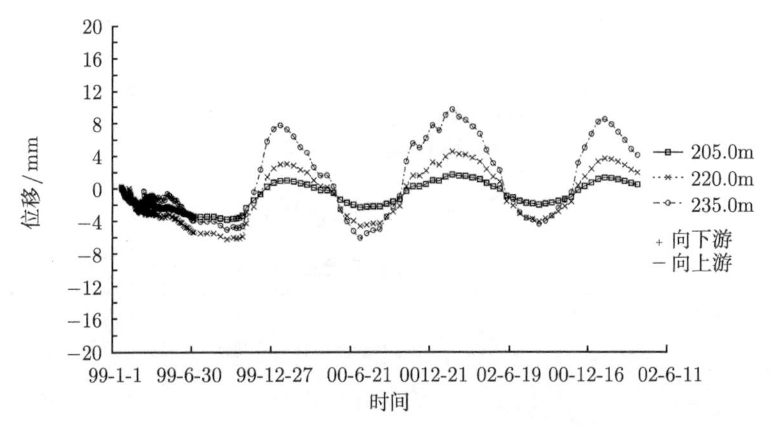

图 5.21 拱冠梁下游面 y 向位移历程

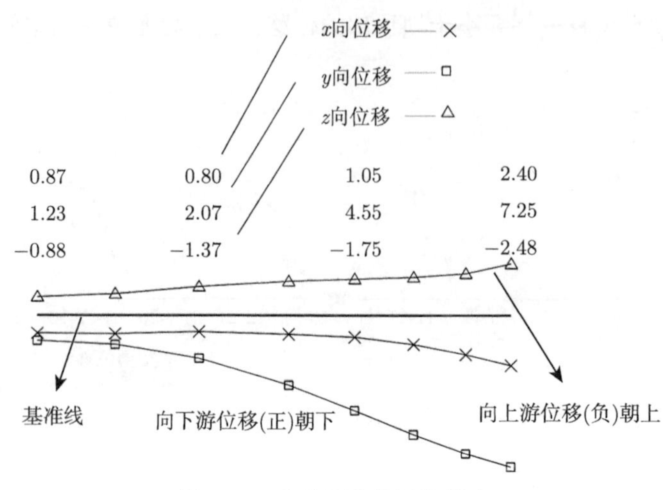

图 5.22　位移图中的标注说明

从位移图 5.23 可以看出：

在施工期与夏季时，坝体有向上游的 y 向位移，最大位移幅值 4~5mm。冬季时有向下游的 y 向位移，最大位移幅值 8~10mm。坝肩处的 y 向位移较小，明显小于坝体中部。

坝体下部的 z 向位移小于坝体上部的 z 向位移。在冬季时，坝顶最大有 2~3mm 向下的位移，夏季时由于温升作用，坝顶有向上 1~2mm 的 z 向位移。

左坝有向右坝的 x 向位移，右坝有向左坝的 x 向位移，最大为 4~5mm。

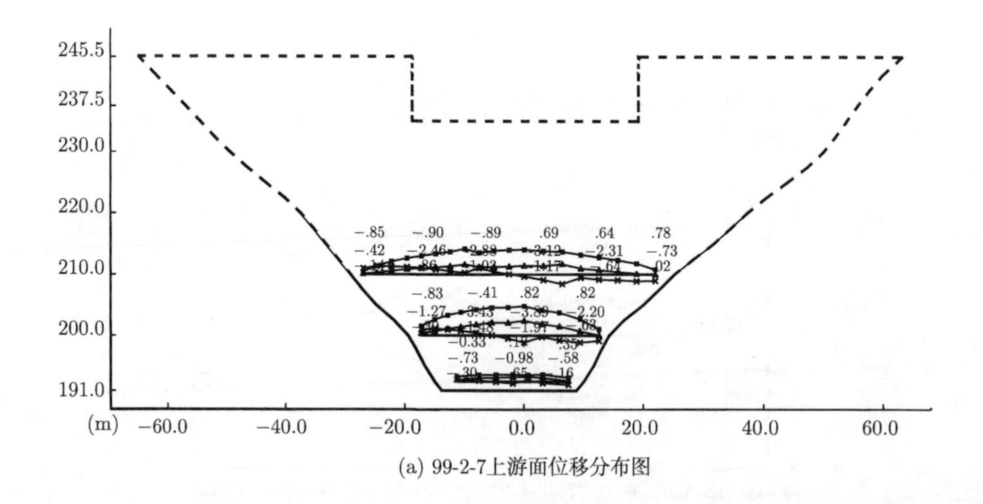

(a) 99-2-7上游面位移分布图

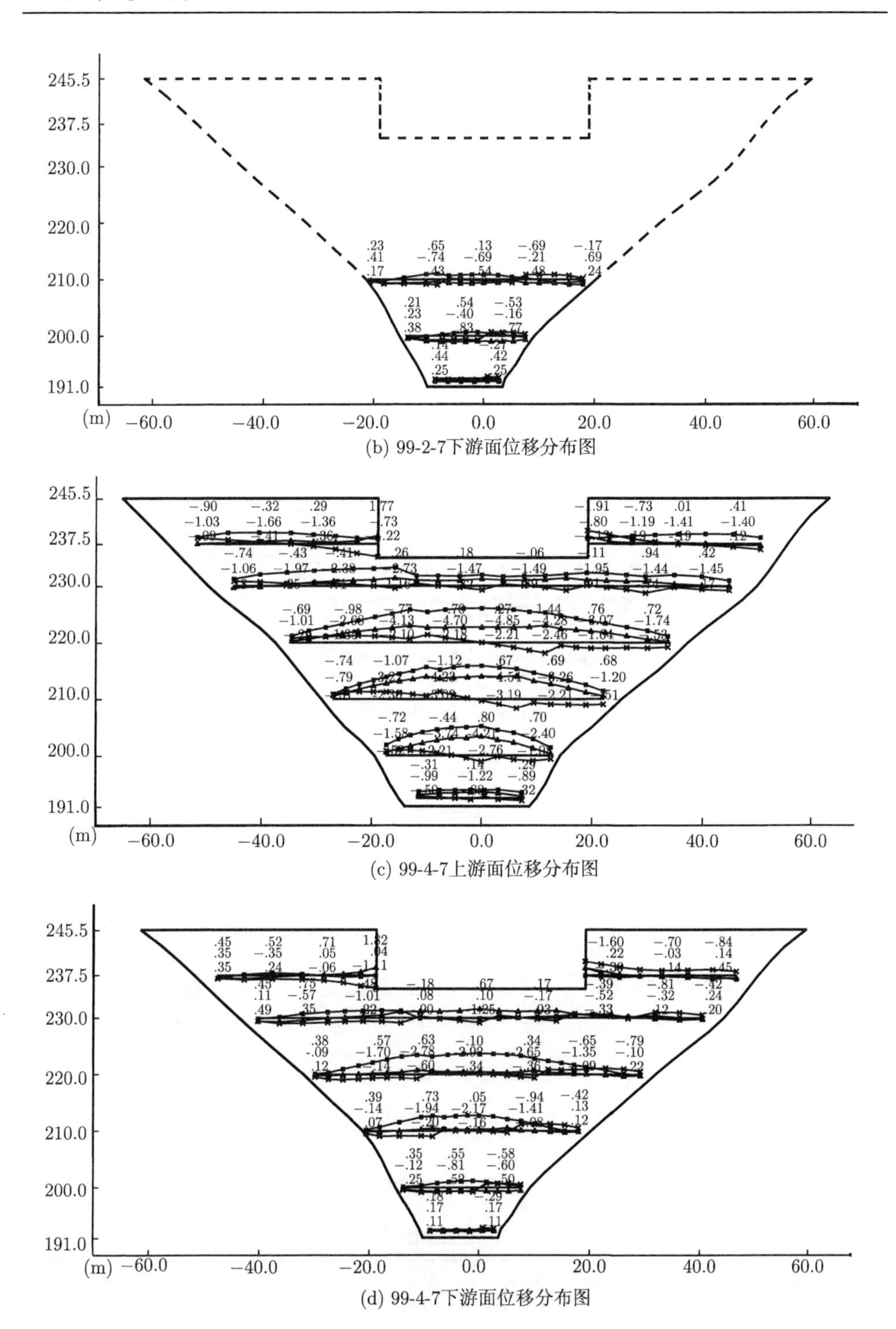

(b) 99-2-7下游面位移分布图

(c) 99-4-7上游面位移分布图

(d) 99-4-7下游面位移分布图

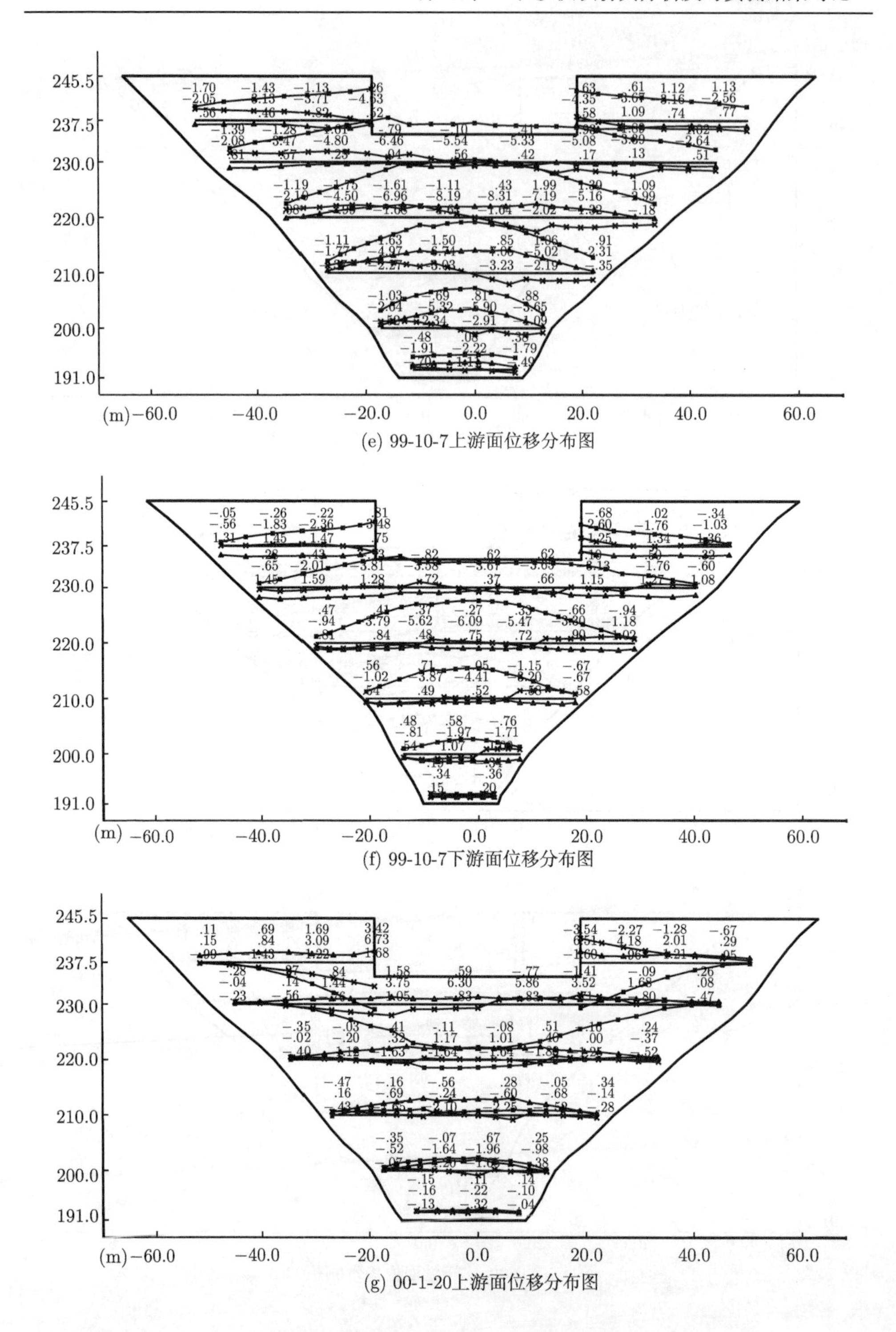

(e) 99-10-7上游面位移分布图

(f) 99-10-7下游面位移分布图

(g) 00-1-20上游面位移分布图

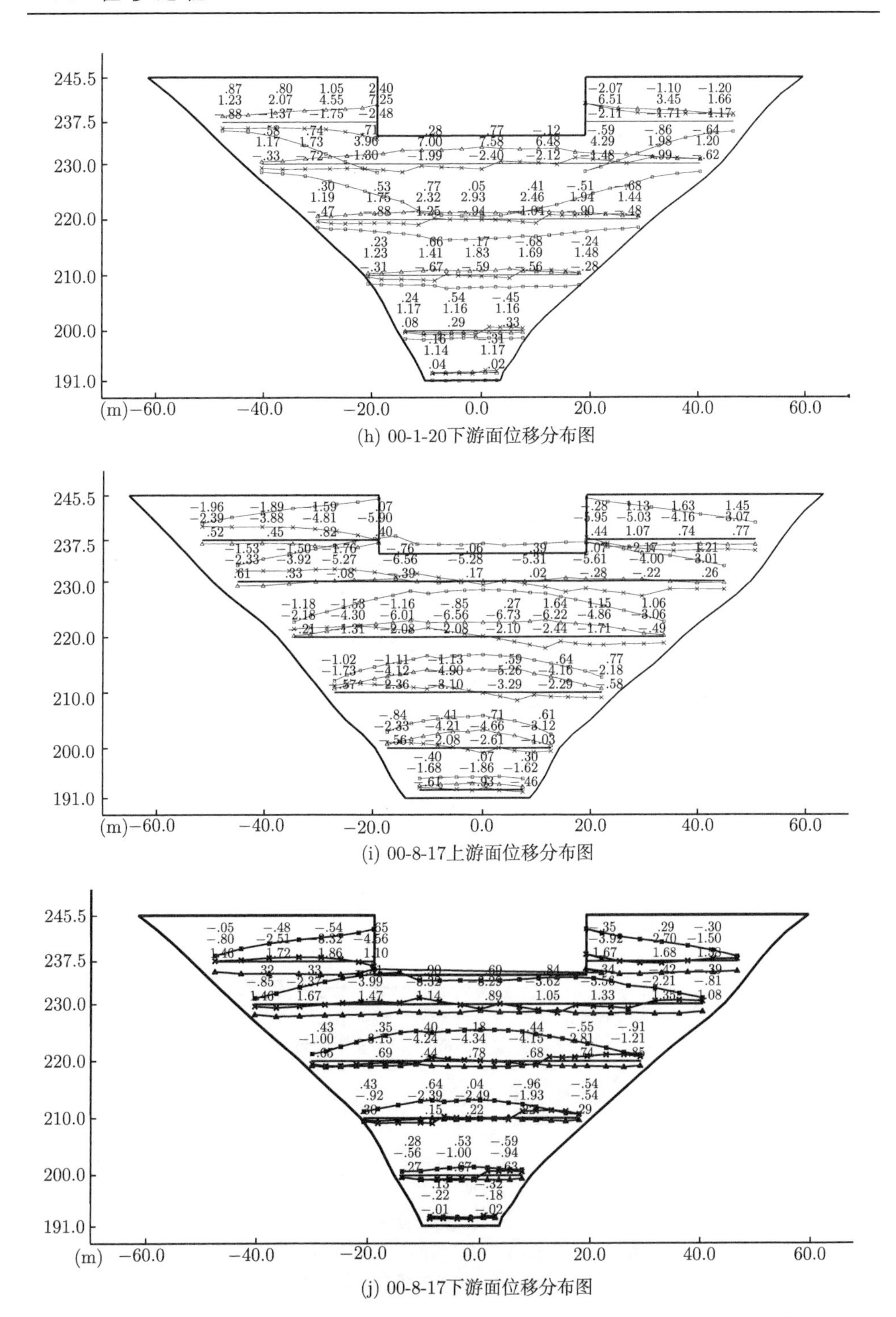

(h) 00-1-20下游面位移分布图

(i) 00-8-17上游面位移分布图

(j) 00-8-17下游面位移分布图

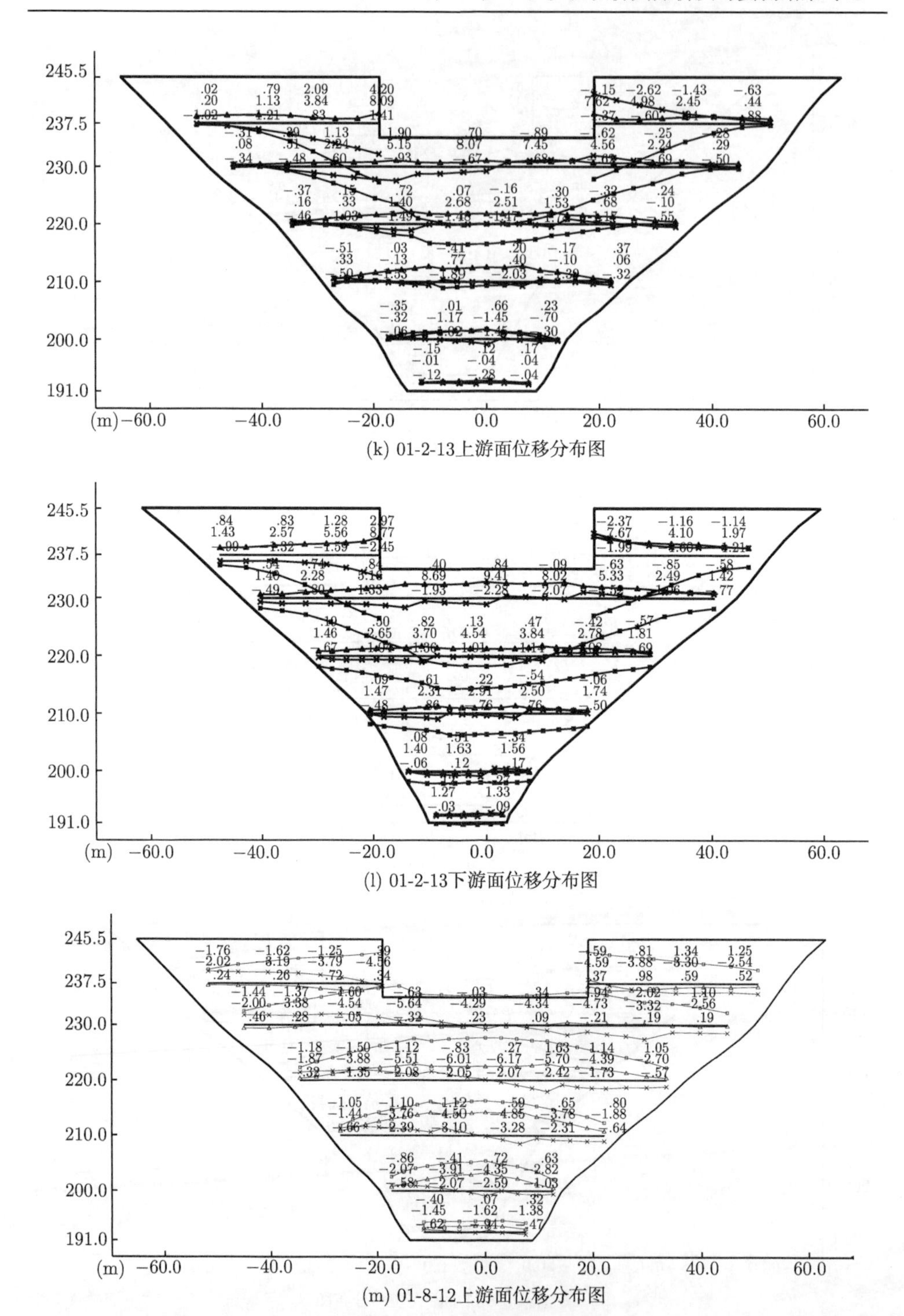

(k) 01-2-13上游面位移分布图

(l) 01-2-13下游面位移分布图

(m) 01-8-12上游面位移分布图

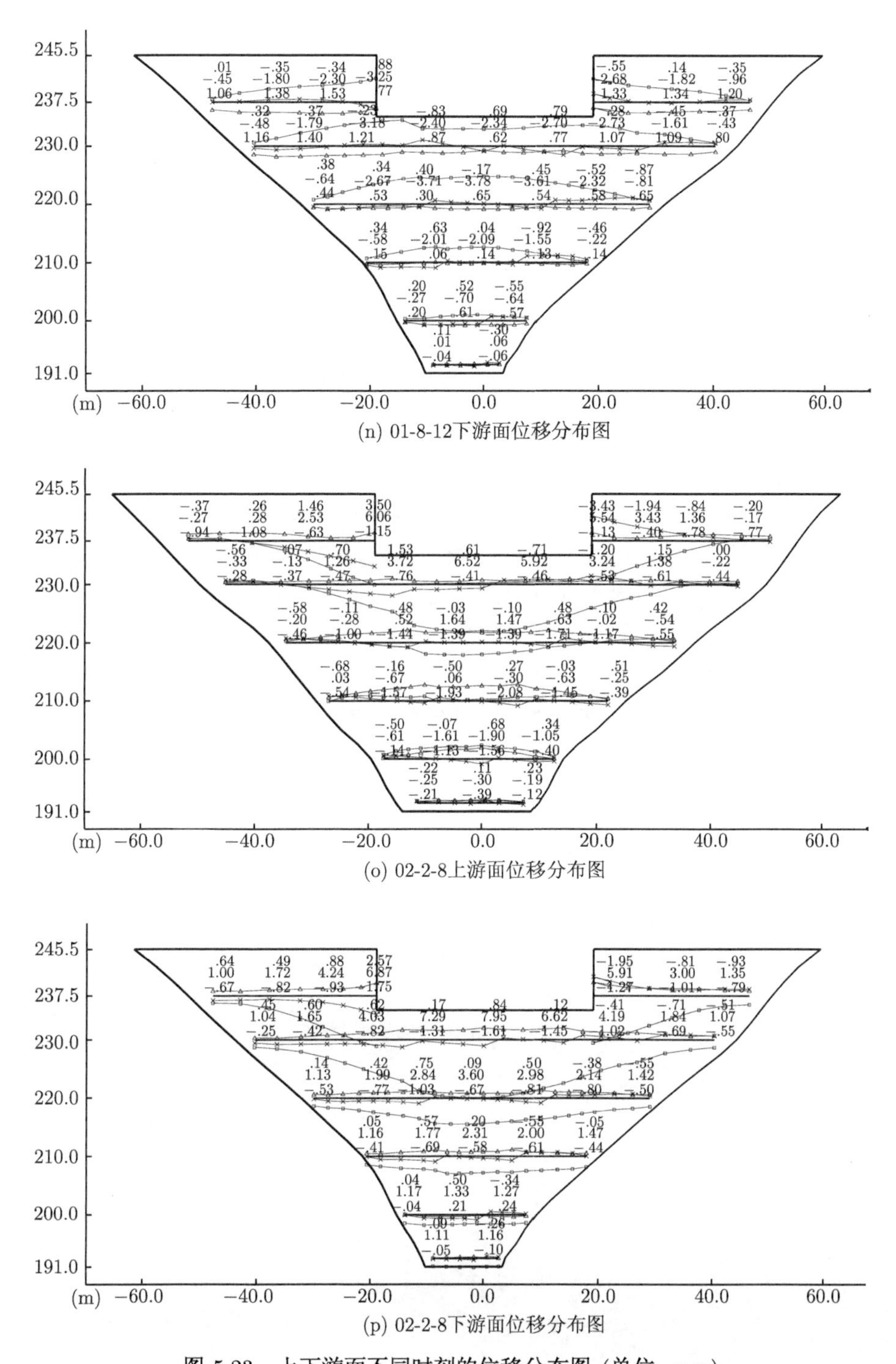

(n) 01-8-12下游面位移分布图

(o) 02-2-8上游面位移分布图

(p) 02-2-8下游面位移分布图

图 5.23 上下游面不同时刻的位移分布图 (单位：mm)

5.6 本章小结

本章根据实际观测资料对长沙拱坝从施工、蓄水、运行整个过程进行了有限元仿真分析。通过对坝体温度、混凝土膨胀量和位移的实测数据与仿真计算结果的对比分析表明：在仿真分析中较准确地模拟了库水温度与气温的实际变化过程；自生体积模型较合适地反映了实际混凝土的膨胀变形；位移结果符合坝体实际位移状况。

混凝土在施工期有近 20℃的内外温差，应该防止冷击后产生大的表面拉应力；在蓄水之后的内外温差近 10℃。

在蓄水之前，由于水化热的影响，内部混凝土的自生体积变形明显大于上下游面的变形，最大可达 40~50με。掺率为 3.5%的混凝土在浇筑 3 年后的膨胀量为 110με 左右，掺率为 4.5%的混凝土在浇筑 3 年后膨胀量为 140με 左右；仅为各自掺率最终膨胀量的 70%左右，以后的膨胀量增长会非常缓慢。

施工期，夏季时，拱冠上部有向上游的 y 向位移，最大位移幅值 4~5mm。冬季时有向下游的 y 向位移，最大位移幅值 8~10mm；坝肩的 y 向位移较小，明显小于中部，而且坝体下部的 y 向位移变幅要小于坝顶部 y 向的位移。坝体下部的 z 向位移小于坝体上部的 z 向位移，在冬季时，坝顶有 2~3mm 向下的 z 向位移，夏季时有向上 1~2mm 的 z 向位移。左坝有向右坝的 x 向位移，右坝有向左坝的 x 向位移，最大为 4~5mm。

第 6 章 长沙拱坝裂缝发生原因及应力变化

长沙拱坝蓄水之后，2000 年 1 月中旬坝体下游面 1/3 坝高拱冠处出现一条竖向裂缝和多条水平裂缝，下游面左右坝肩处出现两条垂直边坡的斜裂缝 (图 5.2)。

长沙拱坝是第一座全坝外掺氧化镁混凝土筑坝技术设计施工的拱坝，设计中只进行了多拱梁法的仿真分析[122,123]，本章根据实际观测资料进行有限元仿真分析，分析裂缝发生的原因[124]。

长沙拱坝设计要求：拆模后 5d 内铺贴 2cm 厚泡沫板进行表面保温，混凝土终凝后开始人工洒水养护不小于 28d，坝下游保温板需在 2000 年 4 月以后才能拆除，但是实施过程中未能重视与落实，上游面铺贴保温板不及时，坝体下游面保温板在蓄水之后 2000 年 1 月寒流来到之前拆除，未达保温要求，混凝土的施工质量未达要求。

上下游面和中面的正应力标注图，上下游面矢量图的符号说明如图 6.1 所示。

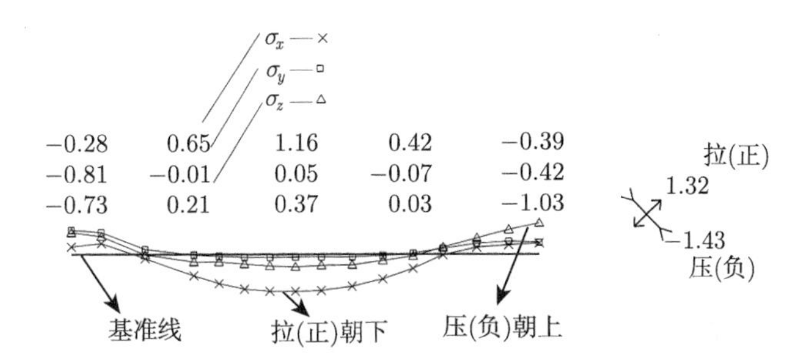

图 6.1 所附正应力图和矢量图的标注说明 (单位：MPa)

本章中所绘制的应力与位移图是上游面立视图 (即左边为左坝，右边为右坝)

6.1 下游面拱冠处裂缝

6.1.1 竖向裂缝

下游面 1/3 坝高拱冠处的 x 向应力历程如图 6.2 所示，该处在仿真分析时段的施工期、冬季存在 0.5MPa、1.5MPa、1.6MPa、1.2MPa 的拉应力，夏季存在 −2.1MPa、−2.3MPa、−2.1MPa 的压应力。施工期由于内外温差出现一定的拉应力，坝体蓄水之后水位变化不大，应力主要受气温年周期变化的影响，夏季时产生压应力，冬季出现较大的拉应力。

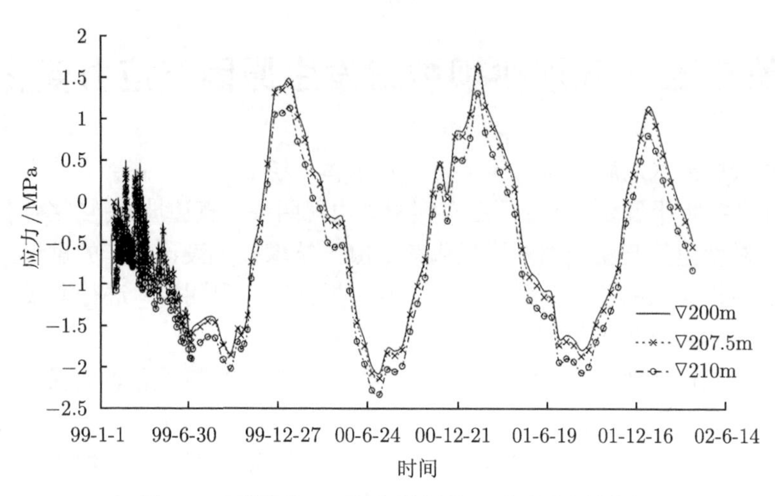

图 6.2　下游面 1/3 坝高拱冠处 x 向应力历程图

从图6.3及图6.4中可以看到，2000年1月前后下游面拱冠从 ▽195.0m~▽215.0m 附近存在 1.0~1.7MPa 的 x 向拉应力。在自重、水压以及温降的作用下，下游面 1/3 坝高拱冠附近是 x 向高拉应力集中区。

2000 年 1 月下游拱冠剪应力较小，三个主应力基本等于 x，y，z 方向正应力；从图 6.4 和图 6.5 可以看出，在拱冠附近的第一主应力与 x 向正应力一致，第三主应力与 z 向正应力一致。

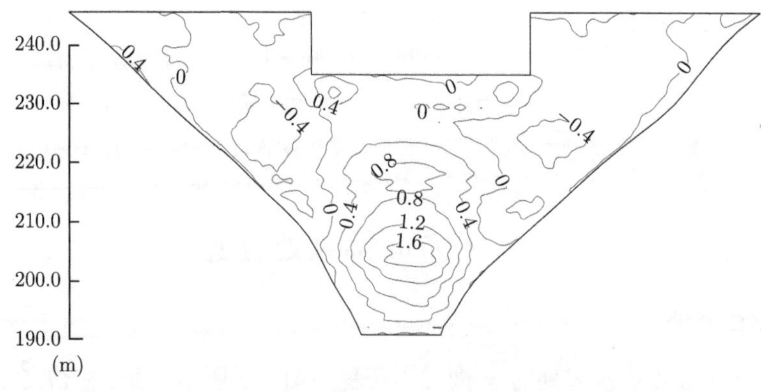

图 6.3　2000 年 1 月坝体下游面 x 向应力等值线图 (单位：MPa)

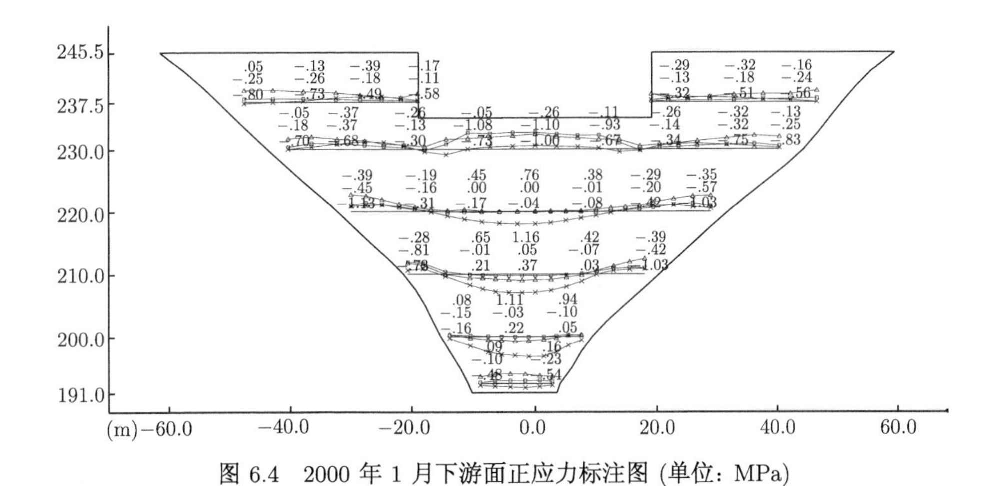

图 6.4 2000 年 1 月下游面正应力标注图 (单位：MPa)

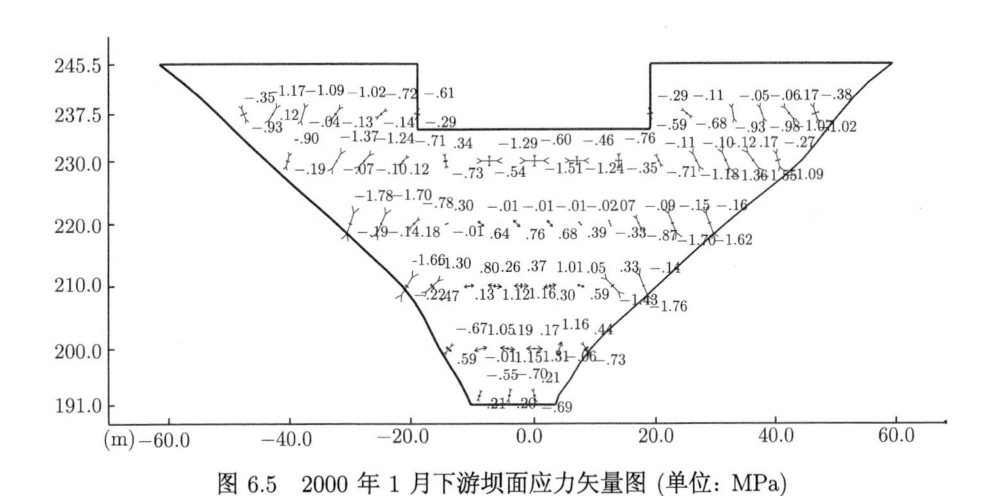

图 6.5 2000 年 1 月下游坝面应力矢量图 (单位：MPa)

图 6.6 是自重、水压和温降在拱冠梁处的 x 向应力图，在水压作用下，▽218.0m 高程以上受压，▽218.0m 高程以下受拉，在 ▽205.0m 附近达到最大 0.5MPa；自重作用下，▽218.0m 以下受压，坝底部最大为 −0.39MPa；在温降作用下，▽195.0m~▽225.0m高程以下受拉，在▽205.0m附近达到最大1.5MPa。温降与水压在▽195.0m~▽225.0m 处都产生拉应力，且都在 ▽205.0m 附近达到最大 1.5MPa。从而 ▽195.0m~▽225.0m 处出现 1~1.7MPa 的 x 向拉应力，最大为 ▽205.0m 附近的 1.7MPa。

计算中由于坝厚向网格偏粗，均化了表面附近的温度梯度，下游面 1/3 坝高拱冠处的实际表面拉应力比计算的 1.0~1.7MPa 要高一些，混凝土的抗拉强度标准为 1.2~1.5MPa，所以下游面拱冠梁 1/3 坝高处的 x 向拉应力接近甚至超过混凝土抗拉强度；从而下游面拱冠梁 1/3 坝高附近出现一条细长的竖向裂缝。

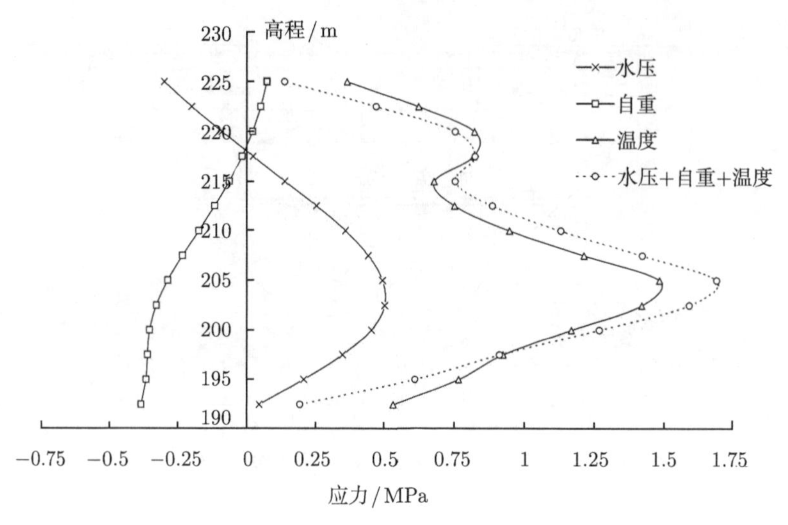

图 6.6　2000 年 1 月下游面拱冠梁 x 向应力图

6.1.2　水平裂缝

从图6.7可以看到: 下游面1/3坝高拱冠处在施工期，完工后冬季存在1.15MPa、0.6MPa、0.45MPa、0.19MPa 的 z 向拉应力，夏季时存在 −1.16MPa、−1.77MPa、−1.75MPa 的压应力。

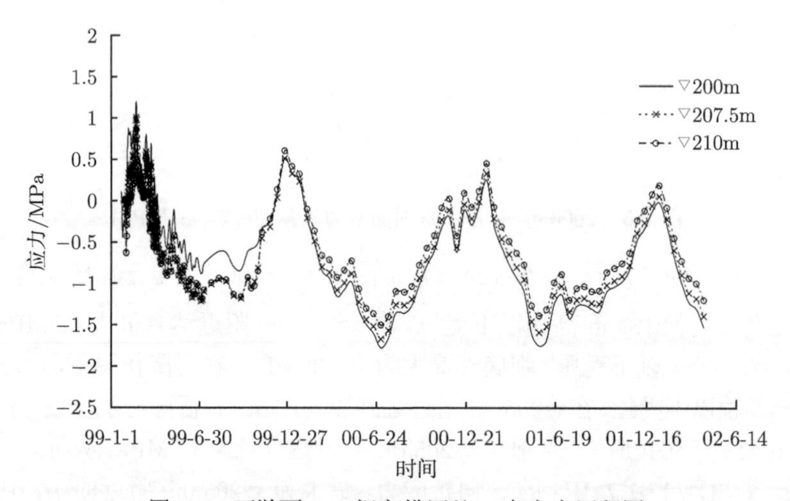

图 6.7　下游面 1/3 坝高拱冠处 z 向应力历程图

该处混凝土 1999 年 2 月初开始浇筑，由于混凝土内部混凝土温度高，表面混凝土温度低，20 天左右之后表面混凝土出现较大的拉应力。这时 x 向拉应力较小，整体性好，表面的拉应力并未超过混凝土的抗拉强度，并未出现裂缝。

图 6.8 是 2000 年 1 月下游面 z 向应力等值线图。图 6.9 是 2000 年 1 月自重、水压、温度在下游面拱冠梁处的 z 向应力分布图，可以看出：自重在下游面拱冠处产生 0.7~1.0MPa 的压应力；水压作用下，在 ▽205.0m 高程以上存在拉应力；温降作用下，在 ▽215m.0m 高程以下产生 1.0~1.4MPa 的拉应力。

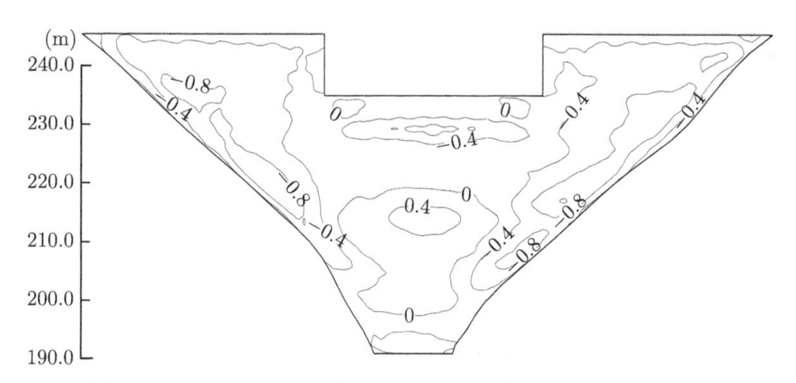

图 6.8 2000 年 1 月下游面 z 向应力等值线图 (单位：MPa)

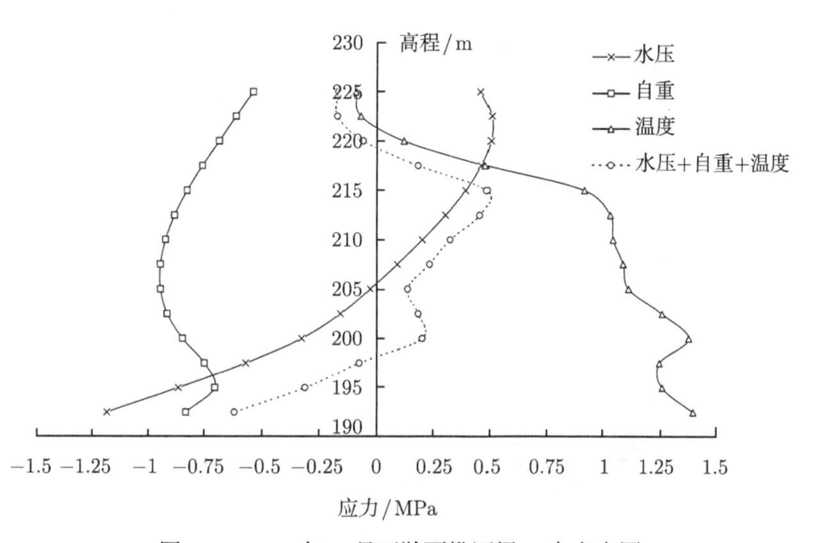

图 6.9 2000 年 1 月下游面拱冠梁 z 向应力图

下游面 1/3 坝高拱冠附近在 2000 年 1 月存在 0.6MPa 的 z 向拉应力，从图 6.4 及图 6.8 可以看到，2000 年 1 月前后下游面拱冠从 ▽195.0m~▽215.0m 附近存在 0.2~0.6MPa 的 z 向拉应力。

从 6.1.1 节的分析可知：下游面 1/3 坝高拱冠处 x 向应力偏大，会出现竖向裂缝，同时应力重新分布后会恶化该处的 z 向应力。下游面 1/3 坝高拱冠处位于浇筑层交界面的水平施工缝区，是相对薄弱的环节，而且施工未达要求，在混凝土成熟后，沿缝抗拉强度会远低于坝体混凝土本身的抗拉强度；0.6MPa 的竖向拉应力也会引起水平裂缝；从而在坝体下游面拱冠梁 1/3 坝高附近产生多条沿施工层面的水平裂缝。

6.1.3　下游面坝肩裂缝

下游坝肩处的坝面主应力方向会发生变化，混凝土容易垂直第一主拉应力拉开。下游面左坝肩 ▽210.0m 和右坝肩 ▽200.0m 处 (裂缝出现处) 的第一与第三主应力历程如图 6.10 和图 6.11 所示，2001 年 1 月的下游面矢量图如图 6.5 所示，第一与第三主应力等值线如图 6.12 和图 6.13 所示，表 6.1 是下游面坝肩 2001 年 1 月的应力值，第一主应力为 0.6~0.7MPa。

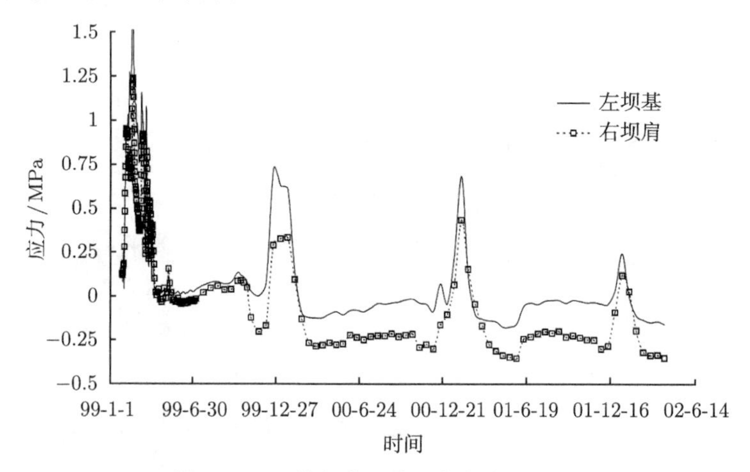

图 6.10　下游坝肩处第一主应力历程图

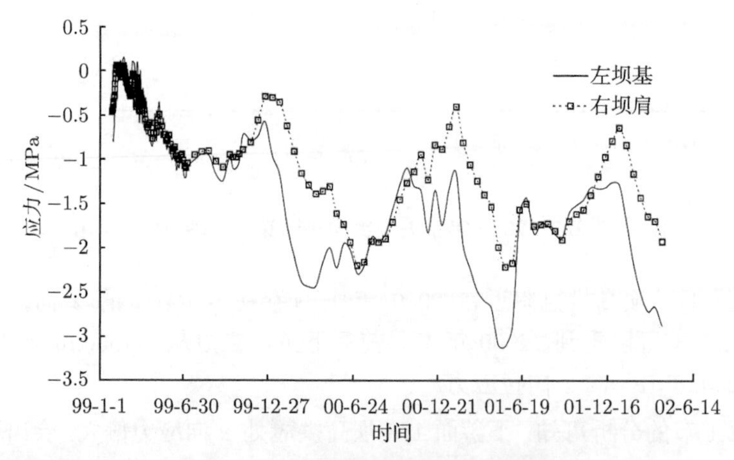

图 6.11　下游坝肩处第三主应力历程图

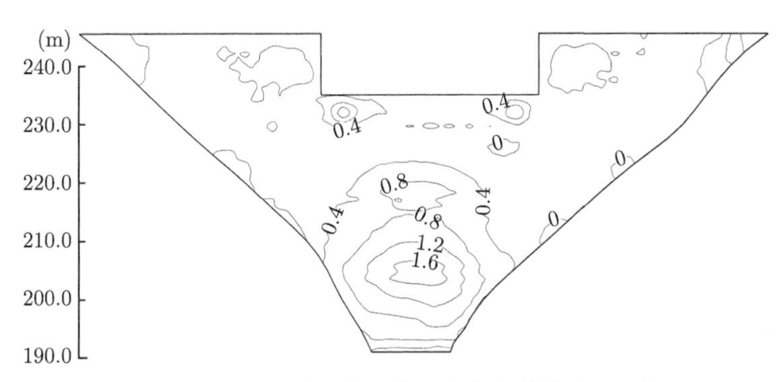

图 6.12 2000 年 1 月坝体下游面第一主应力等值线图 (单位: MPa)

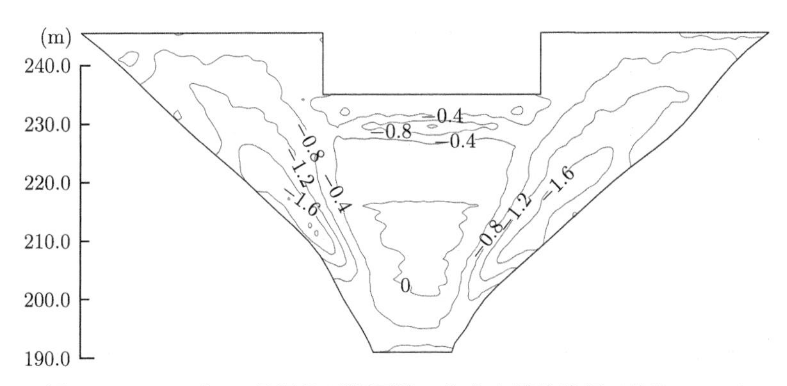

图 6.13 2000 年 1 月坝体下游面第三主应力等值线图 (单位: MPa)

表 6.1 下游面坝肩处 2000 年 1 月应力 (单位: MPa)

位置	σ_x	σ_y	σ_z	τ_{xy}	τ_{yz}	τ_{zx}	σ_1	σ_2	σ_3
左坝肩	0.15	0.10	−0.32	−0.10	0.04	0.17	0.61	−0.03	−1.17
右坝肩	0.43	0.35	−0.36	0.33	0.02	−0.06	0.68	−0.07	−1.41

在坝肩浇筑 20d 之后，由于水化热的影响，内外温差近 20℃。从图 6.14 可得：由于内外温差引起表面混凝土出现较大的拉应力，左右坝肩最大有 1.3~1.5MPa 的坝面拉应力，坝面压应力为 0MPa 左右，进行养护保温。

在 2000 年 1 月，左右坝肩最大有 0.4~0.6MPa 的坝面拉应力，坝面压应力为 −1.4~−1.8MPa。从图 6.5 的矢量图可以看到，拉应力沿坝肩方向，压应力垂直坝肩方向，在坝肩拉压应力作用下坝肩混凝土产生垂直边坡的裂缝。

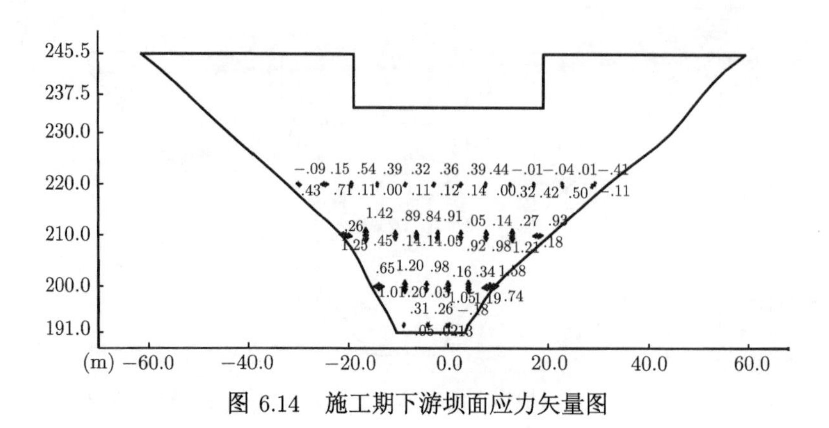

图 6.14　施工期下游坝面应力矢量图

6.2 应力变化

6.2.1 典型点应力过程

为了分析坝体的应力变化规律，分析坝体 1/3 高程的 ▽210.0m 拱圈的 9 个典型点 (图 6.15) 的 x 和 z 向应力变化。

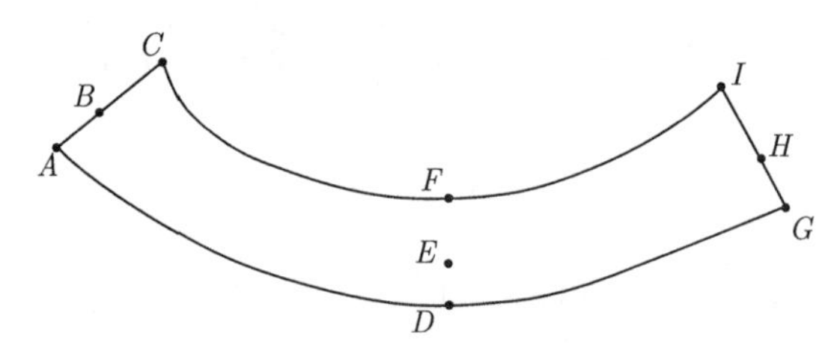

图 6.15　▽210.0m 高程拱圈

▽210.0m 拱圈下游面各点的 x 向正应力历程如图 6.16 和图 6.17 所示。

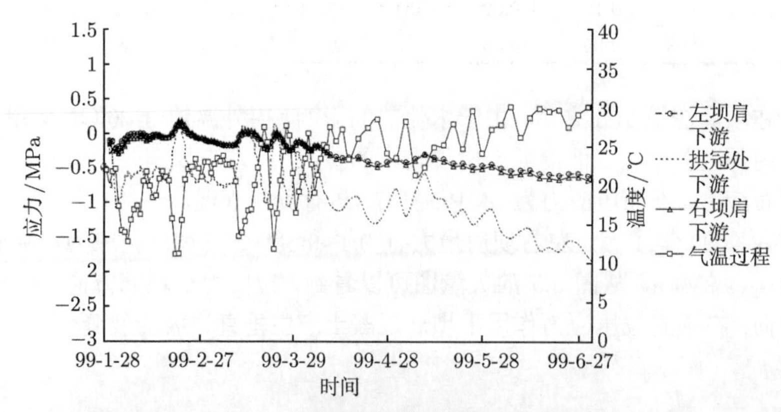

图 6.16　▽210.0m 拱圈下游面施工期 x 向应力历程

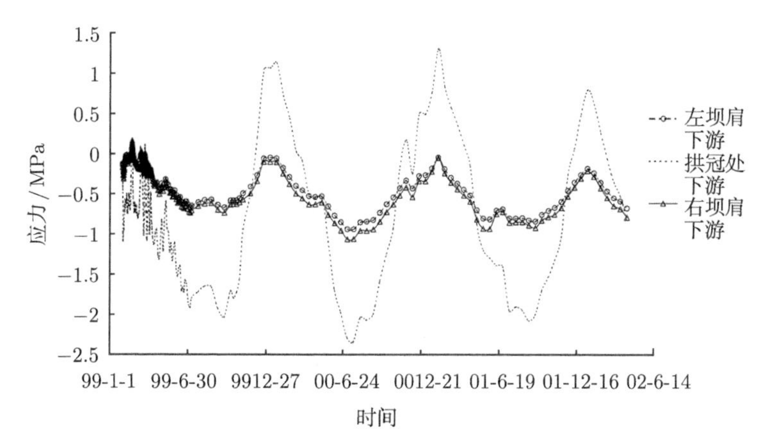

图 6.17 ▽210.0m 拱圈下游面整个仿真过程 x 向应力历程

施工过程中，温度的变化趋势与应力变化趋势相反，温降时下游面各点 x 向压应力减小或产生拉应力，温升时趋势相反，随着温度的逐渐升高以及氧化镁的膨胀作用，下游面的压应力逐渐增大；而且由于混凝土材料的弹性模量逐渐增大，膨胀产生的有效压应力增大，在 4 月之后压应力增长速度加快，在 6 月底下游面拱冠处有 −1.9MPa 的压应力，左右坝肩处也有 −0.7MPa 的 x 向压应力。

蓄水后加上温降的作用，在 2000 年 1 月下游面中部出现 1.13MPa 的拉应力；左右坝肩的应力基本为 0，但该处有较大的剪应力。在 2000 年夏季时下游面中部出现 −2.33MPa 的压应力，左右坝肩的应力为 −1.0MPa 左右，以后呈现年周期变化。

由于坝肩对坝体的约束作用，拱圈下游面中部的应力变化幅值明显大于下游面坝肩的幅值。下游面应力变化幅值为 3.4MPa 左右，而左右坝肩应力变化幅值为 1.0MPa 左右。

坝体 ▽210.0m 拱圈上游面各点的 x 向正应力历程如图 6.18 所示。上游面左右坝肩处在温降时产生拉应力，温升时产生压应力。而上游面拱冠处在蓄水之后温降时产生大的压应力，温升时产生小的压应力，与上游面坝肩处的应力变化趋势相反。

在 2000 年 1 月上游面中部出现 −2.02MPa 的压应力，左右坝肩的应力为 0.4~0.6MPa，在 2000 年夏季时下游面中部压应力为 −1.14MPa，左右坝肩的应力为 −1.1MPa 左右，以后按照温度的年变化呈现年周期变化。

坝体 ▽210.0m 拱圈中部各点的 x 向正应力历程如图 6.19 所示。由于中部混凝土温度变化滞后于外部温度变化，应力峰值滞后发生在 3 月份和 10 月份，左右坝肩应力在 −0.7~0.14MPa；坝体中部在降温时出现拉应力，为 0.33MPa，应力变化峰值稍微大一些。

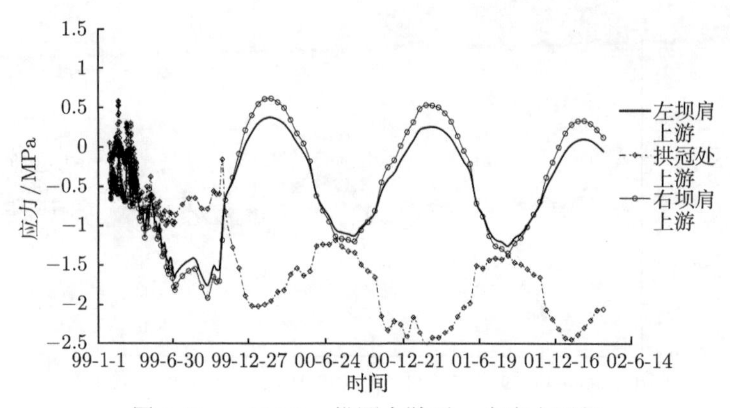

图 6.18　▽210.0m 拱圈上游面 x 向应力历程

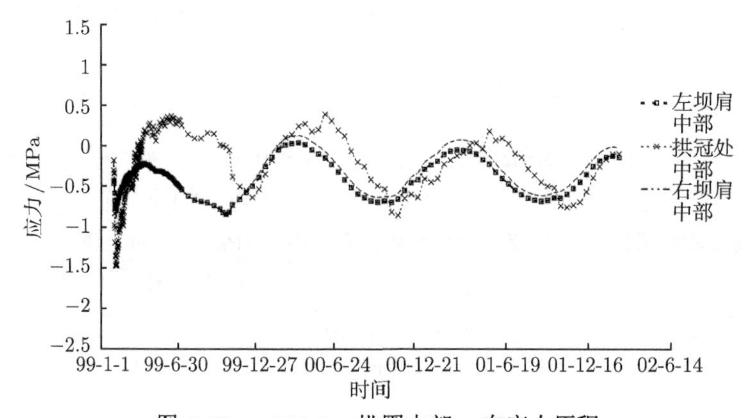

图 6.19　▽210.0m 拱圈中部 x 向应力历程

坝体 ▽210.0m 拱圈下游面各点的 z 向正应力历程如图 6.20 所示。▽210.0m 拱圈在浇筑后的 20 天 (1999 年 2 月 22 日)，由于混凝土水化热的影响，下游面拱

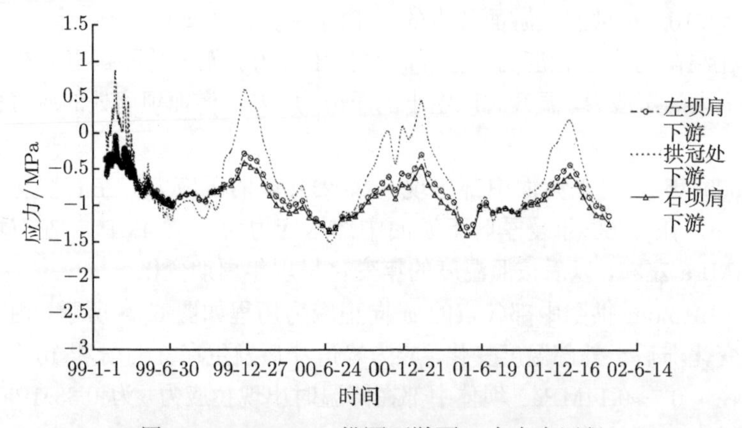

图 6.20　▽210.0m 拱圈下游面 z 向应力历程

冠处混凝土在内外温差的作用下出现 0.86MPa 的 z 向拉应力，在蓄水后的第一个冬季有 0.61MPa 的拉应力，夏季有 −1.49MPa 的压应力，左右坝肩 z 向应力都是压应力。

坝体 ▽210.0m 拱圈上游面各点的 z 向正应力历程如图 6.21 所示。在水压、温度的作用下，▽210.0m 拱圈上游面 z 向应力都是压应力，上游面拱冠处的压应力变化幅值较小，仅为 0.4MPa，左右坝肩处压应力变化幅值为 1.6MPa。

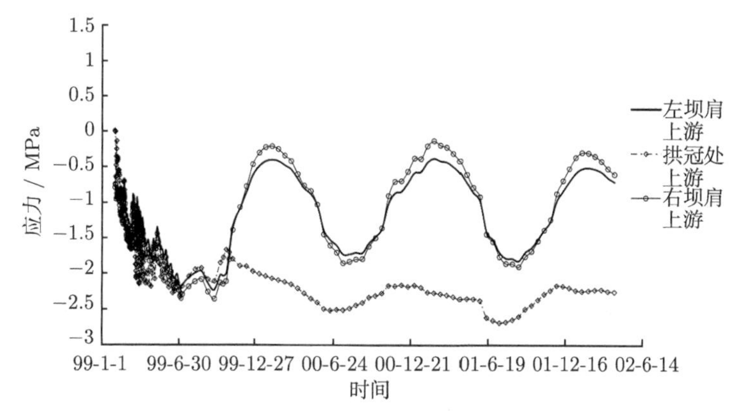

图 6.21 ▽210.0m 拱圈上游面 z 向应力历程

坝体 ▽210.0m 拱圈中面各点的 z 向正应力历程如图 6.22 所示。坝体 ▽210.0m 拱圈中部处的 z 向应力为压应力，变化幅值较小。

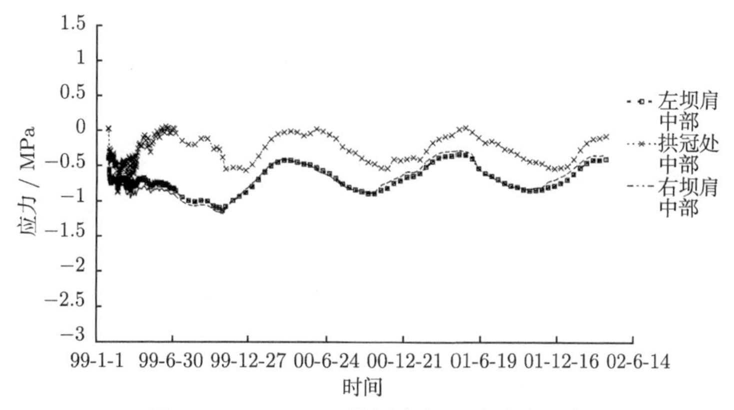

图 6.22 ▽210.0m 拱圈中部 z 向应力历程

6.2.2 坝体应力变化

拱冠梁的 x 向应力等值线如图 6.23 所示，拱冠梁 z 向应力等值线如图 6.24 所示，上下游、中面的正应力如图 6.25 所示，上下游面的坝面主应力如图 6.26 所示。

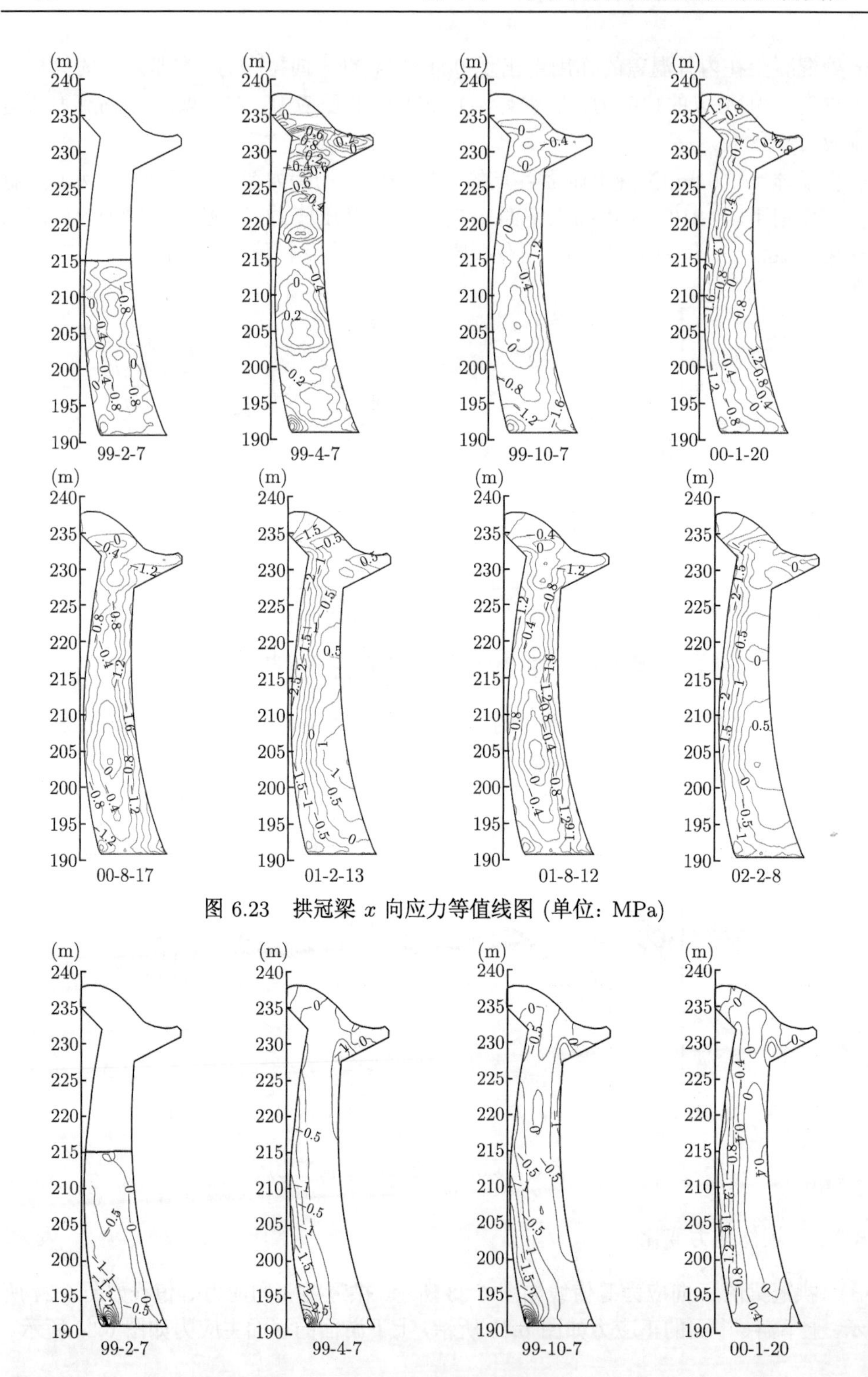

图 6.23　拱冠梁 x 向应力等值线图 (单位：MPa)

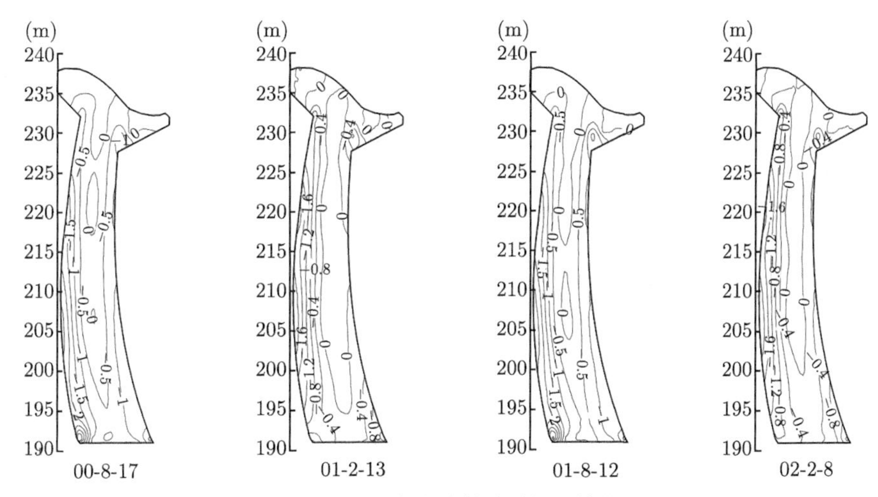

图 6.24 拱冠梁 z 向应力等值线图 (单位：MPa)

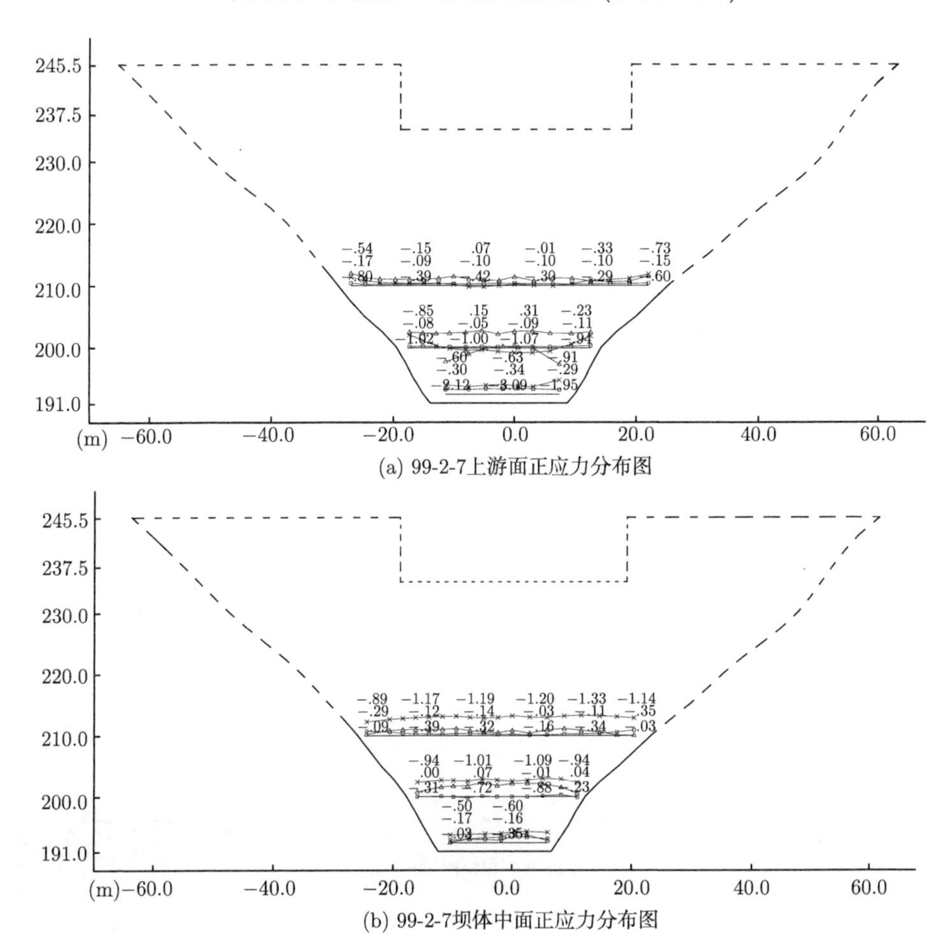

(a) 99-2-7上游面正应力分布图

(b) 99-2-7坝体中面正应力分布图

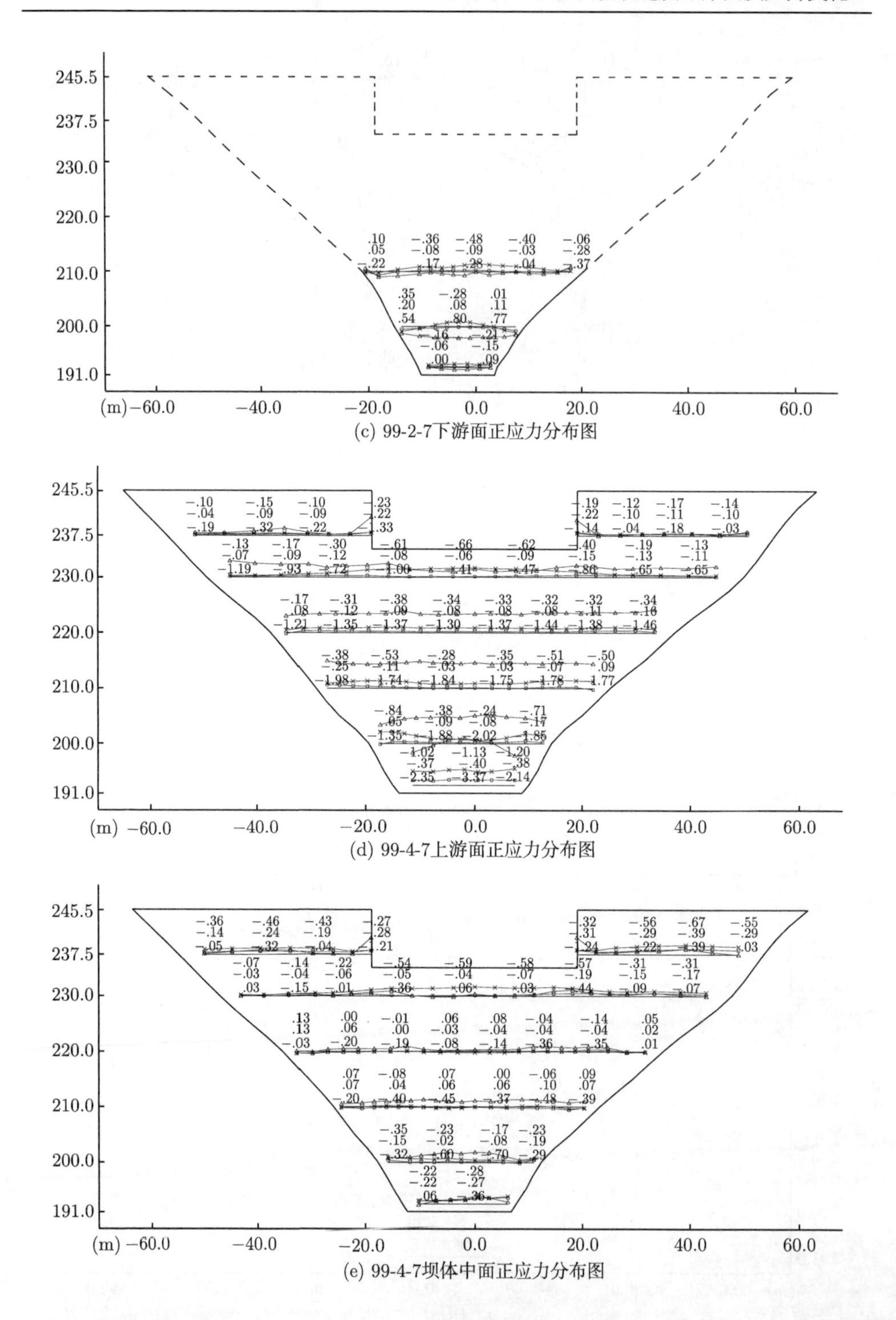

(c) 99-2-7下游面正应力分布图

(d) 99-4-7上游面正应力分布图

(e) 99-4-7坝体中面正应力分布图

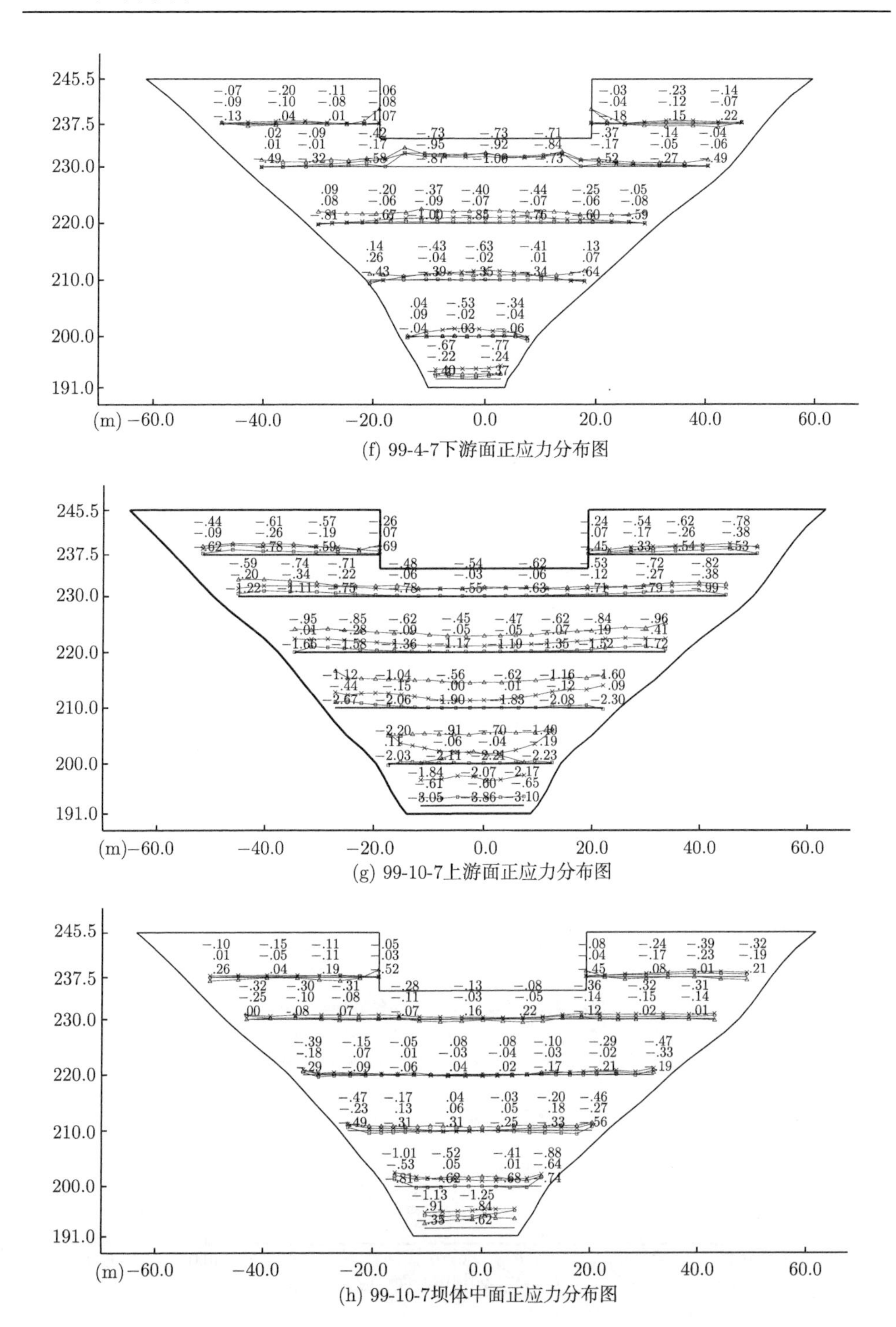

(f) 99-4-7下游面正应力分布图

(g) 99-10-7上游面正应力分布图

(h) 99-10-7坝体中面正应力分布图

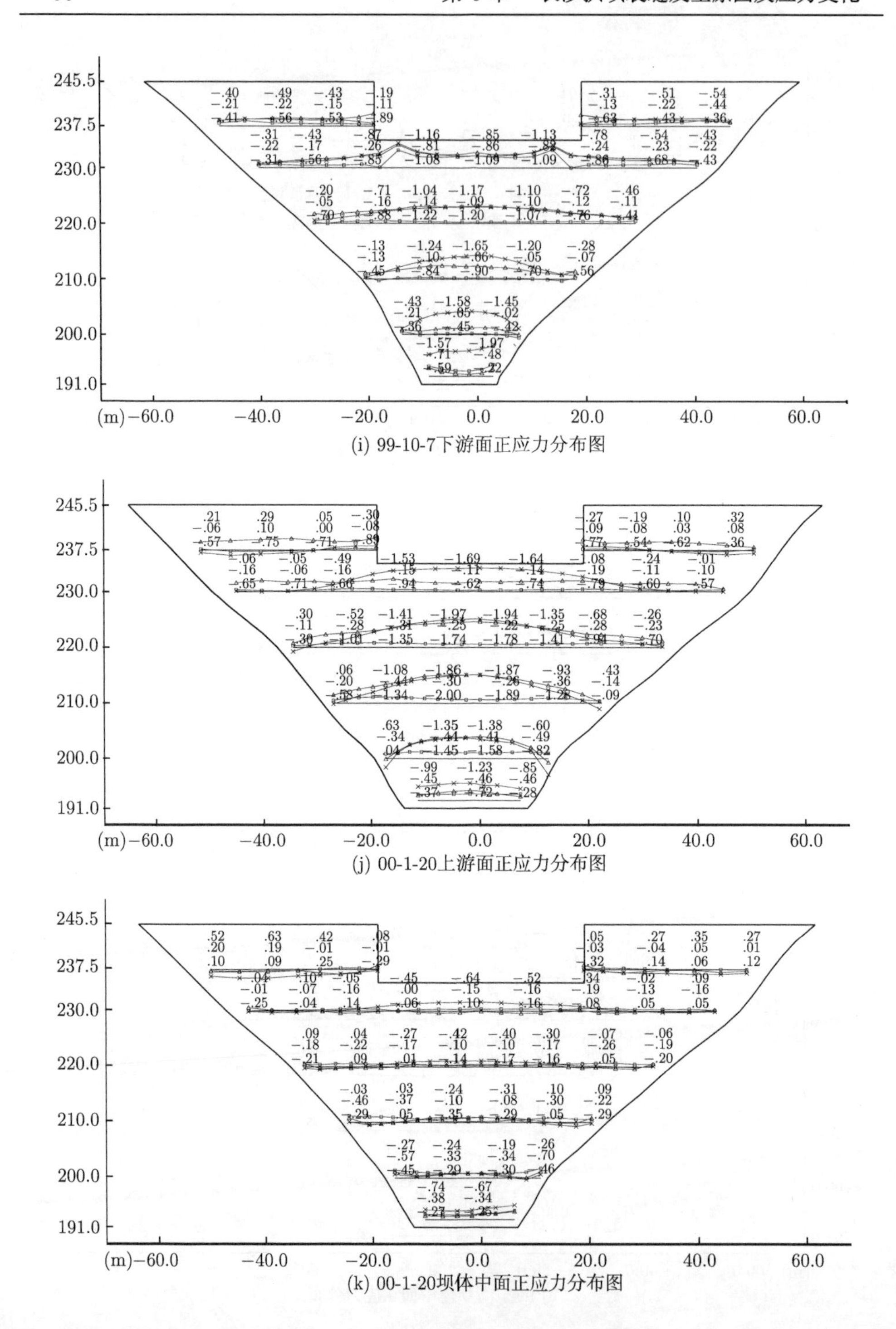

(i) 99-10-7下游面正应力分布图

(j) 00-1-20上游面正应力分布图

(k) 00-1-20坝体中面正应力分布图

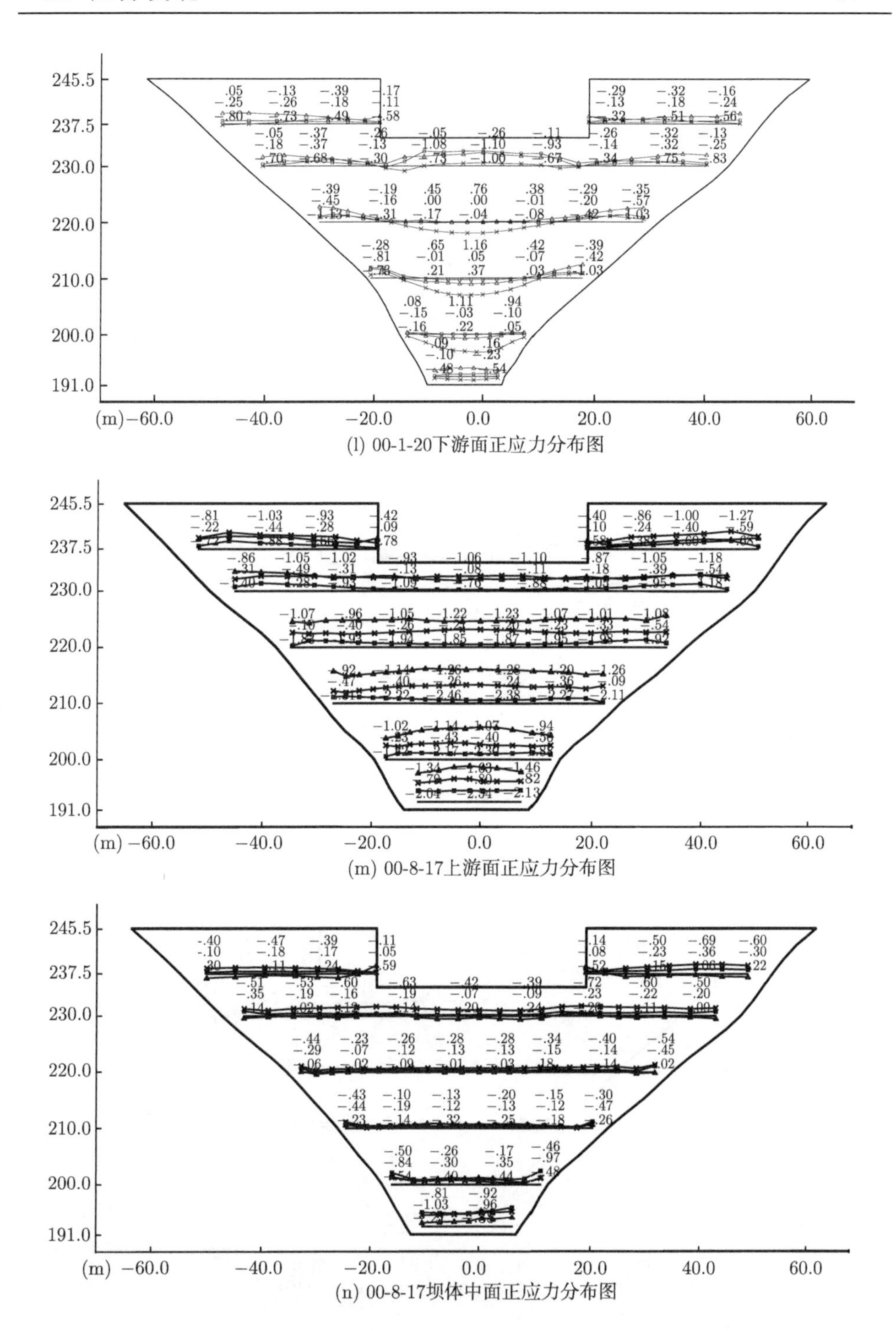

(l) 00-1-20下游面正应力分布图

(m) 00-8-17上游面正应力分布图

(n) 00-8-17坝体中面正应力分布图

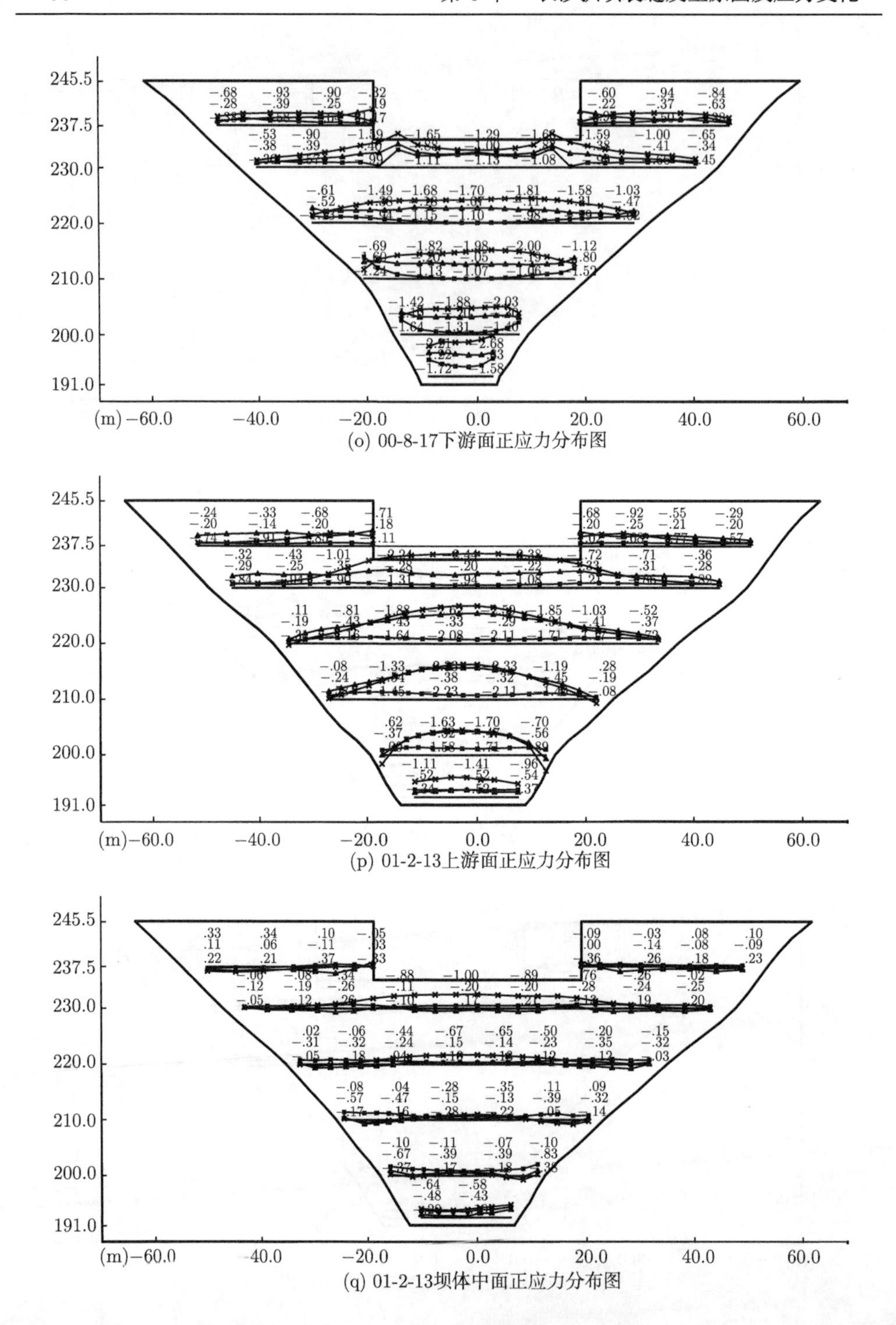

(o) 00-8-17下游面正应力分布图

(p) 01-2-13上游面正应力分布图

(q) 01-2-13坝体中面正应力分布图

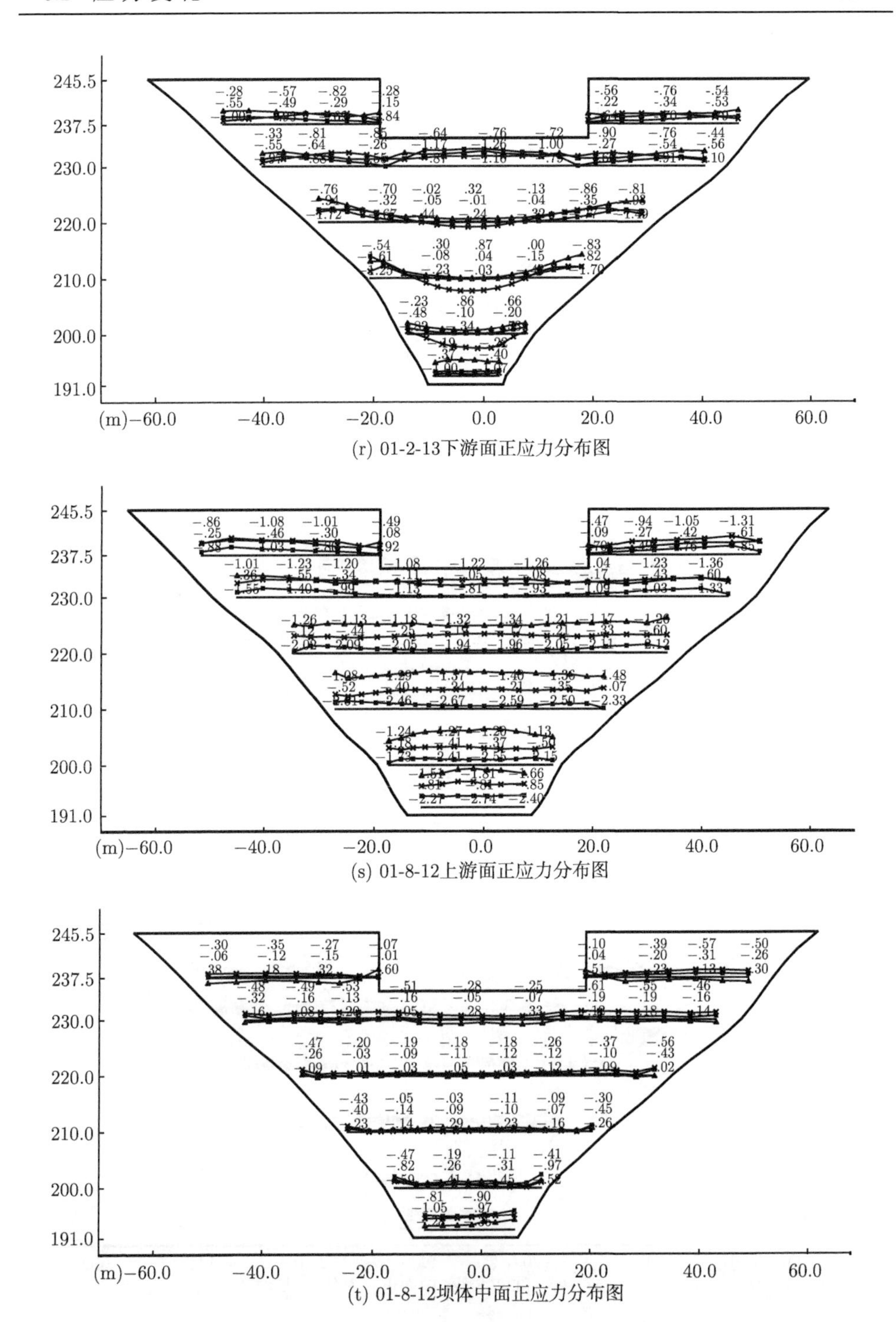

(r) 01-2-13下游面正应力分布图

(s) 01-8-12上游面正应力分布图

(t) 01-8-12坝体中面正应力分布图

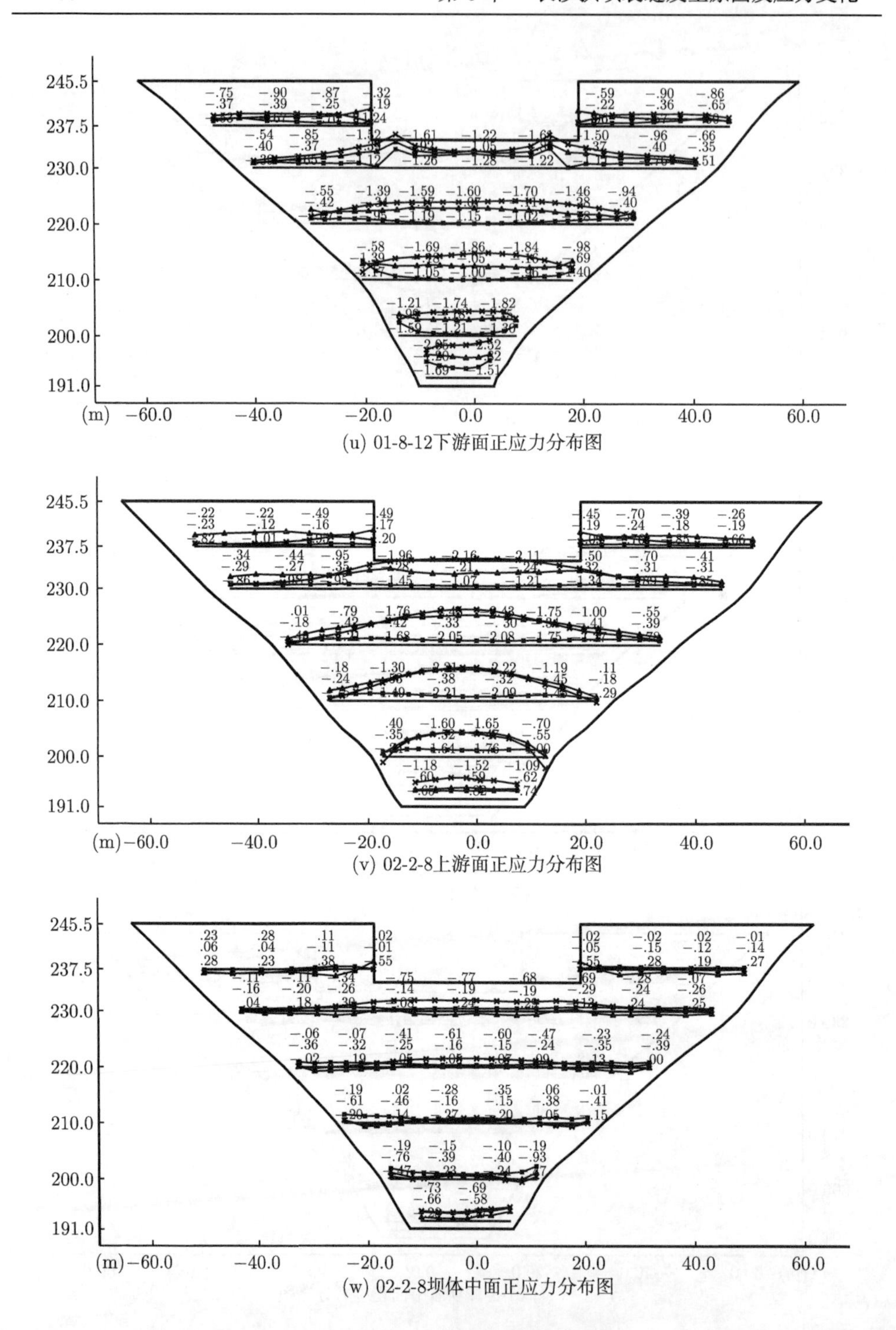

(u) 01-8-12下游面正应力分布图

(v) 02-2-8上游面正应力分布图

(w) 02-2-8坝体中面正应力分布图

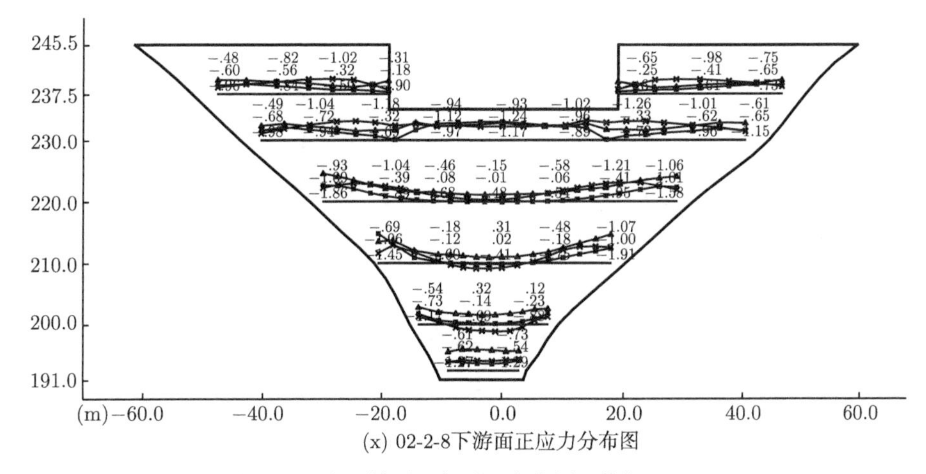

(x) 02-2-8下游面正应力分布图

图 6.25 上下游面、中面正应力图 (单位: MPa)

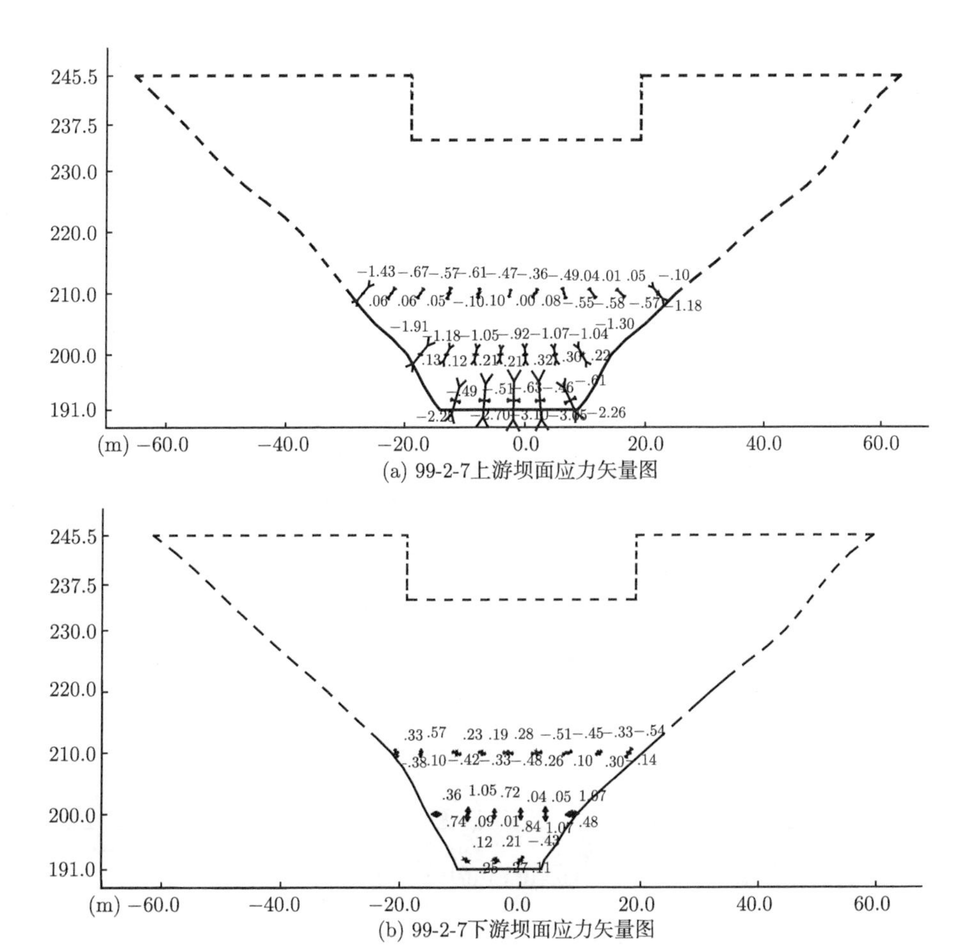

(a) 99-2-7上游坝面应力矢量图

(b) 99-2-7下游坝面应力矢量图

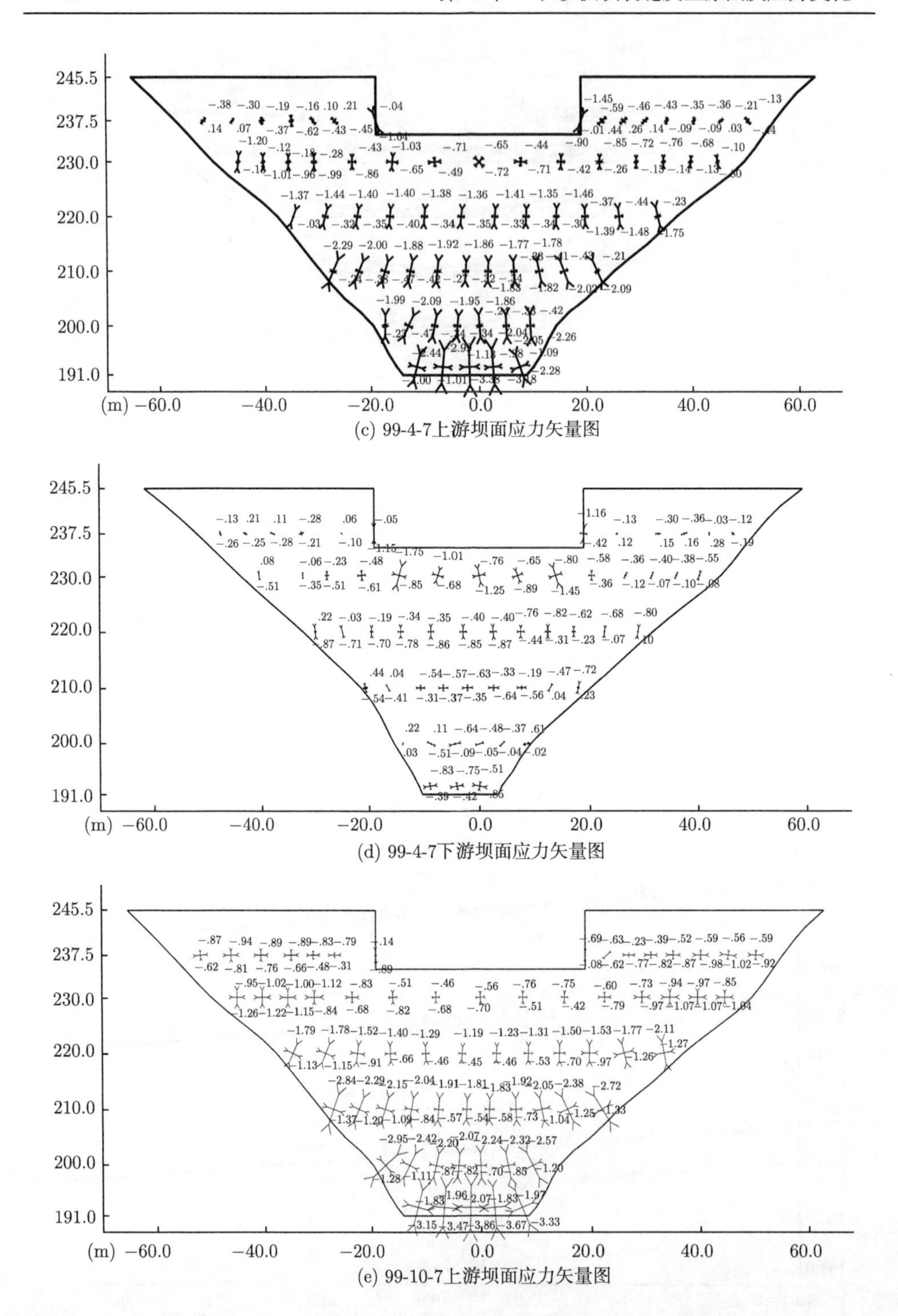

(c) 99-4-7上游坝面应力矢量图

(d) 99-4-7下游坝面应力矢量图

(e) 99-10-7上游坝面应力矢量图

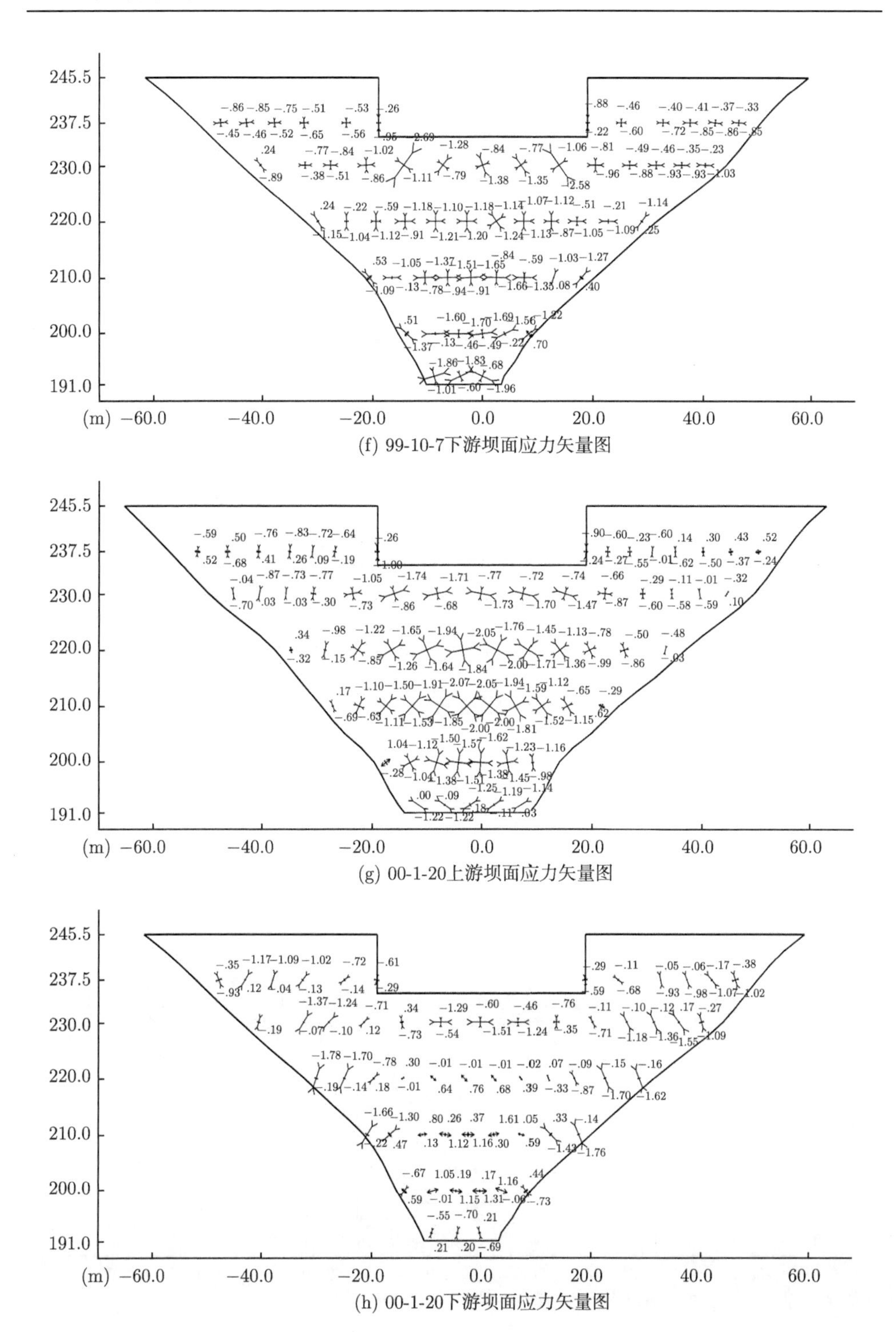

(f) 99-10-7下游坝面应力矢量图

(g) 00-1-20上游坝面应力矢量图

(h) 00-1-20下游坝面应力矢量图

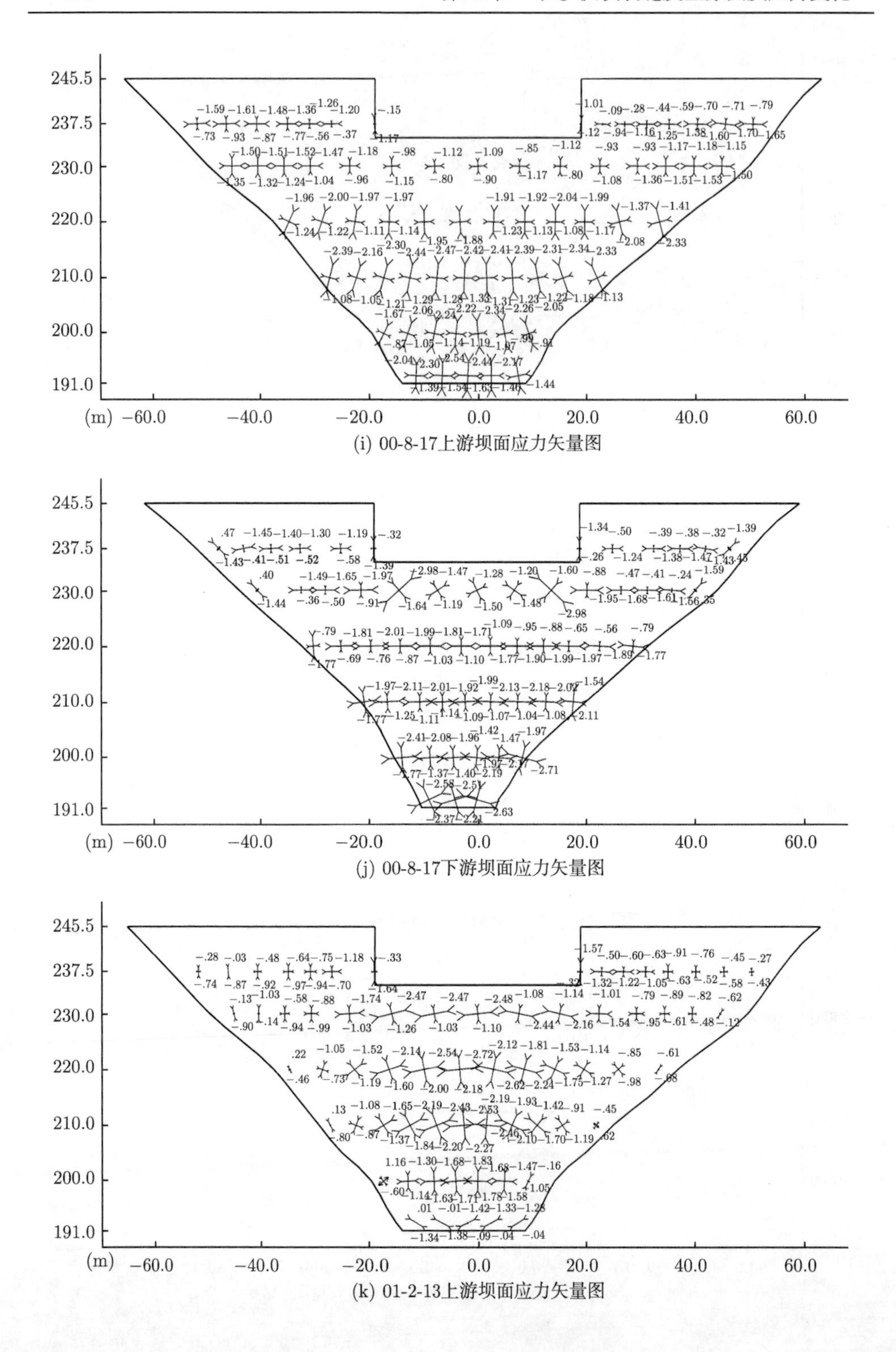

(i) 00-8-17上游坝面应力矢量图

(j) 00-8-17下游坝面应力矢量图

(k) 01-2-13上游坝面应力矢量图

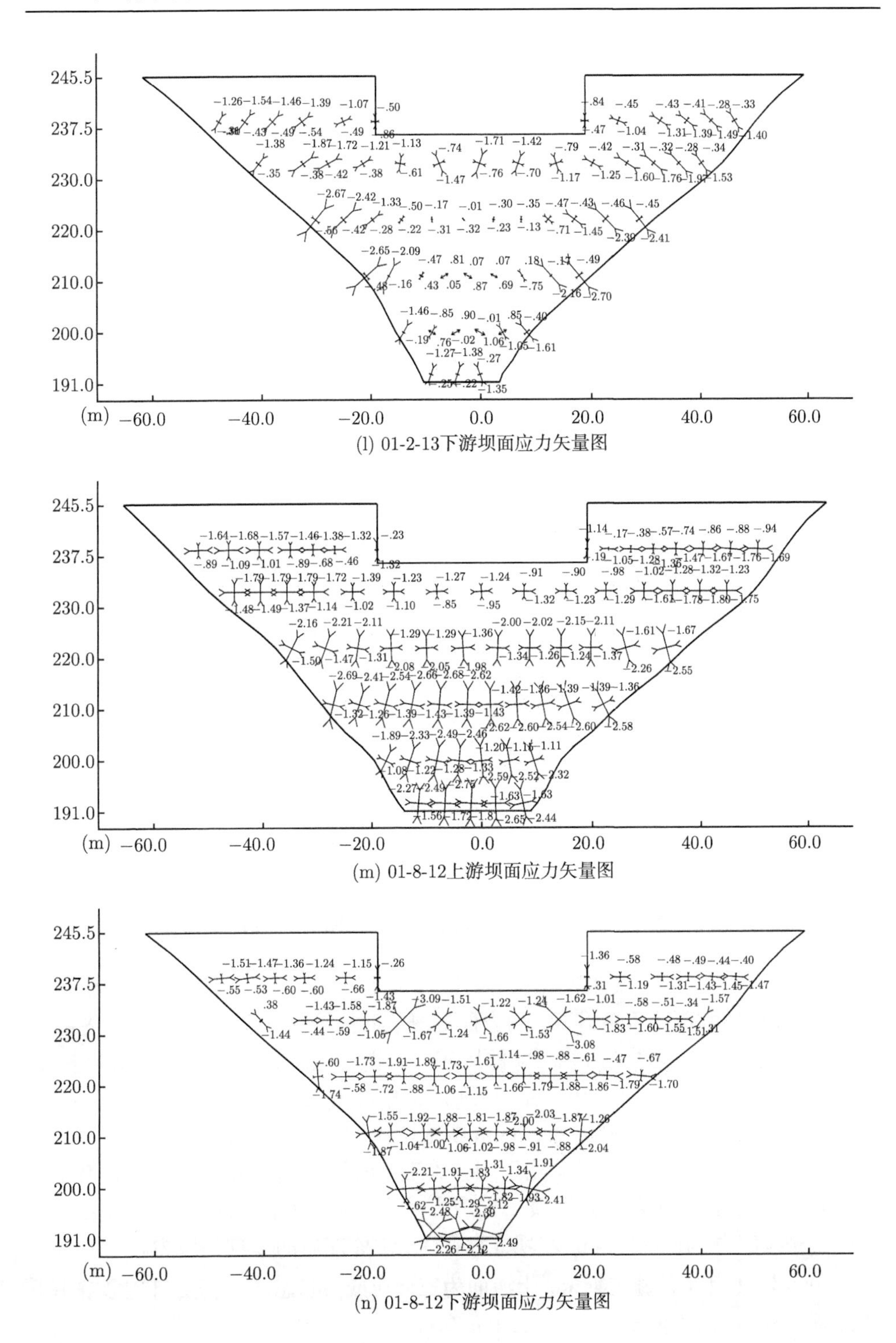

(l) 01-2-13下游坝面应力矢量图

(m) 01-8-12上游坝面应力矢量图

(n) 01-8-12下游坝面应力矢量图

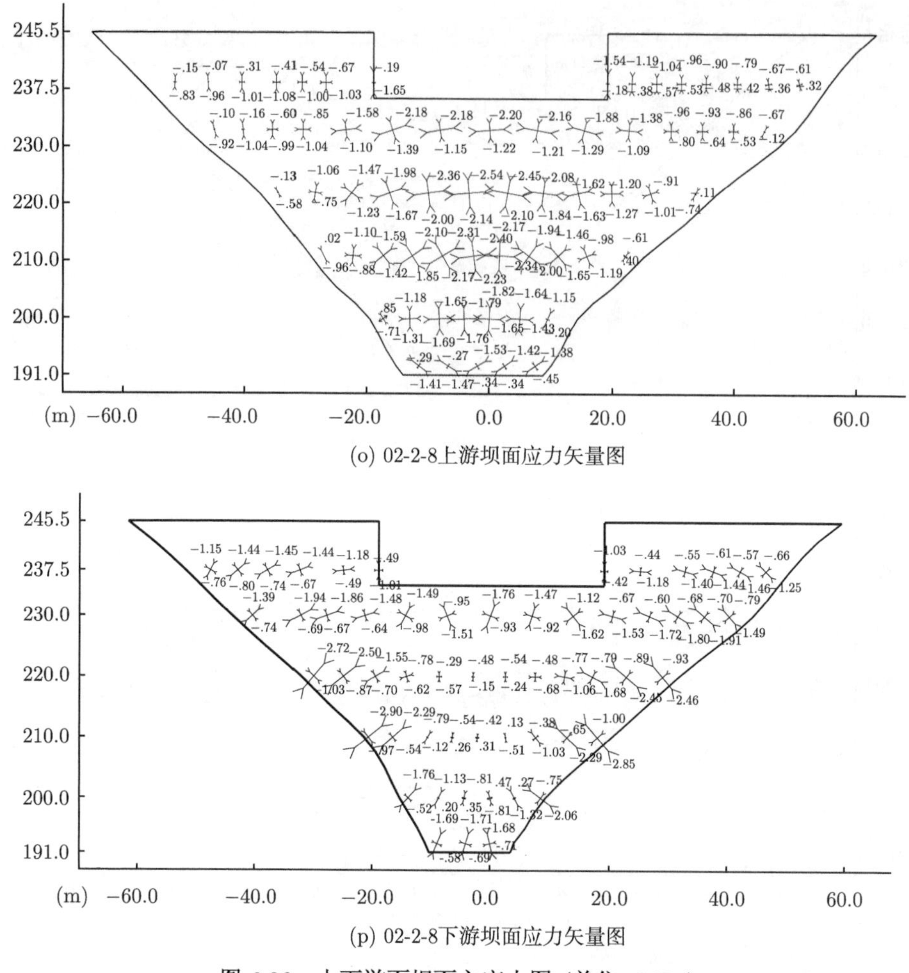

(o) 02-2-8上游坝面应力矢量图

(p) 02-2-8下游坝面应力矢量图

图 6.26　上下游面坝面主应力图 (单位：MPa)

1999 年 2 月 7 日，坝体浇筑到 ▽215.0m 高程，在混凝土浇筑前期，由于水化热温升的影响，混凝土温度升高，而表面混凝土散热较快，形成内外温差，内部出现 x 向压应力，有 −0.5∼−1.3MPa 的压应力，最大值出现在 ▽210.0m 拱冠中部，为 −1.3MPa。坝体上游面 ▽195.0m∼▽210.0m 中部出现 0∼0.7MPa 的 x 向拉应力，最大 σ_x 拉应力出现在上游面 ▽205.0m 拱冠，为 0.7MPa。坝体下游面的坝肩附近有 0.4MPa 左右的 x 向拉应力。由于坝体施工时的倒悬，在坝踵处有 −4.5MPa 的 z 向压应力，上游面从坝底至坝顶 z 向应力减小，始终处于压应力状态。下游面 z 向应力是拉应力，在 ▽200.0m 左坝处存在 1.1MPa 左右的 z 向拉应力。

1999 年 4 月 7 日施工期末，上游面为三向压应力状态，σ_z 仍受自重影响由下向上逐渐减小，最大值出现在 ▽192.0m 高程，为 −5.0MPa，σ_x，σ_y 在 ▽210.0m∼

$\bigtriangledown$235.0m 高程中部较大。坝体中部多为三向压应力，温度变形影响超过自重，最大拉应力不超过 0.45MPa。坝体下游面基本处于三向压应力状态，最大拉应力不超过 0.45MPa。

蓄水前 1999 年 10 月 7 日，x 向有 -2.1MPa 的压应力，z 向压应力变化不大。

2000 年 1 月，在水压和温降作用下，拱坝上游面中部处于三向压应力状态，有较大的 x 向与 z 向压应力，而最大值为 $\bigtriangledown$215.0m 高程拱冠处的拱向应力 $\sigma_x = -2.4$MPa，由于水压作用，坝踵处竖向应力减小了，为 -0.8MPa，$\bigtriangledown$205.0m 高程拱冠处的 z 向应力 $\sigma_z = -2.2$MPa。

上游面两侧拱座有拉应力，最大值出现在 $\bigtriangledown$200.0m，$\sigma_x = 0.65$MPa，上游面坝肩区拉应力数值较大，易形成坝肩径向裂缝区。

坝体下游面 $\bigtriangledown$220.0m 拱冠以下 σ_x，σ_z 为拉应力，σ_x 最大为 1.8MPa，σ_z 最大为 0.6MPa，易形成竖向与水平裂缝；下游面坝肩的 σ_x，σ_y，σ_z 基本都是压应力，有大的剪应力；从下游面坝肩坝面主应力图中可以看出：在 $\bigtriangledown$200.0m～$\bigtriangledown$210.0m 坝肩处有沿坝肩 0.6MPa 的拉应力，易产生坝肩径向裂缝。

坝体中部多为三向应力状态，介于上下游应力之间。

2000 年 8 月，温升时，拱坝普遍梁向和拱向压应力加大，或拉应力减小，或由拉应力转变为压应力，上游面拱座拉应力明显减小，变为压应力状态；但由于坝体向上游膨胀变形，中部 x 向压应力得到一定的释放，压应力减小；膨胀作用加大了上游面坝踵的竖向压应力，为 -4.0MPa。

下游面全部处于三向压应力状态，在 σ_x 最大压应力为 -2.7MPa。

温度变形应力在组合应力当中占主要部分，它与水压组成最大坝肩拉应力区；温度和自重、水压共同作用使下游面拱冠处产生最大的拉应力；拱坝内部的拉应力区是由混凝土水化热温升之后的温降引起的。因此，减少混凝土水泥用量，采用低膨胀系数混凝土是减小拱坝拉应力的有效方法。

6.3 本章小结

本章根据计算结果对下游面出现的裂缝进行了初步研究。长沙拱坝在蓄水之后的第一个冬季，下游面 1/3 坝高拱冠处出现一条竖向裂缝和多条水平裂缝，左右坝肩处两条斜裂缝。通过实际的仿真分析得到：在蓄水后的第一个冬季，下游面 1/3 坝高拱冠处有较大的水平拉应力，接近坝体混凝土的抗拉强度，解释了竖向裂缝出现的时间和位置；下游面 1/3 坝高拱冠处有一定的竖向拉应力，由于该处位于水平施工缝处，垂直抗拉强度较低，而且由于竖向裂缝的出现恶化了垂直向的拉应力，从而出现多条水平裂缝；在下游面左右坝肩处有一定的沿边坡的拉应力，从而在该处出现垂直边坡的斜裂缝。

混凝土施工期，由于水化热温升的影响，形成内外温差，内部出现压应力，表面出现拉应力；随着水化热的散去，内部出现拉应力，表面出现压应力。

温降时，拱坝上游面中部处于三向压应力状态，有较大的竖向与水平向压应力，上游面两侧拱座有拉应力，易形成坝肩径向裂缝区。坝体下游面 1/3 坝高拱冠附近有 σ_x，σ_z 的拉应力，易形成竖向与水平裂缝；下游面坝肩的 σ_x，σ_y，σ_z 基本都是压应力，有大的剪应力；坝体中部多为三向压应力状态，介于上下游面应力之间。

温升时，拱坝普遍梁向和拱向压应力加大，上游面拱座拉应力明显减小，变为压应力状态；坝体中部和下游面全部处于三向压应力状态。

第7章　外掺氧化镁对拱坝应力与位移的影响

全坝段外掺氧化镁后，由于氧化镁混凝土的自生体积膨胀作用，对整个拱坝的应力状态与位移分布有较大的影响。

本章中增加不掺入氧化镁的长沙拱坝仿真分析的计算工况，并与实际的掺入氧化镁的长沙拱坝计算工况进行对比，分析坝体掺入氧化镁之后对坝体应力状态的改善以及坝体位移变化情况，本章中主要分析 x 向、z 向的剪应力变化以及 x 向、z 向的位移变化。本章中将不掺氧化镁工况的拱坝应力与实际工况的拱坝应力差值定义为补偿应力，即掺入氧化镁之后拉应力减小，或由拉变成压，或者压应力增加，则补偿应力为正，反之为负。

7.1　应　　力

7.1.1　x 向应力

图 7.1~图 7.9 是 ▽210.0m 拱圈 $A\sim I$ 共 9 个典型点 (图 6.15) 的 x 向应力历程对比图；图 7.10~图 7.12 是 ▽210.0m 拱圈左右坝肩、拱冠处的 x 向应力补偿曲线；图 7.13 和图 7.14 是蓄水前 x 向拉压应力包络线对比图；图 7.15 和图 7.16 是蓄水后第一个冬季 (2000 年 1 月) 和夏季 (2000 年 8 月) 的 x 向应力等值线对比图。

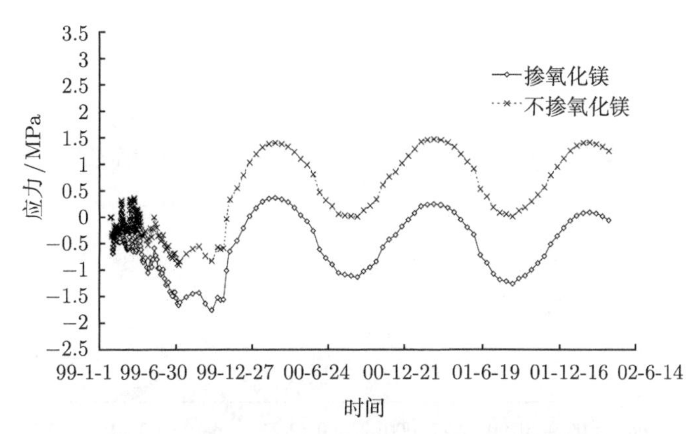

图 7.1　▽210.0m 拱圈上游面左坝肩 x 向应力历程 (A)

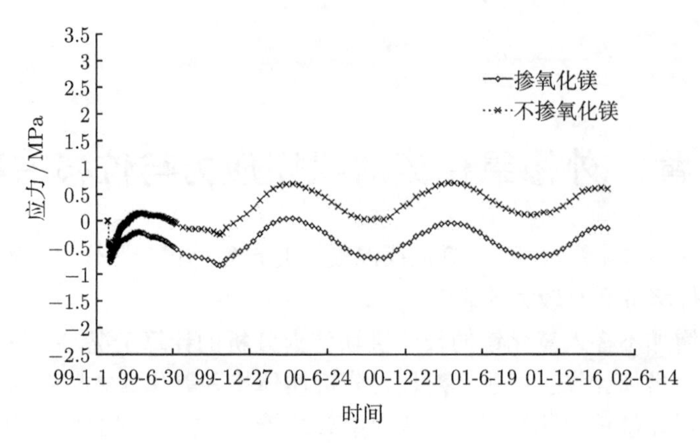

图 7.2　▽210.0m 拱圈左坝肩中部 x 向应力历程 (B)

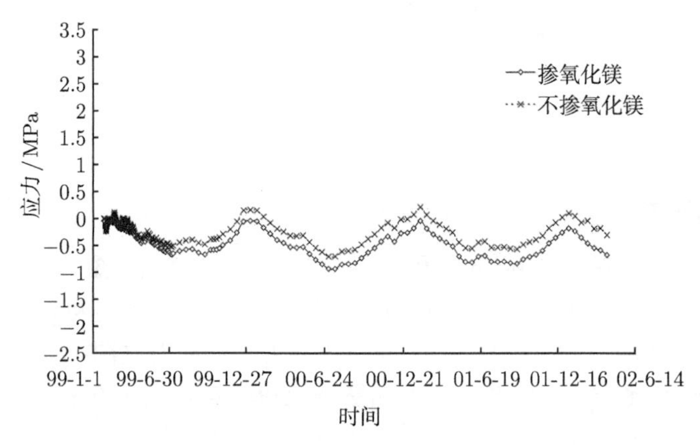

图 7.3　▽210.0m 拱圈下游面左坝肩 x 向应力历程 (C)

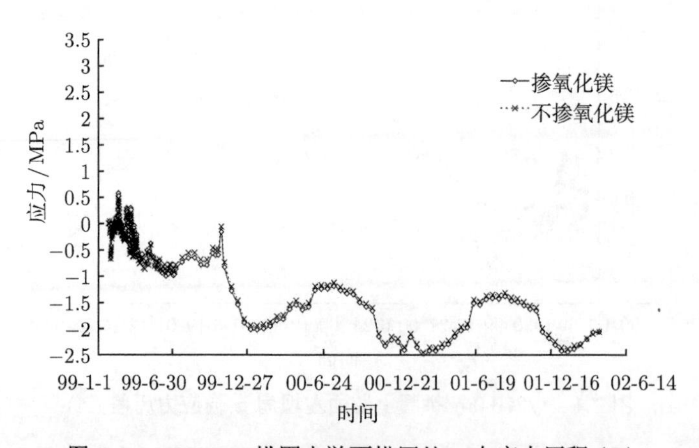

图 7.4　▽210.0m 拱圈上游面拱冠处 x 向应力历程 (D)

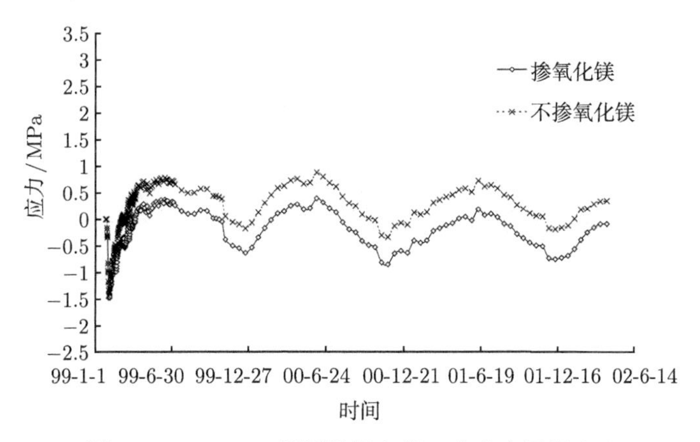

图 7.5　▽210.0m 拱圈拱冠中部 x 向应力历程 (E)

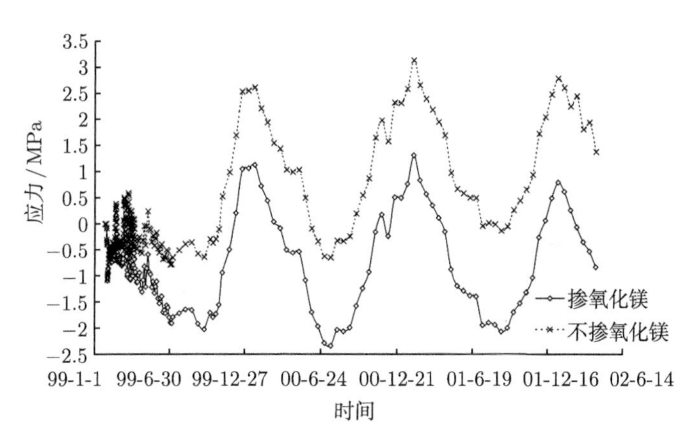

图 7.6　▽210.0m 拱圈下游面拱冠处 x 向应力历程 (F)

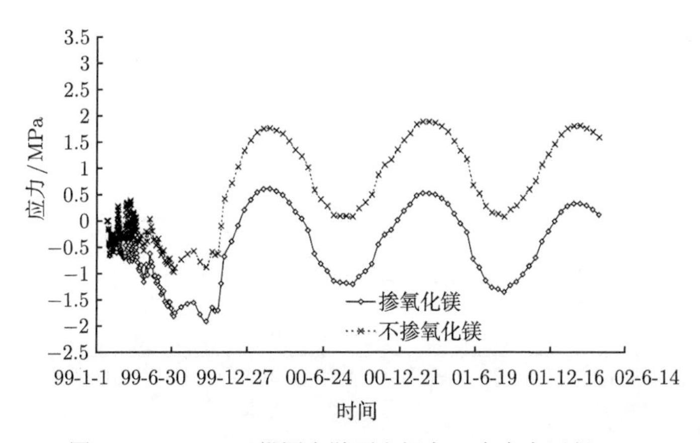

图 7.7　▽210.0m 拱圈上游面右坝肩 x 向应力历程 (G)

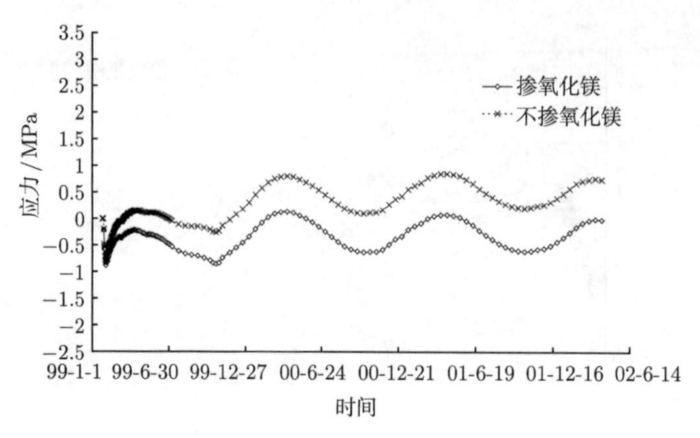

图 7.8 ▽210.0m 拱圈右坝肩中部 x 向应力历程 (H)

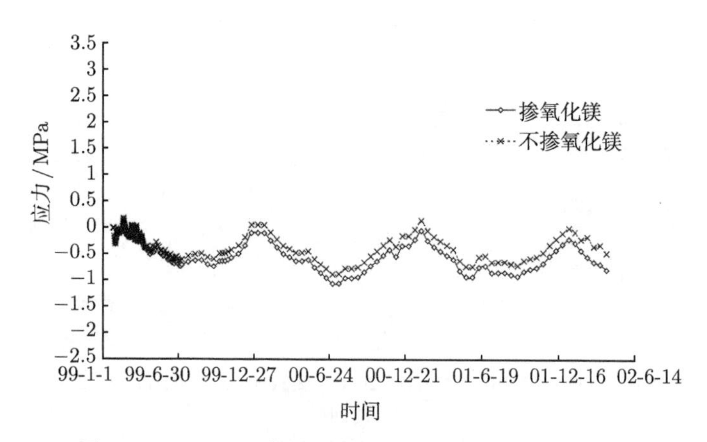

图 7.9 ▽210.0m 拱圈下游面右坝肩 x 向应力历程 (I)

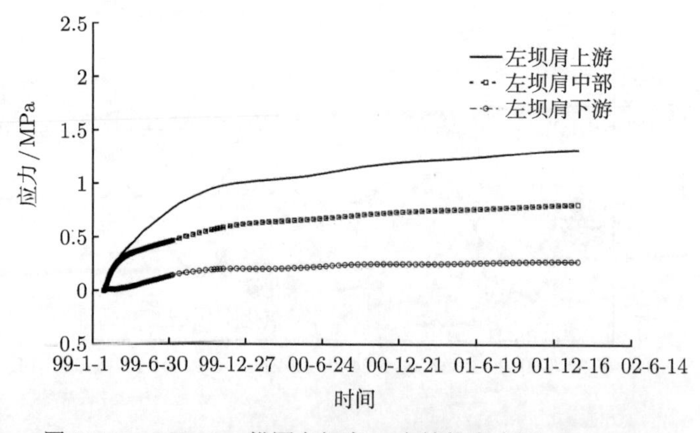

图 7.10 ▽210.0m 拱圈左坝肩 x 向补偿应力图 (A、B、C)

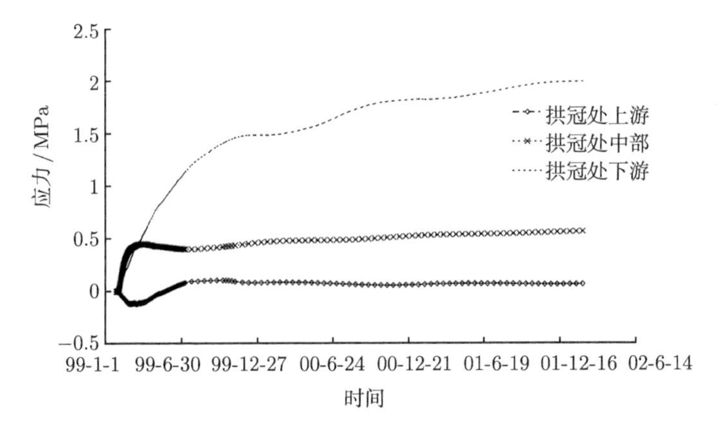

图 7.11　▽210.0m 拱圈拱冠处 x 向补偿应力图 (D、E、F)

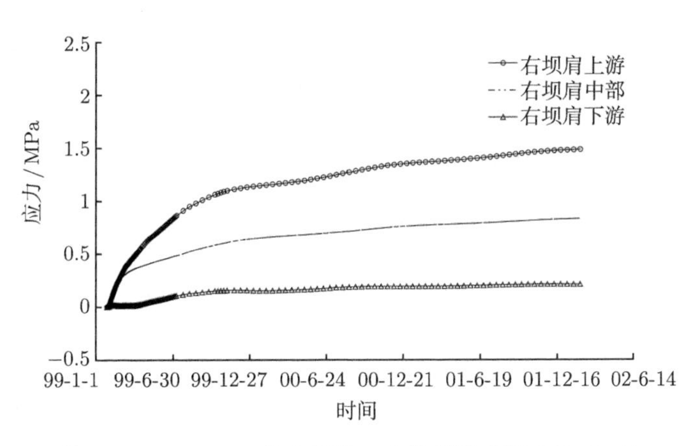

图 7.12　▽210.0m 拱右坝肩 x 向补偿应力图 (H、I、J)

(1) 由图 7.10~图 7.12 可得：补偿应力是随着氧化镁混凝土膨胀量的增长而增加的。上游面坝肩和下游面拱冠处，在 1999 年 4 月之前施工期的 90d，补偿应力不大，补偿应力占三年总补偿应力的 30%~35%；而从 90~365d 的补偿应力占三年总补偿应力的 45%~50%；365~1080d 的补偿应力仅占 20%。

(2) 由图 7.1~图 7.3，图 7.7~图 7.9，图 7.10，图 7.12 可得：在坝肩处，上游面坝肩的补偿应力要明显大于下游面坝肩的补偿应力，下游面坝肩的补偿应力较小，坝肩中部的补偿应力位于两者之间。2002 年年初上游面左右坝肩的补偿应力为 1.32MPa 和 1.48MPa，而同期的下游面的补偿应力为 0.28MPa 和 0.21MPa，坝肩中部的补偿应力为 0.80MPa 和 0.83MPa。

(3) 由图 7.4~图 7.6，图 7.11 可得：在拱冠处，下游面拱冠的补偿应力要明显大于上游面拱冠的补偿应力，上游面拱冠处的补偿应力较小，拱冠中部的补偿应力位于两者之间。2002 年年初下游面拱冠处的补偿应力为 1.99MPa，同期的上游面拱冠和拱冠中部的补偿应力为 0.07MPa 和 0.57MPa。

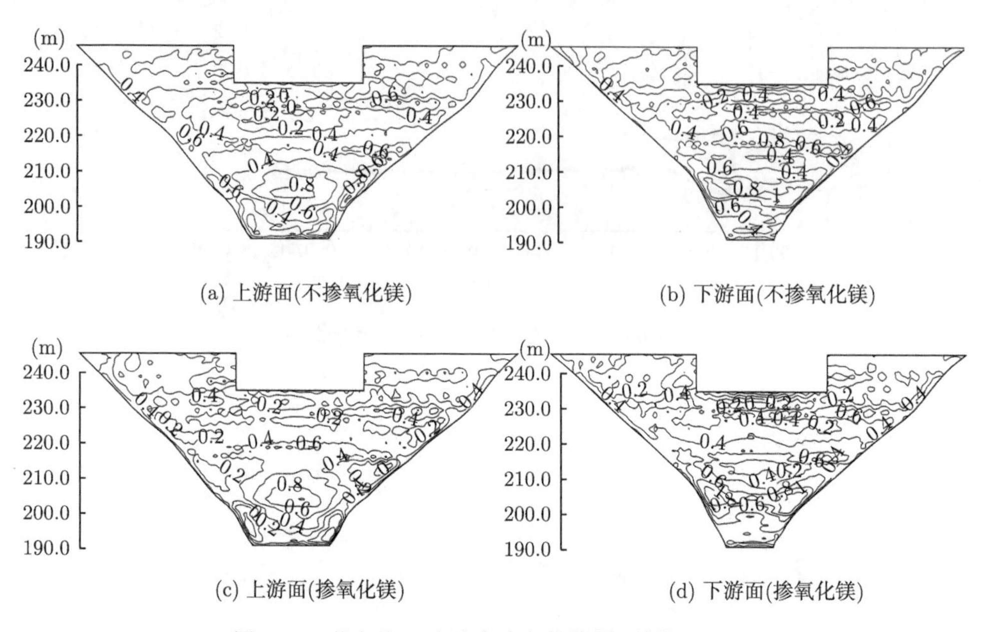

(a) 上游面(不掺氧化镁)　(b) 下游面(不掺氧化镁)

(c) 上游面(掺氧化镁)　(d) 下游面(掺氧化镁)

图 7.13　蓄水前 x 向拉应力包络线图 (单位：MPa)

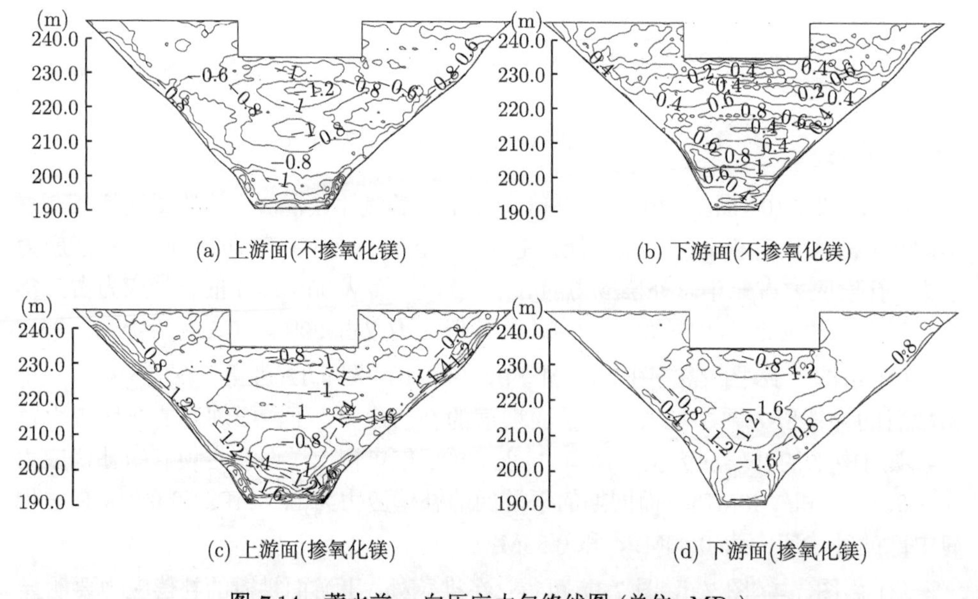

(a) 上游面(不掺氧化镁)　(b) 下游面(不掺氧化镁)

(c) 上游面(掺氧化镁)　(d) 下游面(掺氧化镁)

图 7.14　蓄水前 x 向压应力包络线图 (单位：MPa)

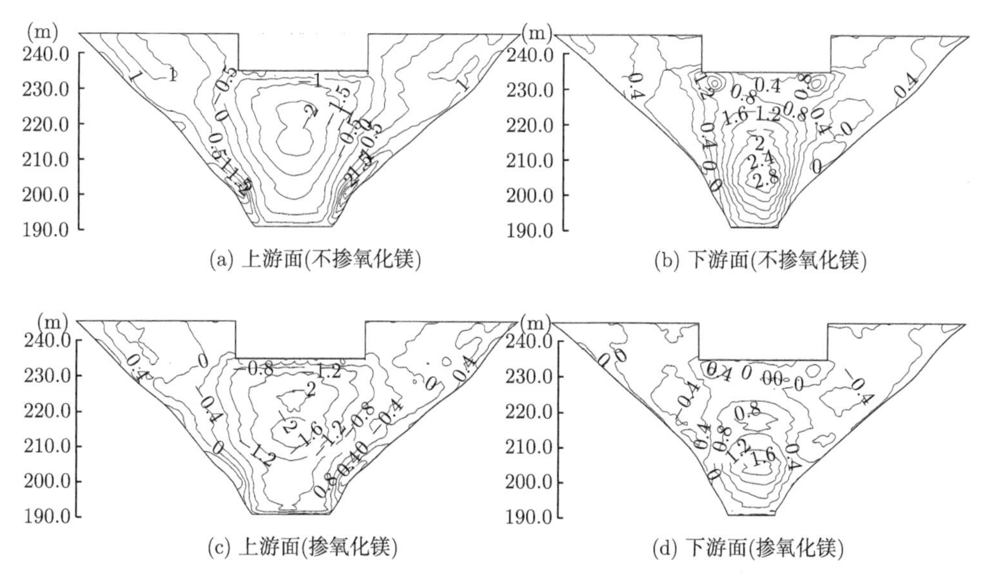

(a) 上游面(不掺氧化镁)　(b) 下游面(不掺氧化镁)

(c) 上游面(掺氧化镁)　(d) 下游面(掺氧化镁)

图 7.15　2000 年 1 月 20 日上下游坝面 x 向应力等值线图 (单位: MPa)

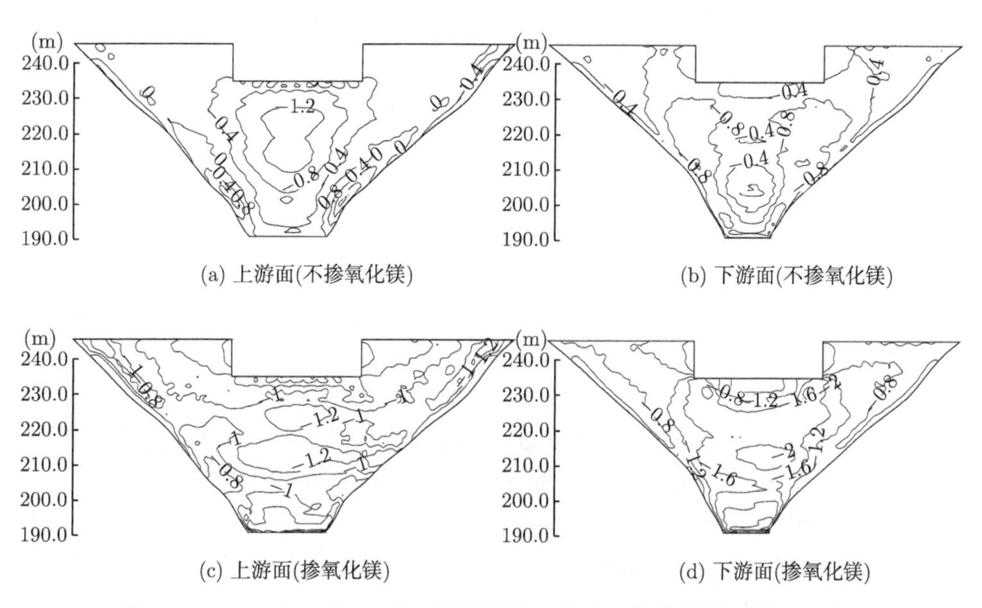

(a) 上游面(不掺氧化镁)　(b) 下游面(不掺氧化镁)

(c) 上游面(掺氧化镁)　(d) 下游面(掺氧化镁)

图 7.16　2000 年 8 月 17 日上下游坝面 x 向应力等值线图 (单位: MPa)

(4) 由图 7.13 可以看到：蓄水前，由于混凝土的水化热作用，内外温差在上下游表面产生一定的拉应力，▽195.0m~▽220.0m 高程处有较大 (0.4~1.1MPa) 的拉应力，掺入氧化镁对施工期表面拉应力没有改善作用。所以掺入氧化镁之后，对坝体施工期的表面拉应力并没有改善作用，需严格按照要求进行施工期的表面保温，保证表面不出现裂缝。

掺入氧化镁之后，内部混凝土经过一段时间达到最高温度，之后温度开始降低，由于内部混凝土膨胀余量较小，温度降低，膨胀速率减小，温降是主要因素，而此时混凝土的弹性模量较大，徐变较小，出现一定的拉应力；而表面混凝土膨胀速率较大，氧化镁膨胀占主要因素，表面混凝土的拉应力减小，拉应力变成压应力或压应力加大。

(5) 由图 7.14 可以看到：蓄水前，掺入氧化镁之后，加大了上游面坝肩和下游面拱冠处的压应力，对上游面拱冠和下游面坝肩应力影响不大。

掺入氧化镁之后，上游面坝肩的应力由 −0.8 ~ −1.2MPa 增加到 −1.2 ~ −1.8MPa，增加 0.4~1.0MPa。下游面拱冠处的应力由 −0.8 ~ −1.0MPa 增加到 −1.2 ~ −2.0MPa，增加 0.4~1.0MPa。

(6) 在蓄水后的第一个冬季，在温降、水压和自重作用下，由图 7.15 可以看到：

(a) 1/3 坝高附近的上游面坝肩和下游面拱冠是 x 向拉应力控制区。掺入氧化镁之后，大大地降低了高拉应力区的数值，减小了拉应力区的范围。

不掺入氧化镁的情况下，上游面坝肩 1/3 坝高 ▽195.0m~▽220.0m 处有 1.0~2.5 MPa 的拉应力，下游面拱冠 1/3 坝高 ▽191.0m~▽225.0m 处有 1.2~3.2MPa 的拉应力。掺入氧化镁之后，上游面坝肩的应力下降为 0.0~1.0MPa，降低 1.0~1.5MPa；下游面拱冠处应力下降为 0.4~1.7MPa，降低 0.8~1.5MPa。可见掺入氧化镁之后，上游面坝肩的拉应力满足拱坝的拉应力控制标准，下游面拱冠处将有一部分区域拉应力接近拱坝的允许拉应力。

(b) 上游面拱冠为受压区，下游面坝肩为低拉应力区；掺入氧化镁之后对该处应力影响不大，上游面拱冠处的最大压应力为 −2.2MPa 左右。

(c) 在水压与温降分别作用下，在 1/3 坝高附近的上游面坝肩和下游面拱冠都是拉应力区域，两者共同作用加大了该处的应力。

(7) 在蓄水后的第一个夏季，在温升、水压和自重作用下，由图 7.16 可以看到：

(a) 温升的作用普遍减小了拉应力，或拉应力变成压应力，或者压应力增加。温升时，减小了坝体的拉应力，相比温降时改善了坝体的应力状态。

不掺入氧化镁的情况下，上游面坝肩 ▽200.0m~▽210.0m 有 0.4~0.8MPa 的拉应力，而掺入氧化镁之后，变成 −0.8 ~ −1.0MPa 的压应力，在原有应力的基础上增加了 1.4~1.8MPa 的压应力。

不掺入氧化镁的情况下，下游面拱冠 ▽200.0m~▽210.0m 有 0.2MPa 的拉应力，而掺入氧化镁之后，应力变为 −2 ~ −1.6MPa，在原有应力的基础上增加了约 1.6MPa 的压应力。

(b) 在温升作用下，不掺入氧化镁的情况下，下游面拱冠处的温升压应力抵消了水压产生的拉应力，从而使得下游面拱冠处不出现拉应力。

7.1.2 z 向应力

图 7.17~图 7.25 是 ▽210.0m 拱圈 $A \sim I$ 共 9 个典型点的 z 向应力过程线。图 7.26~图 7.28 是 ▽210.0m 拱圈左右坝肩、拱冠处的 z 向应力补偿曲线。图 7.29 和图 7.30 是蓄水前 z 向拉、压应力包络线对比图；图 7.31 和图 7.32 是蓄水后第一个冬季 (2000 年 1 月) 和夏季 (2000 年 8 月) 的 z 向应力等值线对比图。

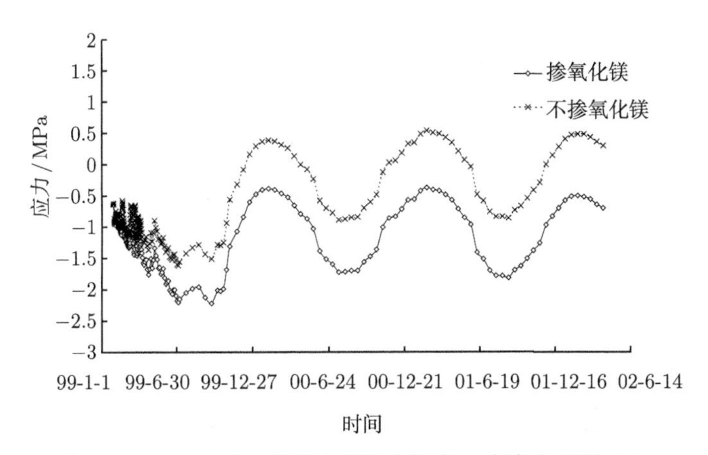

图 7.17　▽210.0m 拱圈上游面左坝肩 z 向应力历程 (A)

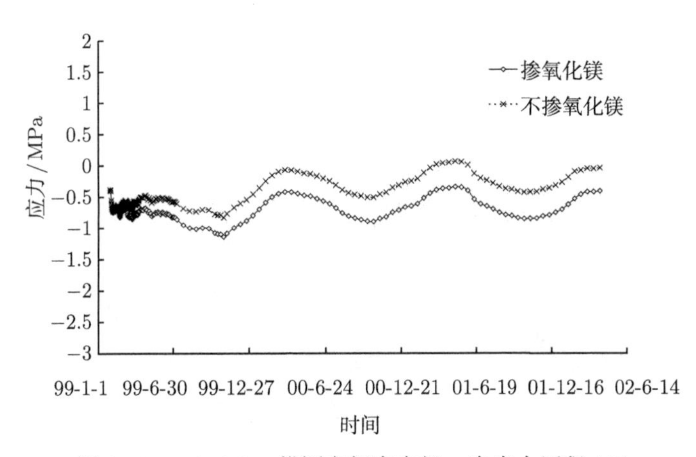

图 7.18　▽210.0m 拱圈左坝肩中部 z 向应力历程 (B)

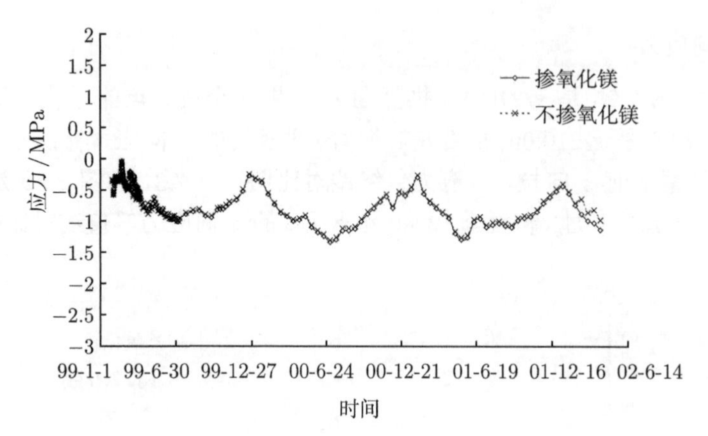

图 7.19　▽210.0m 拱圈下游面左坝肩 z 向应力历程 (C)

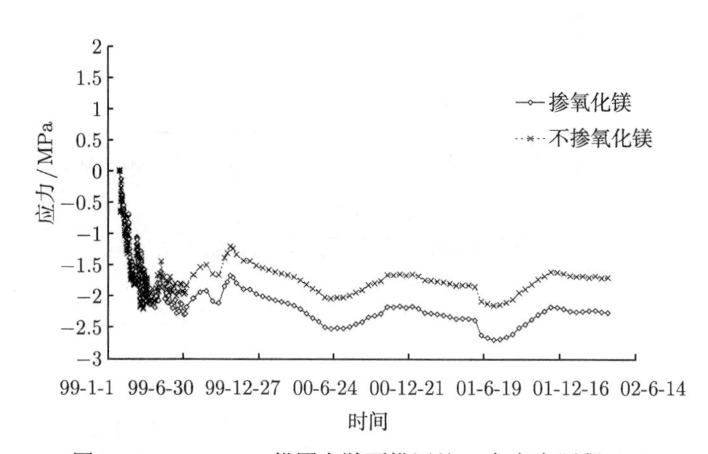

图 7.20　▽210.0m 拱圈上游面拱冠处 z 向应力历程 (D)

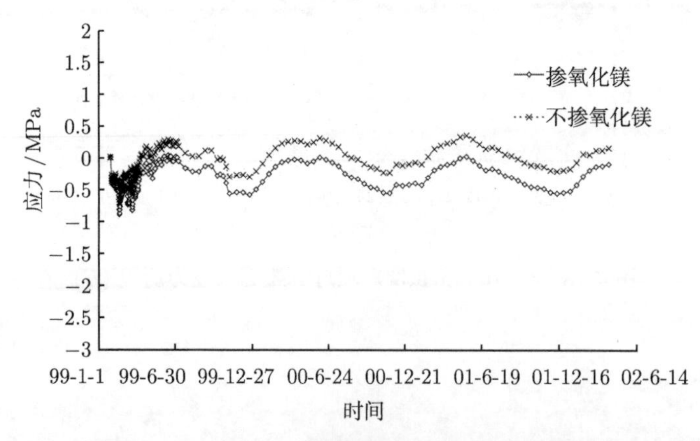

图 7.21　▽210.0m 拱圈拱冠中部 z 向应力历程 (E)

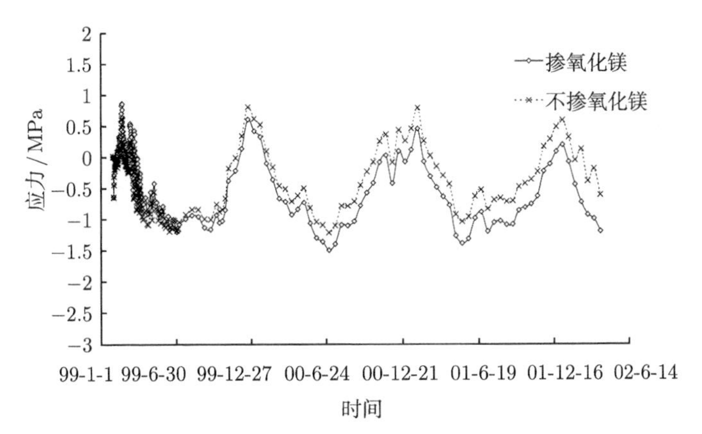

图 7.22 ▽210.0m 拱圈下游面拱冠处 z 向应力历程 (F)

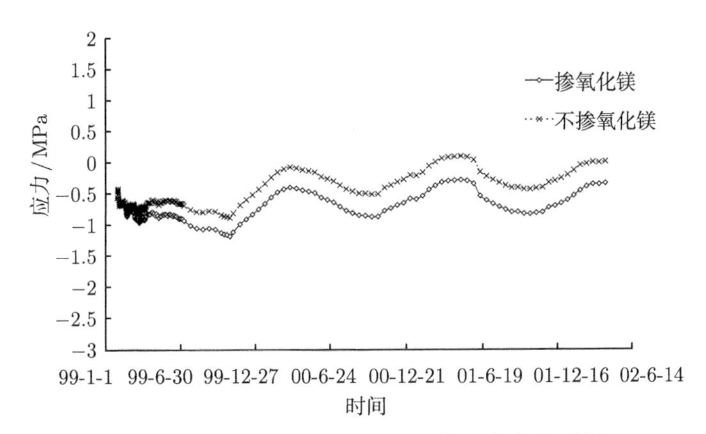

图 7.23 ▽210.0m 拱圈上游面右坝肩 z 向应力历程 (G)

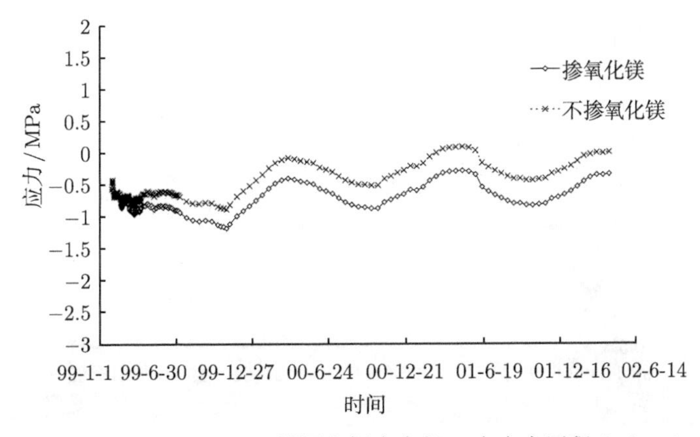

图 7.24 ▽210.0m 拱圈右坝肩中部 z 向应力历程 (H)

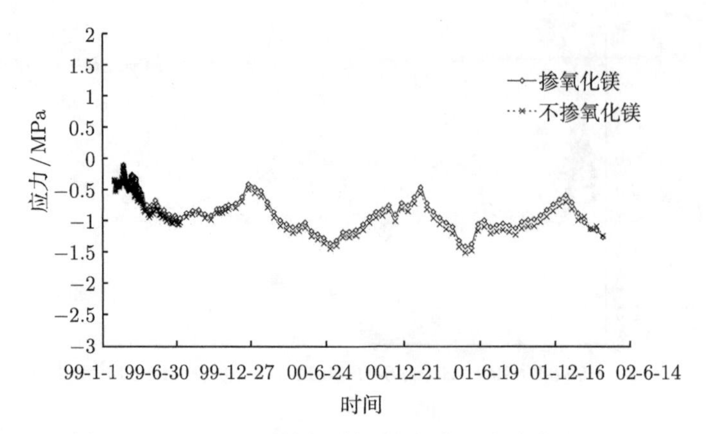

图 7.25　▽210.0m 拱圈下游面右坝肩 z 向应力历程 (I)

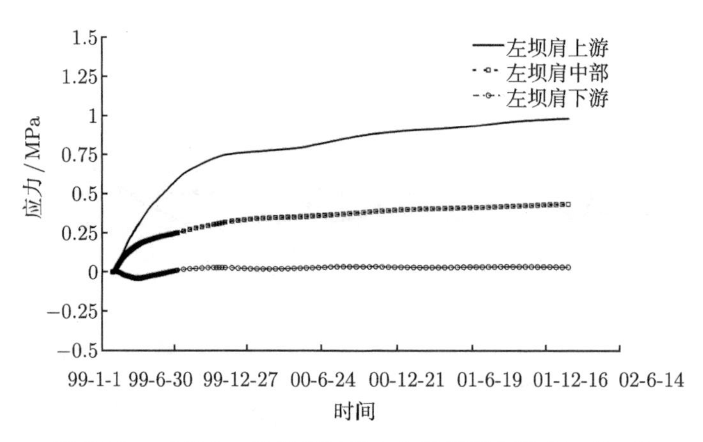

图 7.26　▽210.0m 拱圈左坝肩 z 向补偿应力图 (A、B、C)

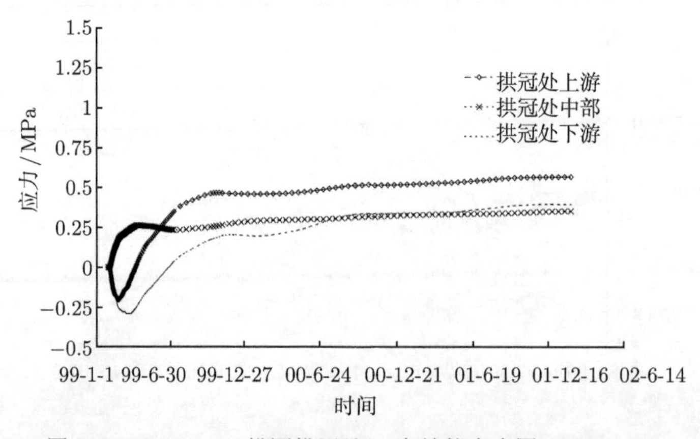

图 7.27　▽210.0m 拱圈拱冠处 x 向补偿应力图 (D、E、F)

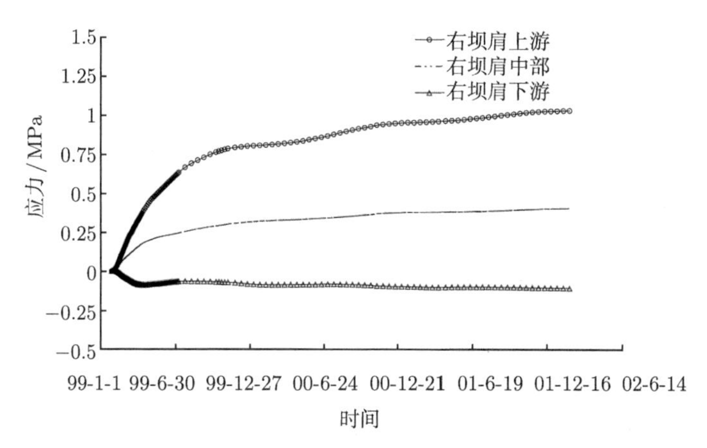

图 7.28　▽210.0m 拱圈右坝肩 z 向补偿应力图 (G、H、I)

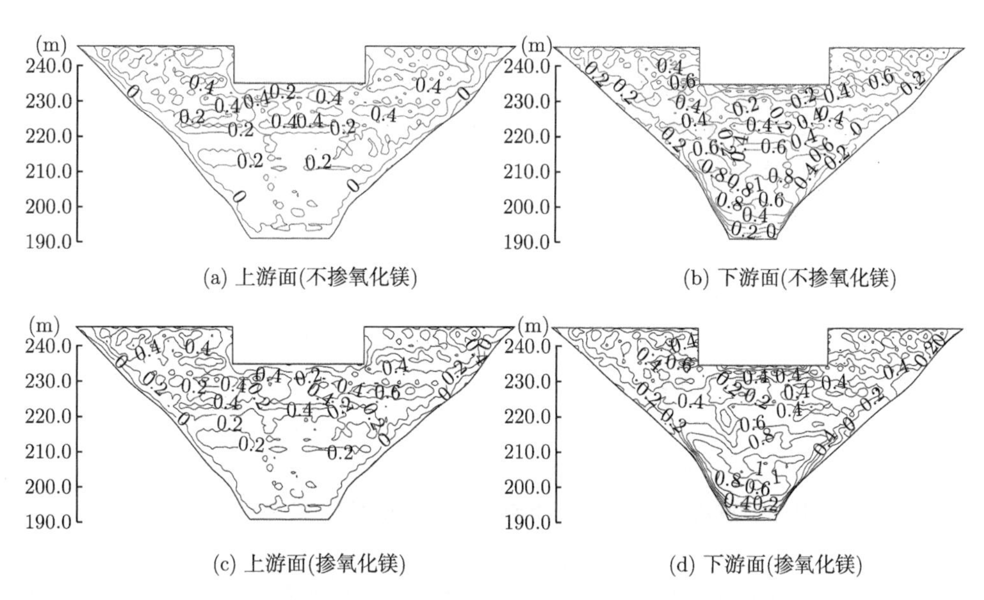

(a) 上游面(不掺氧化镁)　　(b) 下游面(不掺氧化镁)

(c) 上游面(掺氧化镁)　　(d) 下游面(掺氧化镁)

图 7.29　蓄水前上下游坝面 z 向拉应力包络线图 (单位: MPa)

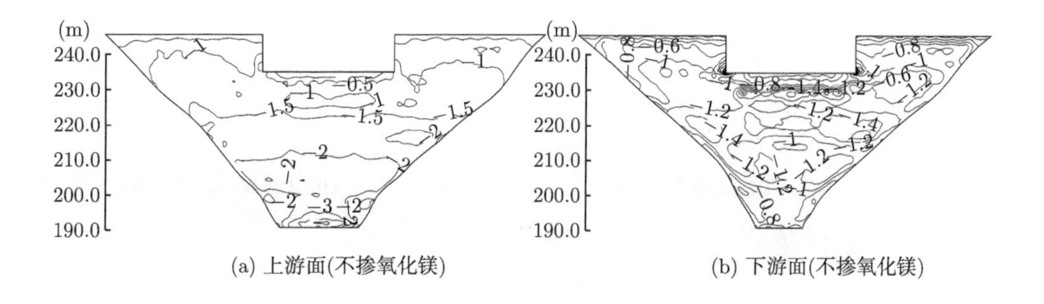

(a) 上游面(不掺氧化镁)　　(b) 下游面(不掺氧化镁)

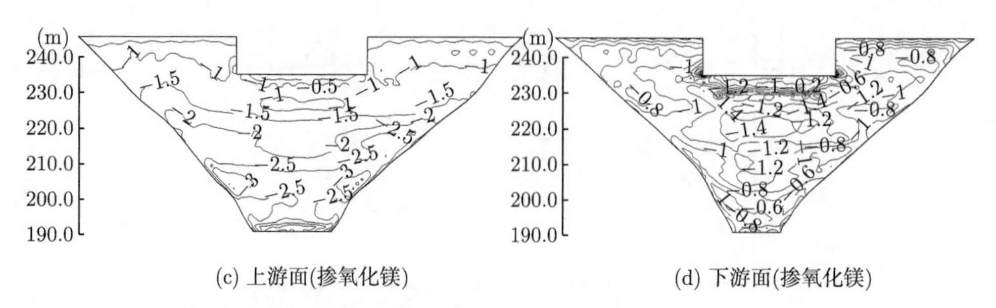

(c) 上游面(掺氧化镁)　　(d) 下游面(掺氧化镁)

图 7.30 蓄水前上下游坝面 z 向压应力包络线图 (单位: MPa)

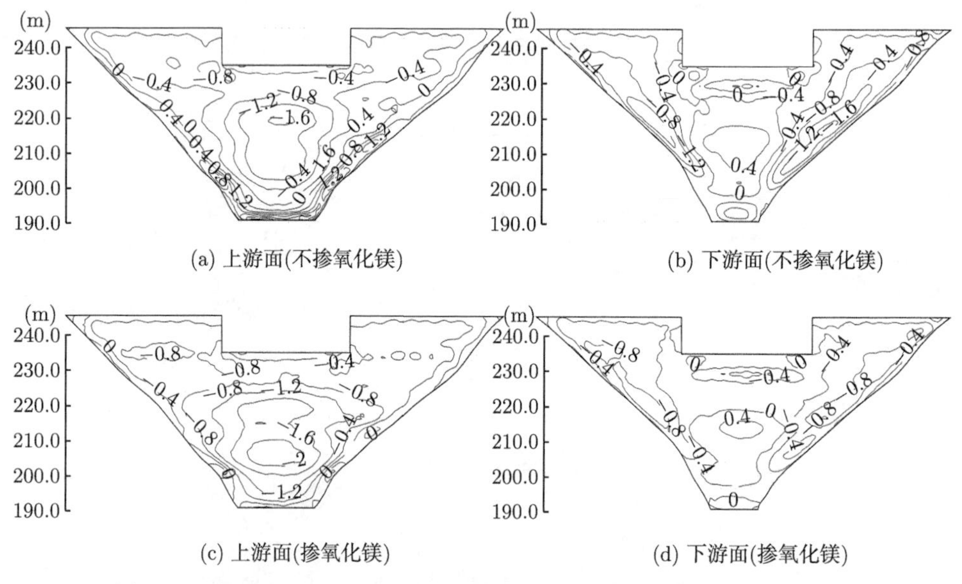

(a) 上游面(不掺氧化镁)　　(b) 下游面(不掺氧化镁)

(c) 上游面(掺氧化镁)　　(d) 下游面(掺氧化镁)

图 7.31 2000 年 1 月 20 日上下游坝面 z 向应力等值线图 (单位: MPa)

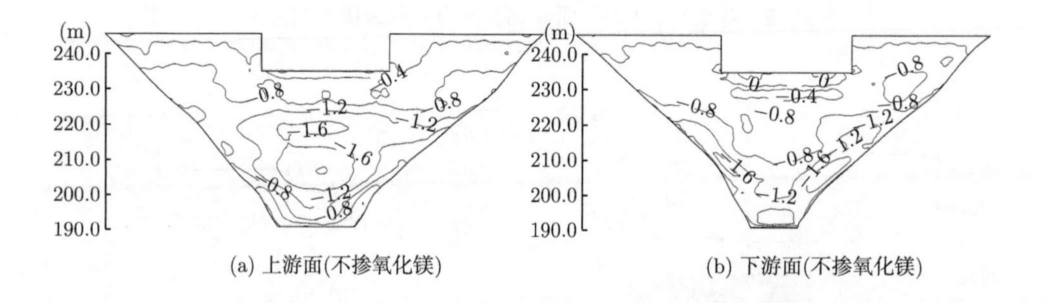

(a) 上游面(不掺氧化镁)　　(b) 下游面(不掺氧化镁)

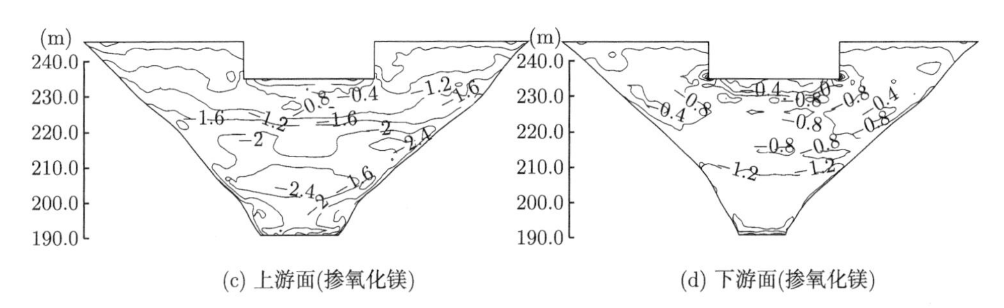

(c) 上游面(掺氧化镁) (d) 下游面(掺氧化镁)

图 7.32 2000 年 8 月 17 日上下游坝面 z 向应力等值线图 (单位: MPa)

(1) 由图 7.22、图 7.27 可知: 在下游拱冠附近，掺入氧化镁之后，由于内部混凝土膨胀量高于表面混凝土，加大了一些施工早期表面的拉应力。在混凝土浇筑后 2 个月左右，99-2-22 时的表面拉应力由不掺入氧化镁时的 0.62MPa 增加到 0.87MPa，增加了 0.25MPa 的拉应力。在蓄水之后，补偿应力增长，但仅有 0.40MPa 左右。

由图 7.20、图 7.27 可知: 在上游拱冠处，尽管施工早期氧化镁混凝土内外膨胀不一样加大了一些表面拉应力，但由于自重在上游拱冠附近产生较大的压应力，施工期并未出现拉应力，由于氧化镁的掺入，后期上游拱冠处的压应力增加了约 0.57MPa。

由图 7.21、图 7.27 可知: 拱冠中部的应力补偿约为 0.35MPa。

(2) 由图 7.17~图 7.19，图 7.23~图 7.25，图 7.26，图 7.28 可得: 与 x 向补偿应力相似，在坝肩处，上游面坝肩的补偿应力要明显大于下游面坝肩的补偿应力，下游面坝肩的补偿应力接近零，坝肩中部的补偿应力位于两者之间。2002 年年初上游面左右坝肩的补偿应力为 0.98MPa 和 1.03MPa，而同期的下游面的补偿应力为 0.03MPa 和 −0.1MPa，坝肩中部的补偿应力为 0.40MPa 和 0.40MPa。

(3) 由图 7.29 可以看到: 蓄水前，不掺入氧化镁的情况下，内外温差在下游表面产生一定的拉应力，下游面 ▽195.0m~▽220.0m 高程处有 0.4~1.0MPa 的拉应力; 掺入氧化镁之后，对施工期下游面表面拉应力有一定的加大作用，▽195.0m~▽220.0m 高程处拉应力为 0.6~1.2MPa，增加 0.2MPa 左右。

不掺入氧化镁的情况下，由于自重在上游面产生较大的压应力，抵消了内外温差引起的拉应力，上游面 ▽195.0m~▽220.0m 高程处仅有 0~0.2MPa 的拉应力; 掺入氧化镁之后，对上游面的拉应力影响不大。

所以掺入氧化镁之后，施工早期时加大了一些下游面的 z 向拉应力，同 x 向拉应力在施工期时上下游面都有较大的拉应力，需严格按照要求进行施工期的表面保温，保证表面不出现裂缝，特别是上下游表面 1/3 坝高附近。

(4) 由图 7.30 可以看到: 蓄水前，掺入氧化镁之后，加大了上游面坝肩和下游面的压应力，上游面应力增加大一些。

掺入氧化镁之后，上游面应力增加 0.5~1.0MPa，下游面应力增加 0.2~0.3MPa。

(5) 在蓄水后的第一个冬季，在温降、水压和自重作用下，由图 7.31 可以看到：

(a) 在不掺入氧化镁的情况下，上游面坝肩 1/3 坝高附近 z 向拉应力控制区，掺入氧化镁之后，降低了该处拉应力。对下游面拱冠 1/3 坝高附近的 z 向拉应力影响较小。

不掺入氧化镁的情况下，上游面坝肩 1/3 坝高附近的 ▽195.0m~▽220.0m 处有 0.4~1.6MPa 的拉应力。掺入氧化镁之后，上游面坝肩的应力下降为 −0.4 ~0.0MPa，降低 0.8~1.6MPa。可见掺入氧化镁之后，上游面坝肩的拉应力满足拱坝的拉应力控制标准。

(b) 由于水压作用，上游面的高压应力区由坝底上升到上游面中部拱冠；掺入氧化镁之后加大了一些上游面的压应力。

(6) 在蓄水后的第一个夏季，在温升、水压和自重作用下，由图 7.32 可以看到：整个坝体都是三向压应力状态。

从上面应力图中可以看到：x 向和 z 向压应力最大为 $-4.5 \sim -5.0$MPa，满足 R_{90}200#混凝土的压应力控制标准。

7.1.3 剪应力

上下游面剪应力图的标注说明如图 7.33 所示。从剪应力图 7.34 和图 7.35 中可以看到：

(1) 剪应力在中部较小，在坝肩两侧较大。

(2) 剪应力 τ_{xy} 是沿着 y 方向指向上游的，左右坝肩基本对称，起平衡上游水压的作用。

(3) 剪应力 τ_{zx} 是沿着 z 方向指向坝顶，左右坝肩基本对称，起平衡竖向自重的作用。

(4) 在下游面，温升时，加大了剪应力 τ_{xy}，而剪应力 τ_{zx} 下降了。

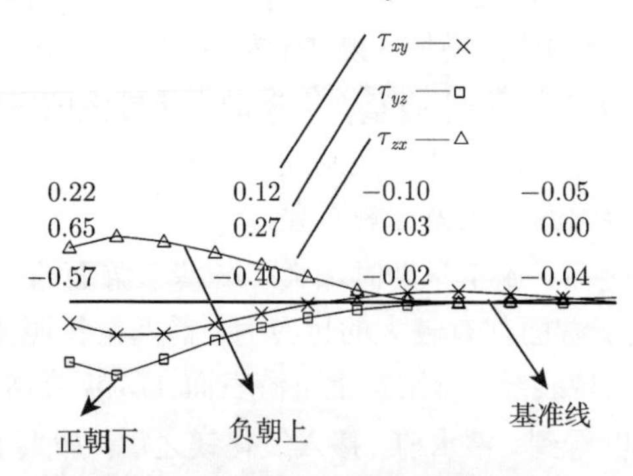

图 7.33 所附剪应力图中标注说明

(5) 温降时，在掺入氧化镁之后，上下游面的剪应力均下降了；坝肩的剪应力下降了 50%以上。

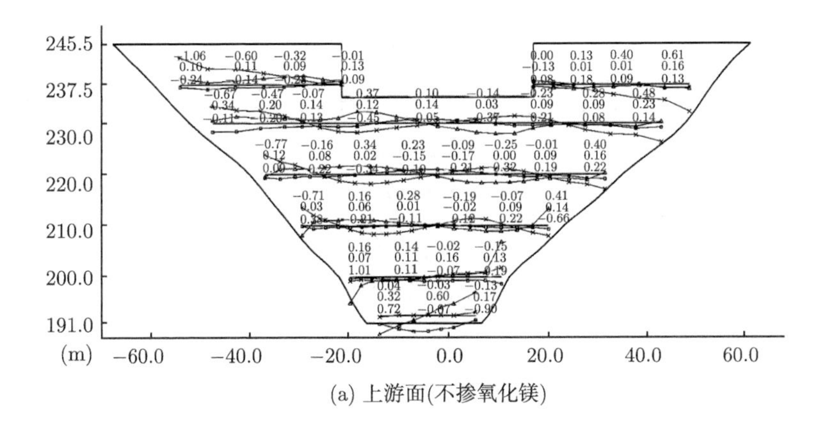

(a) 上游面(不掺氧化镁)

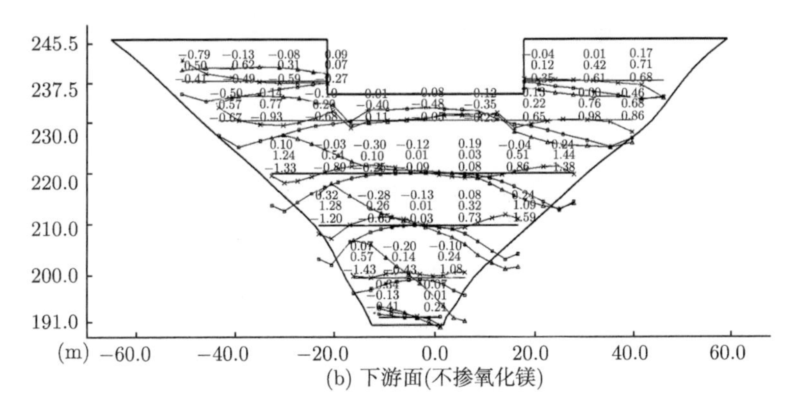

(b) 下游面(不掺氧化镁)

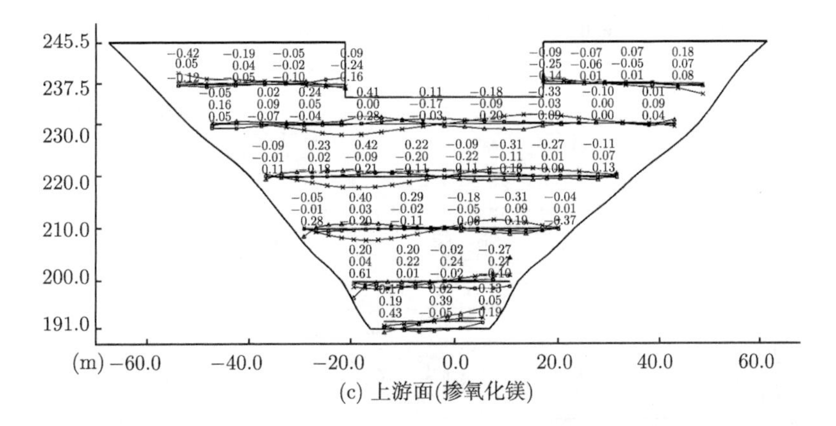

(c) 上游面(掺氧化镁)

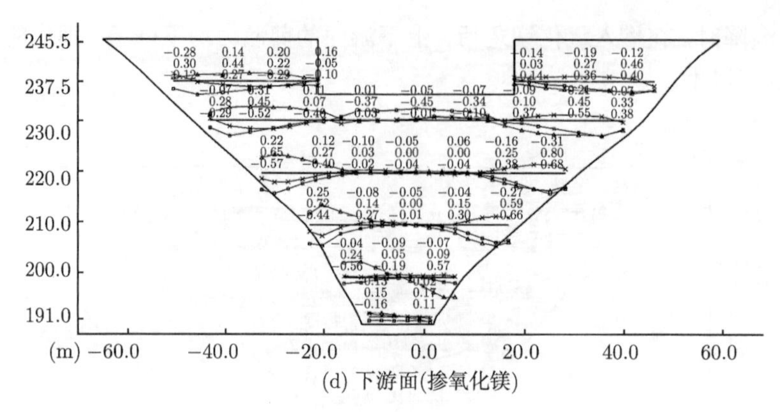

(d) 下游面(掺氧化镁)

图 7.34　2000 年 1 月 20 日上下游坝面剪应力图 (单位: MPa)

(6) 温升时，在掺入氧化镁之后，加大了上下游面的剪应力；坝肩的剪应力增加了 25%以上。

可见，在掺入氧化镁之后，在温升的时候，上下游面的剪应力会加大，需要进行坝肩稳定的校核。

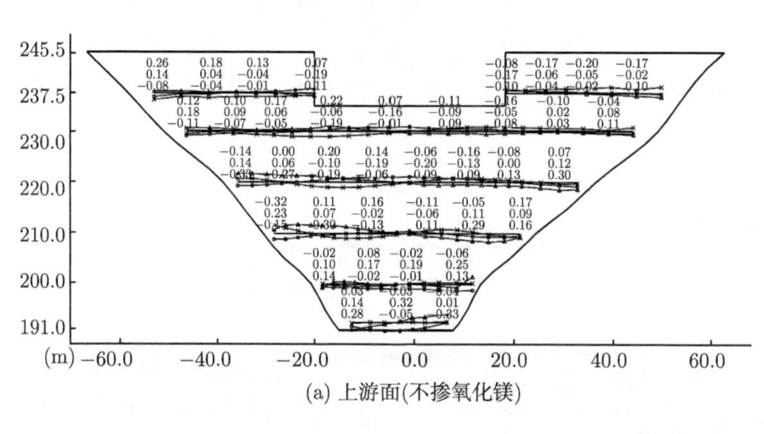

(a) 上游面(不掺氧化镁)

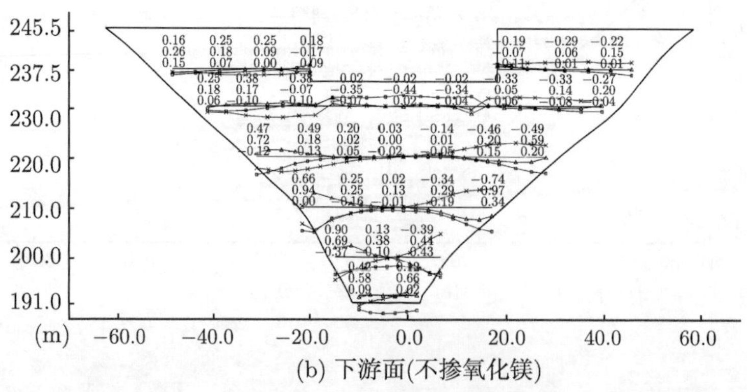

(b) 下游面(不掺氧化镁)

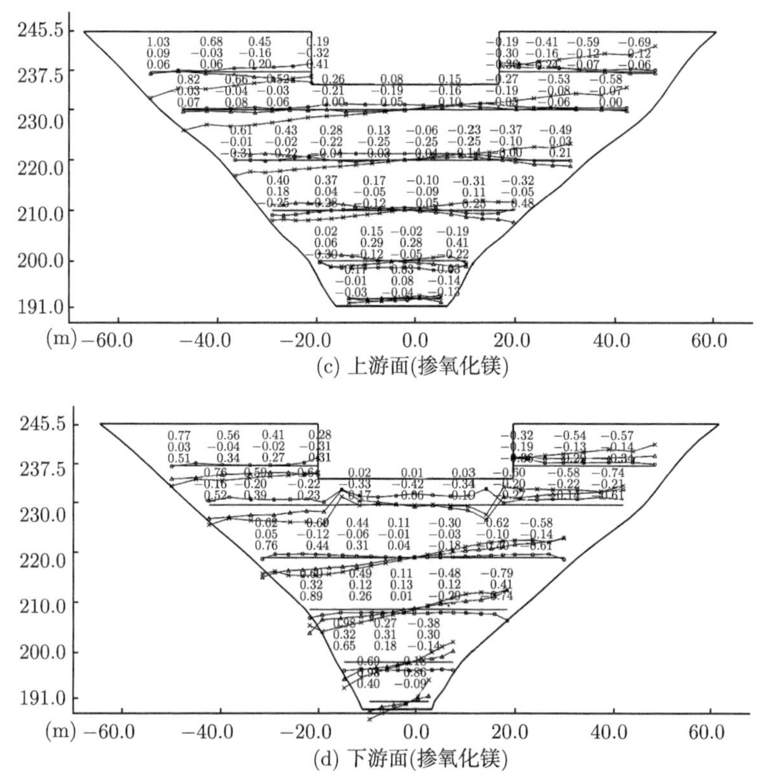

(c) 上游面(掺氧化镁)

(d) 下游面(掺氧化镁)

图 7.35 2000 年 8 月 17 日上下游坝面剪应力图 (单位: MPa)

7.2 位 移 过 程

不掺氧化镁与掺氧化镁的 ▽235.0m 拱圈下游面拱冠 y 向位移历程如图 7.36 所示。

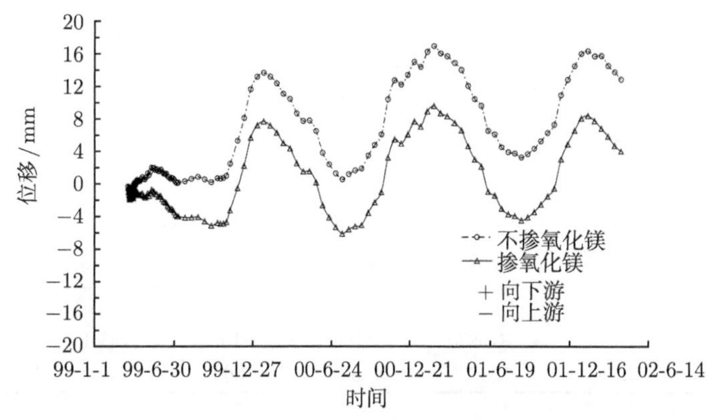

图 7.36 ▽235.0m 拱圈下游面拱冠 y 向位移历程

从图 7.36 可以看到：不掺氧化镁时，坝体在蓄水之前的 y 向位移较小，向下游 0.6mm，蓄水加温降之后在冬季向下游的 y 向位移为 13.67mm，16.94mm，16.33mm；在夏季温升时，由于拱圈向上游膨胀，向下游位移为 0.54mm，3.24mm。在掺氧化镁后，由于氧化镁的膨胀补偿作用，在蓄水之前，有 4.68mm 的向上游位移；在冬季向下游位移分别为 7.69mm，9.62mm，8.4mm；夏季向上游位移为 6.14mm，4.45mm。

从表 7.1 可以看出：不掺氧化镁的情况下，水压、自重与温度作用下，坝体 y 向位移向下游；在掺氧化镁后，由于氧化镁混凝土膨胀补偿作用，坝体有较大的向上游位移，相比不掺氧化镁，坝体逐渐向上游移动了 5~8mm。

表 7.1　▽235.0m 拱圈下游面拱冠 y 向位移　　　(单位：mm)

时间	99-10	00-1	00-8	01-1	01-8	02-2
不掺氧化镁	0.6	13.67	0.54	16.94	3.24	16.33
掺氧化镁	−4.68	7.69	−6.14	9.62	−4.45	8.4
差别	5.28	5.98	6.68	7.32	7.69	7.93

从图 7.37 可以看到：不掺氧化镁时，坝体有向下的 z 向位移，在冬季位移比夏季时位移大一些；在掺氧化镁之后，夏季时坝体有向上的 z 向位移，而冬季时向下的位移减小了。由表 7.2 可知，相比不掺入氧化镁，坝体向上有 3~4mm 的位移。

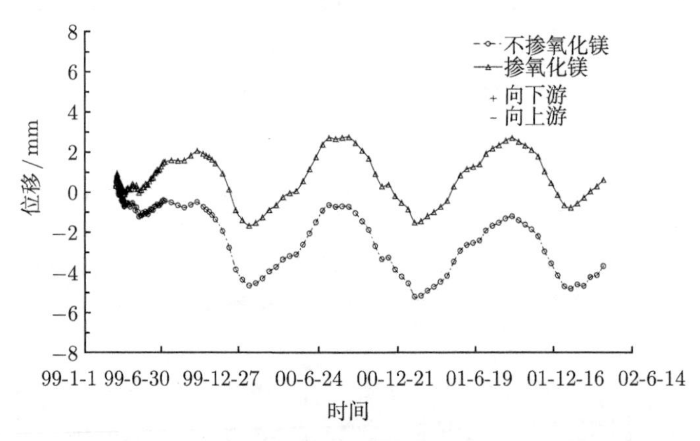

图 7.37　▽235.0m 拱圈下游面拱冠 z 向位移历程

表 7.2　▽235.0m 拱圈下游面拱冠 z 向位移　　　(单位：mm)

时间	99-10	00-1	00-8	01-1	01-8	02-2
不掺氧化镁	−1.00	−4.65	−0.71	−5.15	−1.21	−4.81
掺氧化镁	1.75	−1.67	2.66	−1.51	2.71	−0.78
差别	2.75	2.98	3.37	3.64	3.92	4.03

7.3 本章小结

本章通过对不掺氧化镁与掺氧化镁的长沙拱坝进行比较仿真分析，得到坝体正应力变化规律。

(1) 补偿应力是随着氧化镁混凝土的膨胀量增长而增加的。

(2) 在坝肩处，上游面坝肩的补偿应力要明显大于下游面坝肩的补偿应力，下游面坝肩的补偿应力较小，坝肩中部的补偿应力位于两者之间。

(3) 在拱冠处，下游面拱冠的补偿应力要明显大于上游面拱冠的补偿应力，上游面拱冠处的补偿应力较小，拱冠中部的补偿应力位于两者之间。

(4) 掺氧化镁之后，对坝体施工期的表面拉应力并没有改善作用，需严格按照要求进行施工期的表面保温，保证表面不出现裂缝。

(5) 在温降、水压和自重作用下，1/3 坝高附近的上游面坝肩和下游面拱冠是 x 向拉应力控制区。掺氧化镁之后，大大地降低了高拉应力区的数值，减小了拉应力区的范围。

(6) 在温升、水压和自重作用下，温升的作用普遍增加坝体的压应力值，减小了拉应力或由拉变压。

掺氧化镁后，由于氧化镁混凝土的膨胀补偿作用，坝体有较大的向上游 y 向位移，相比不掺氧化镁，坝体向上游移动了 5~8mm。同时，夏季时坝体有向上的 z 向位移，相比不掺氧化镁，坝体向上有 3~4mm 的位移。

通过上面的仿真分析可知：如混凝土中不掺氧化镁，则上游面坝肩与下游面拱冠处的 x 向和 z 向拉应力将超过坝体混凝土的允许拉应力，拱坝的安全得不到保证。掺氧化镁之后对坝体拉应力的改善效果是明显的，可使最大拉应力值下降、拉应力的范围缩小，能够有效地改善坝体应力状态，简化施工措施，提高筑坝速度，获得较高的经济效益；同时也表明了坝体裂缝的产生与氧化镁混凝土筑坝技术无必然联系。

第 8 章　水库运行期仿真模拟

8.1　引　　言

运行期模拟对象采用某地水库溢流坝段。溢流坝又称滚水坝，是指坝顶可以泄洪的坝，主要构成为坝身、溢水口及泄洪口[125]。在运行期中，以溢流坝段为研究对象，首先模拟坝段温度场，之后加入静水压力，考虑坝段在温度和水压共同作用下的受力情况。最后对坝体渗流场作初步探索性分析。

8.2　子模型技术

对于某些大型模型的分析，由于构造较为复杂，无法对整体进行有效或理想的网格划分，即无法保证模型分析精度的准确，此时可以运用子模型技术对已分析的整体模型进行局部细化分析[126]。

子模型技术是指在全局模型分析的基础上，对所感兴趣的模型局部进行单独分析的一种方法。在分析过程中，局部模型保留原全局模型的边界条件及部分荷载加载情况，保证子模型与原模型的匹配度。子模型技术在 ABAQUS 软件中的应用过程大致如下：

(1) 对全局模型进行分析，得到计算结果；

(2) 确定子模型区域，通过切分技术将子模型单独分离出来，去掉不再进行细化分析的部分；

(3) 重新划分子模型网格，为了对模型进行细化分析，一般情况下，对其有限元网格进行细化处理；

(4) 在软件中输入所需调用的全局模型的名称，具体操作如图 8.1 所示；

(5) 对子模型边界进行设置，设为类型为 submodel 的模型边界，如图 8.2 所示，根据需要，修改模型部分边界条件和荷载情况；

(6) 完成上述步骤后，提交计算完成分析。

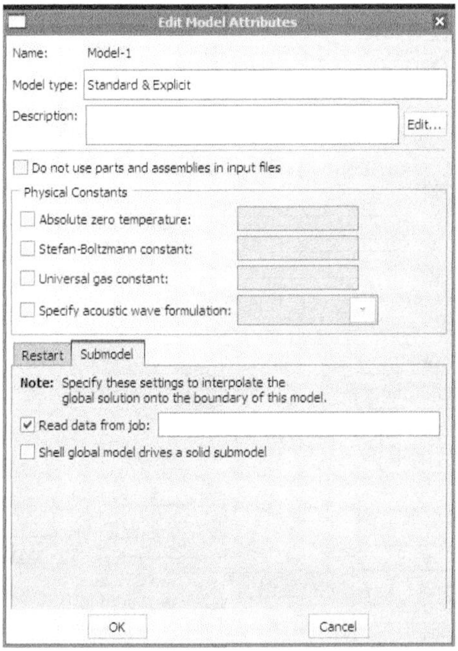

Edit Model Attributes
Name: Model-1
Model type: Standard & Explicit
Description: Edit...
Do not use parts and assemblies in input files
Physical Constants
Absolute zero temperature:
Stefan-Boltzmann constant:
Universal gas constant:
Specify acoustic wave formulation:
Restart Submodel
Note: Specify these settings to interpolate the global solution onto the boundary of this model.
Read data from job:
Shell global model drives a solid submodel
OK Cancel

图 8.1 全局模型文件调用设置窗口

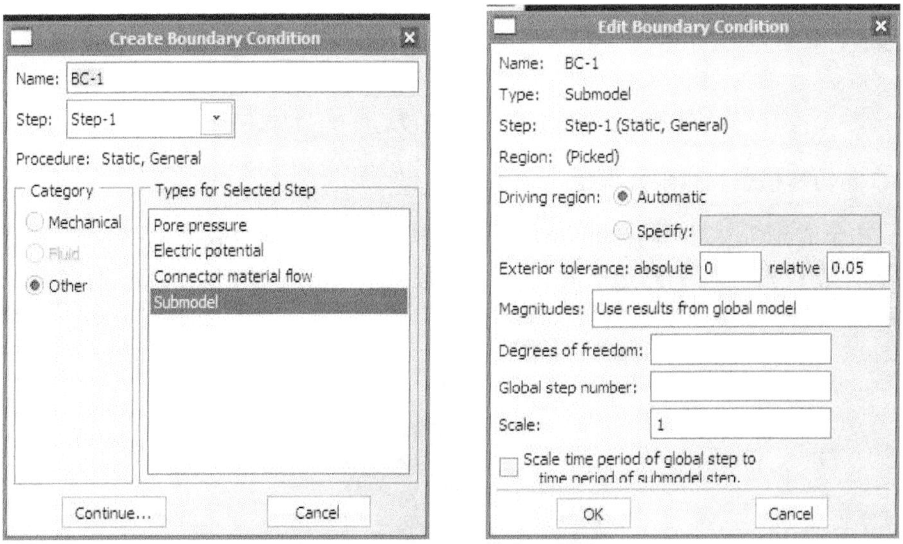

Create Boundary Condition
Name: BC-1
Step: Step-1
Procedure: Static, General
Category
Mechanical
Fluid
Other
Types for Selected Step
Pore pressure
Electric potential
Connector material flow
Submodel
Continue... Cancel

Edit Boundary Condition
Name: BC-1
Type: Submodel
Step: Step-1 (Static, General)
Region: (Picked)
Driving region: Automatic
Specify:
Exterior tolerance: absolute 0 relative 0.05
Magnitudes: Use results from global model
Degrees of freedom:
Global step number:
Scale: 1
Scale time period of global step to time period of submodel step.
OK Cancel

图 8.2 子模型全局边界设置窗口

8.3　运行期温度场仿真计算

运行期分析内容分为蓄水前坝体温度稳态分析与蓄水后温度瞬态分析两部分，图 8.3 所示为运行期溢流坝段仿真模拟流程图。

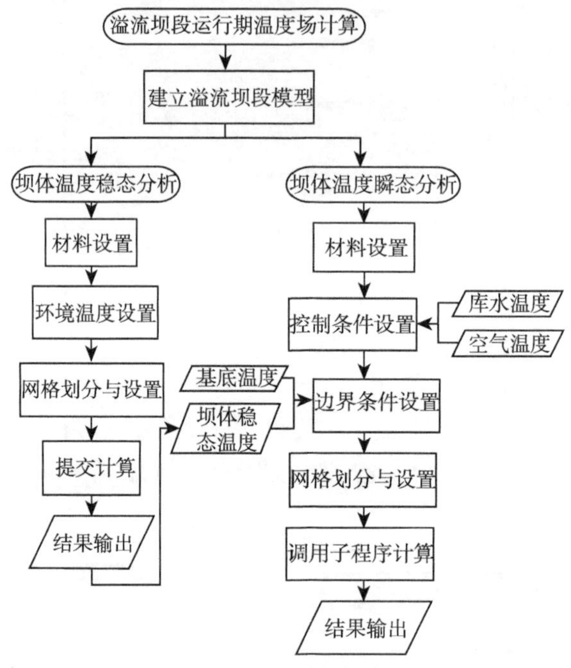

图 8.3　溢流坝段运行期温度场仿真模拟流程图

8.3.1　仿真模型及有限元模型

由于溢流坝段之间同样不进行混凝土回填，因此可视为坝段间不发生热量传递现象，在模拟过程中只选取其中一个坝段进行分析。所建三维模型如图 8.4 所示。

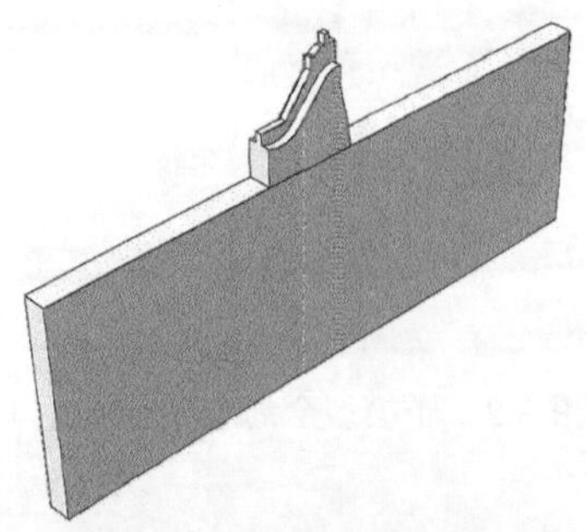

图 8.4　溢流坝段三维模型图

单元划分技术采用六面体单元，应力场单元类型为八结点砖体线性热传导单元，即 DC3D8。单元划分总数为 6701 个，结点总数为 8646 个。坝体单元划分三维图如图 8.5 所示。

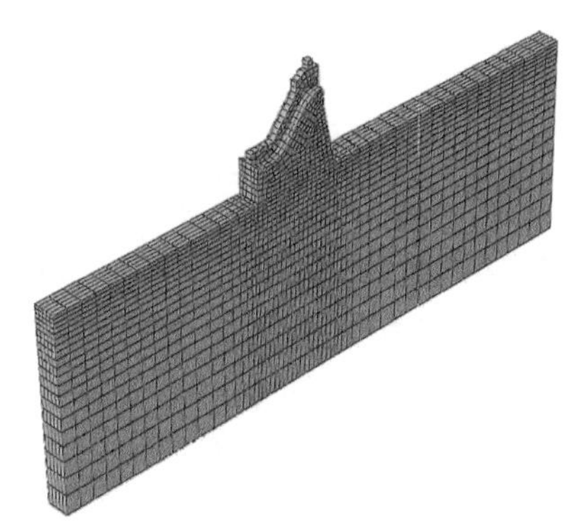

图 8.5 溢流坝段模型的网格划分

8.3.2 工程环境及材料设置

在运行期中，以溢流坝段为模拟分析对象。材料设置为，坝体部分采用通仓 C20 混凝土浇筑，基础部分材料设为岩体。

8.3.3 库水温度计算

溢流坝段运行期温度场主要考虑库水温度、空气对流传热、太阳辐射热等因素。对于库水温度，根据第 4 章所述库水温度计算方法，编写相应子程序进行模拟。暴露在空气中的坝体部分，温度环境与施工期相似，可调用与施工期相同的温度子程序进行计算。

本章所研究的水库所在地秦皇岛的气温情况列于表 8.1。

表 8.1 秦皇岛基本气温情况(据 1971～2000 年资料统计)

	1 月	2 月	3 月	4 月	5 月	6 月	7 月	8 月	9 月	10 月	11 月	12 月
平均温度/℃	−4.8	−2.4	3.5	11.2	17.3	21.6	24.7	24.7	20.2	18.1	4.6	−1.8
平均最高温度/℃	0.1	2.6	8.4	16.1	22.1	25.7	28.1	28.5	25.2	18.4	9.7	2.9
极端最高温度/℃	11.5	18.3	21.8	31.6	37.1	38.4	39.2	35.1	33.6	29.4	21.6	14.0
平均最低温度/℃	−8.8	−6.3	−0.5	6.9	13.1	18.0	21.7	21.0	15.6	8.4	0.5	−5.6
极端最低温度/℃	−20.8	−17.0	−12.5	−5.0	3.0	9.9	14.3	13.1	4.4	−2.8	11.8	−16.4

由秦皇岛当地月平均气温值，可得到坝体库水温度计算公式。

上游库水水温：

$$T\left(y,\tau\right)=5.684+8.716\mathrm{e}^{-0.04y}+14.75\mathrm{e}^{-0.018y}\cos\left[0.524\left(\tau-8.65+1.30\mathrm{e}^{-0.085y}\right)\right] \tag{8-1}$$

下游库水水温：

$$T(y,\tau)=-31.245+45.645\mathrm{e}^{-0.04y}+14.75\mathrm{e}^{-0.018y}\cos\left[0.524\left(\tau-8.65+1.30\mathrm{e}^{-0.085y}\right)\right] \tag{8-2}$$

8.4　运行期流固耦合仿真计算

由于混凝土渗透系数较小，当不发生损伤破坏时，可将其视为防渗材料。因此在应力场分析中，当坝体未发生损伤开裂时，不考虑混凝土的渗流作用，只将水体压力以静水压力形式加载。

随着使用时间的增长，由于水体冲刷与腐蚀等作用的影响，坝体逐渐发生破损，导致裂缝产生，随着水体的渗入，坝体破损将进一步发展。当坝体出现裂缝后，需要对其进行渗流分析。在渗流分析中，将水体压力以孔隙水压力的形式进行加载，由于坝体损伤破坏只发生于局部区域，为了简化计算和提高计算精度，选择运用子模型技术对损伤区域进行细化分析。本章只对坝体渗流场作初步试探性模拟，未模拟混凝土开裂进程，只对坝体局部进行分析，并用两种不同模拟方法进行分析，讨论不同方法的优势与劣势，为今后的进一步研究提供帮助。图 8.6 为溢流坝段运行期渗流场仿真模拟流程图。

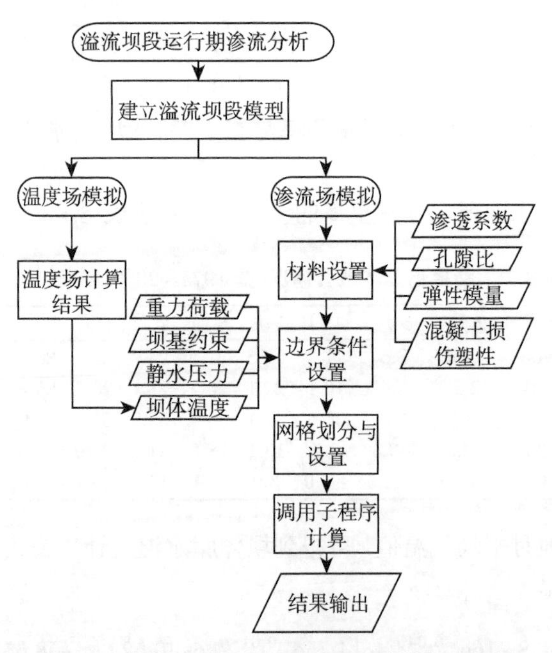

图 8.6　溢流坝段运行期渗流场仿真模拟流程图

8.4.1 模型及材料布置

应力场计算所用模型与运行期温度场相同，仍为溢流坝段。材料仍为坝体部分浇筑 C20 混凝土，坝基部分为基岩。混凝土考虑的材料参数主要有密度、弹性模量、混凝土膨胀量、塑性损伤模型等。

在渗流场模拟中，考虑到坝体内部排水管构造，建立了如图 8.7 所示的三维模型，图 8.8 为其内部排水管构造图。

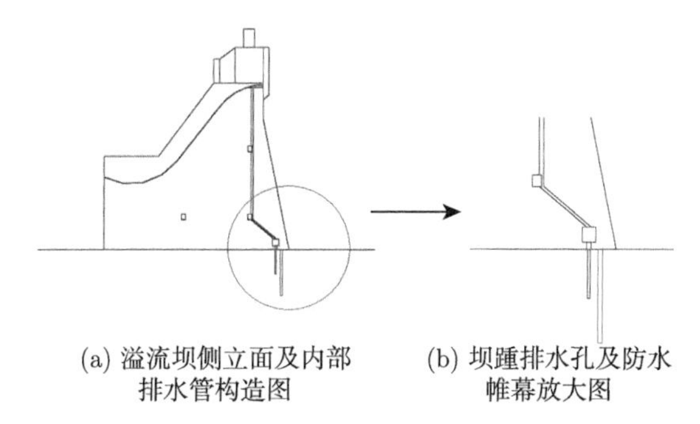

(a) 溢流坝侧立面及内部排水管构造图　(b) 坝踵排水孔及防水帷幕放大图

图 8.7 溢流坝段侧立面及内部排水管布置图

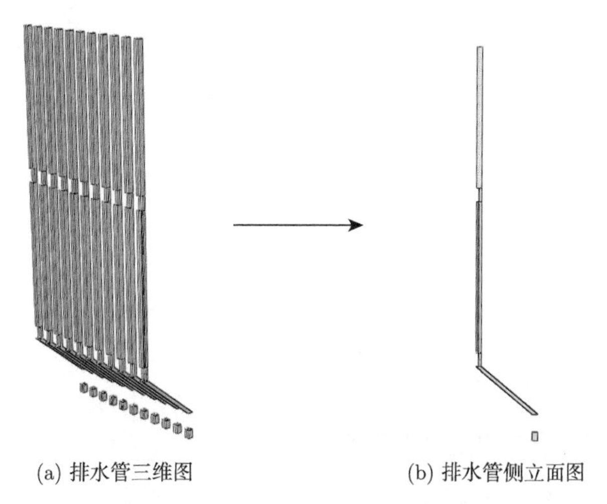

(a) 排水管三维图　(b) 排水管侧立面图

图 8.8 排水管三维图及侧立面图

8.4.2 非饱和渗流问题中的边界条件

由于水是水工建筑物的重要荷载之一，渗流问题是水工中重点研究的问题。在目前研究方法中，由于实际测量需要大量设备，耗费物力与财力，若使用有限元模拟软件进行仿真计算，则更为简便。有限元软件能够处理边界条件较为复杂、材料繁多的实际问题，可再现所研究过程的某些物理特征。在软件模拟中，主要问题在于渗流荷载的市价以及流体浸润面的确定，如今许多有限元商业软件已可用温度模块对渗流场进行模拟，也可直接用渗流场进行计算。对于浸润面与坝体下游交点高于下游水位的情况，计算较为复杂，现有理论较少，需要作进一步的探讨与研究[127]。

8.4.3 耦合问题概述

耦合计算种类有很多，其中流固耦合是常见形式之一。在流固耦合中，无法通过流体或固体单独求解得到最终结果，需要采用相应方法将两者统一起来。耦合作用的数值离散过程如下[128]。

耦合作用通常是指对多个区域的相关性变量进行处理，一般情况下，变量所具备的特点如下：

(1) 各区域之间相互依赖，不能独立求解。

(2) 无法显示消除相关变量。

耦合系统可分为两类。

第一类：耦合关系之间可看成是相互独立的，可以用不同的物理状态进行描述，不同的各个区域可以用不同的离散方式处理。

第二类：耦合关系之间相互重叠，可通过不同的微分方程进行描述。

根据已有理论，对流体问题的研究相对较少，流固耦合问题涉及面较广，同时对于部分问题，流体部分变化较小，但仍存在流固耦合问题，对于此类流体位移较小的情况，可将其运动方程用下式描述：

$$\frac{\partial\left(\rho v\right)}{\partial t}\approx\rho\frac{\partial v}{\partial t}=\nabla p \tag{8-3}$$

其中，v 是立体速度；ρ 是密度。对于以上方程，假设如下：

(1) 将密度假设为常数，即不发生变化；

(2) 流体速度较小，可以忽略其对流效应；

(3) 可忽略流体中的黏性作用。

8.4.4 排水孔局部渗流自定义单元设计

完成坝段整体渗流分析后，采用子模型技术，对坝踵排水口处进行局部渗流分析。在排水孔材料的模拟上，将用到两种方法，第一种方法为子编辑自定义单元子程序。在子程序编辑中，需要对排水孔单元进行推导，根据已有理论[129]，推导过程简述如下。

由于排水管单元较为复杂，可以先对其进行一维模拟，之后转换为三维模型。

一维杆件只承受轴向力作用，其受力方式可用公式表示为[44]

$$\frac{\mathrm{d}}{\mathrm{d}x}\left(A\sigma_x\right)=f\left(x\right) \tag{8-4}$$

应变与位移之间的关系可表示为

$$\varepsilon_x = \frac{\mathrm{d}u}{\mathrm{d}x} \tag{8-5}$$

排水孔单元可视为弹性体，在未发生破坏时，应力与应变成线性关系，可表示为

$$\sigma_x = E\varepsilon_x = E\frac{\mathrm{d}u}{\mathrm{d}x} \tag{8-6}$$

排水孔边界条件为

$$u = \bar{u} \tag{8-7}$$

$$A\sigma_x = P_b \tag{8-8}$$

上述关系可用泛函的极值进行表示：

$$\Pi_p(u) = \int_0^l \frac{EA}{2}\left(\frac{\mathrm{d}u}{\mathrm{d}x}\right)^2 \mathrm{d}x - \int_0^l f(x)\,u\mathrm{d}x - \sum_j P_{bj}u_j \tag{8-9}$$

式中，l 为线单元长度，$u_j = u(x_j)$ 是集中载荷 $P_{bj}(j = 1, 2, \cdots)$ 作用点 x_j 的位移，集中载荷 P_{bj} 也可以看成包含在分布载荷 $f(x)$ 中的特殊情况。

一维情况下，可用一维多项式对单元内点的位移进行表示：

$$u(\xi) = \frac{1}{2}(1-\xi)\,u_1 + \frac{1}{2}(1+\xi)\,u_2 \tag{8-10}$$

其中，u_1、u_2 为位移的形函数，

$$u_1 = \frac{1}{2}(1-\xi), \quad u_2 = \frac{1}{2}(1+\xi) \tag{8-11}$$

将式 (8-10) 代入式 (8-9) 并令 $\delta\Pi = 0$，得到如下方程：

$$K_{\mathrm{bar}}u = P_{\mathrm{bar}} \tag{8-12}$$

其中，$K_{\mathrm{bar}} = \sum\limits_e K_{\mathrm{bar}}^e$，$P_{\mathrm{bar}} = \sum\limits_e P_{\mathrm{bar}}^e$，$u = \sum\limits_e u^e$。

$$K_{\mathrm{bar}}^e = \int_0^l EA\left(\frac{\mathrm{d}N}{\mathrm{d}x}\right)^{AT}\left(\frac{\mathrm{d}N}{\mathrm{d}x}\right)\mathrm{d}x = \int_{-l}^l \frac{2EA}{l}\left(\frac{\mathrm{d}N}{\mathrm{d}\xi}\right)^{AT}\left(\frac{\mathrm{d}N}{\mathrm{d}\xi}\right)\mathrm{d}\xi \tag{8-13}$$

$$P_{\mathrm{bar}}^e = \int_0^l N^T f(x)\,\mathrm{d}x = \int_{-l}^l N^T f(\xi)\,\frac{l}{2}\mathrm{d}\xi \tag{8-14}$$

对于一维排水孔单元，其刚度矩阵可表示为

$$K_{\mathrm{bar}}^e = \frac{EA}{l}\begin{bmatrix} 1 & -1 \\ -1 & 1 \end{bmatrix} \tag{8-15}$$

对其进行扩展，使之成为空间线单元，得到其力学劲度矩阵为[130]

$$K_{\text{bar}}^{\text{e-3D}}=\frac{EA}{l}\begin{bmatrix} c_x^2 & & & & & \\ c_xc_y & c_y^2 & & \text{SYM} & & \\ c_xc_z & c_yc_z & c_z^2 & & & \\ -c_x^2 & -c_yc_x & -c_zc_x & c_x^2 & & \\ -c_xc_y & -c_y^2 & -c_zc_y & c_xc_y & c_y^2 & \\ -c_xc_y & -c_yc_z & -c_z^2 & c_xc_z & c_yc_z & c_z^2 \end{bmatrix} \tag{8-16}$$

其中，c_x、c_y、c_z 为线单元杆轴的方向余弦，可表示为

$$c_x=\cos(l,x),\quad c_y=\cos(l,y),\quad c_z=\cos(l,z) \tag{8-17}$$

根据已有理论，认为水流是改变排水孔单元体积的唯一因素，在整体进度矩阵中，可将耦合矩阵视为零，只考虑渗流矩阵。

可用下式表示一维单元下任意一点孔压的大小：

$$p(\xi)=\frac{1}{2}(1-\xi)p_1+\frac{1}{2}(1+\xi)p_2 \tag{8-18}$$

即 $N_1'=\dfrac{1}{2}(1-\xi)$，$N_2'=\dfrac{1}{2}(1+\xi)$，其中 N_1'，N_2' 为孔压的形函数。

相对于土体而言，排水孔单元尺寸较小，可视其单元的水流入量与排出量近似相等[131]。单元的水量差值可用下列方法计算。

假设单位时间通过某面的渗流量为 q_x，则有

$$q_x=v_xA \tag{8-19}$$

其中，A 为该面面积。

则 Δt 时间内单元的体积变化为

$$\Delta V=\Delta\varepsilon_v\mathrm{d}x\mathrm{d}y\mathrm{d}z=-\frac{\partial u}{\partial x}A\mathrm{d}x \tag{8-20}$$

根据连续性条件，有 $\Delta Q=\Delta V$，可表示为

$$\frac{\partial v_x}{\partial x}=-\frac{\partial}{\partial t}\left(\frac{\partial u}{\partial x}\right) \tag{8-21}$$

上式即为渗流连续方程。

消除内部残值后，方程如下：

$$\iiint\limits_{V^e} N_i'\left(\{M\}[\partial]\frac{\partial\{\bar{f}\}}{\partial t}-\{M\}[\partial][k][\partial]^{\mathrm{T}}\bar{p}\right)\mathrm{d}x\mathrm{d}y\mathrm{d}z=0 \tag{8-22}$$

展开方程左边第二项，通过变换，可得到渗流矩阵如下：

$$K_{\text{bar}}^{s}=\frac{Ak}{l}\begin{bmatrix}1 & -1\\ -1 & 1\end{bmatrix} \tag{8-23}$$

将单元的力学与渗流矩阵进行组合，可得到如下矩阵：

$$\begin{bmatrix}K_{\text{bar}}^{e} & 0\\ 0 & -\theta\Delta tK_{\text{bar}}^{s}\end{bmatrix} \tag{8-24}$$

其中，K_{bar}^{e}、K_{bar}^{s} 如前述，θ 同三维实体单元的积分常数，可取 0.5~1。则该排水孔单元固结矩阵可表示如下：

$$K_{\text{bar}}^{\text{1-D}}=\frac{A}{l}\begin{bmatrix}E & 0 & -E & 0\\ 0 & -\theta\Delta tk & 0 & \theta\Delta tk\\ -E & 0 & E & 0\\ 0 & \theta\Delta tk & 0 & -\theta\Delta tk\end{bmatrix} \tag{8-25}$$

上式为排水孔一维矩阵，在将一维转换为三维情况时，可以忽略方向变化对渗流的影响。变换后所得排水孔矩阵为[131]

$$\bar{K}_{\text{bar}}^{\text{3-D}}=\frac{A}{l}\begin{bmatrix}Ec_x^2 &&&&&&&\\ Ec_xc_y & Ec_y^2 &&&&&&\\ Ec_xc_z & Ec_yc_z & Ec_z^2 &&&&&\\ 0 & 0 & 0 & -\theta\Delta tk &&&&\\ -Ec_x^2 & -Ec_yc_x & -Ec_zc_x & 0 & Ec_x^2 &&&\\ -Ec_xc_y & -Ec_y^2 & -Ec_zc_y & 0 & Ec_xc_y & Ec_y^2 &&\\ -Ec_xc_z & -Ec_yc_z & -Ec_z^2 & 0 & Ec_xc_z & Ec_yc_x & Ec_z^2 &\\ 0 & 0 & 0 & \theta\Delta tk & 0 & 0 & 0 & -\theta\Delta tk\end{bmatrix} \tag{8-26}$$

8.4.5 溢流坝段渗流场计算

在坝体分析中，由于混凝土和坝基均可视为透水介质，在计算中需将其外部水压力视为体积力进行施加。在渗流计算中，由于水流在孔隙中的运动较为复杂，可将其视为符合达西定律。当其边界条件较为复杂而无法用人工方法计算时，可以采用有限元分析方法进行计算。在应力场计算分析中，变量为矢量，而在渗流场分析中，变量为温度、水头势头等，多为标量。对于标量的计算，更为简单[132]。

本章中，只对坝体渗流场作初步模拟，具体思路为，将坝段整体材料看成渗透性材料，将外界水荷载以孔隙水压力的形式进行加载，模拟分析坝体渗流场。之后，采用子模型技术，对坝底内部排水管进行局部细化分析，在保留原有荷载的基础上，细化排水口处网格，对其进行进一步渗流场分析。在排水孔材料的模拟中，采用两种不同方法进行模拟，其一为 UEL 子程序编程模拟，其二为常规方法模拟。将两种模拟结果进行对比，分析子程序模拟方法的准确性，同时对两种模拟方法各自优缺点进行简单讨论。

8.5　温度场模拟结果分析

图 8.9 所示为溢流坝段运行期部分时刻温度云图。由图可见，坝体水中部分温度值，与空气中温度值存在差异，具有滞后性。坝体内部与基础温度基本保持一致，且温度变幅不大，变化缓慢。

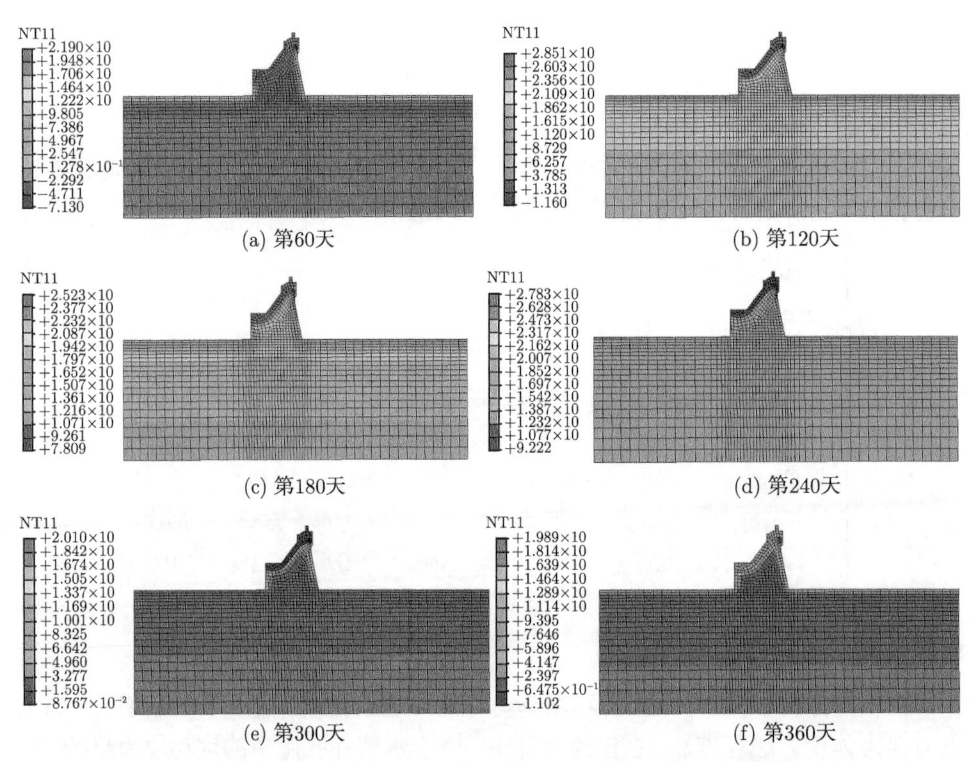

(a) 第60天　(b) 第120天

(c) 第180天　(d) 第240天

(e) 第300天　(f) 第360天

图 8.9　不同时刻下溢流坝运行期温度云图 (单位：℃, 后附彩图)

由坝体等温线图可以看到，坝体内部温度基本保持一致，坝体表面附近温度变化明显，且在蓄水区域，坝体表面温度随坝高增加而降低。部分时刻的等温线图如图 8.10 所示。

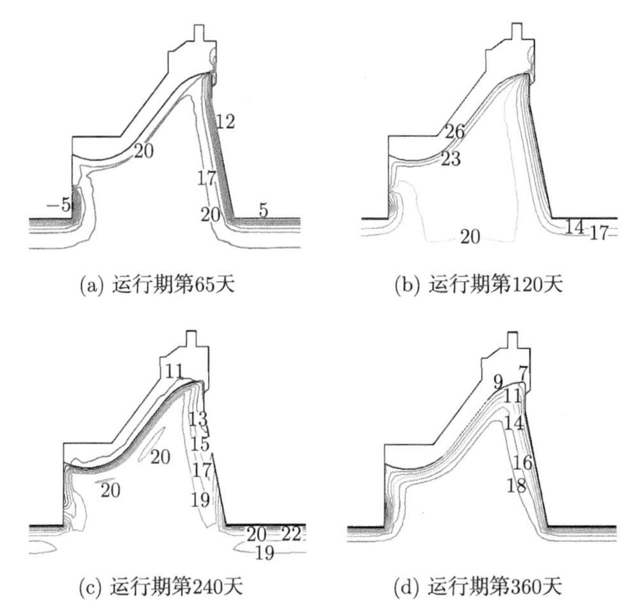

(a) 运行期第65天　(b) 运行期第120天

(c) 运行期第240天　(d) 运行期第360天

图 8.10　不同时刻下溢流坝温度等值线图 (单位: ℃, 后附彩图)

在坝体下游部分，库水表面及 6m 水深处温度历程曲线如图 8.11 所示。坝体初始温度为 20 ℃。随着水深增加，水温有所降低，且存在滞后性。如图 8.12 所示的坝体上游库水温度曲线，具有相同的规律。

在坝体同一高度处的内外两点，其温度变化幅度存在明显差异，如图 8.13 所示。在坝体内部，由于散热速度缓慢，热量不易扩散，其温度变化较小。而在坝体外部，直接受外部环境温度的影响，坝体表面温度将随外界环境呈周期性变化。

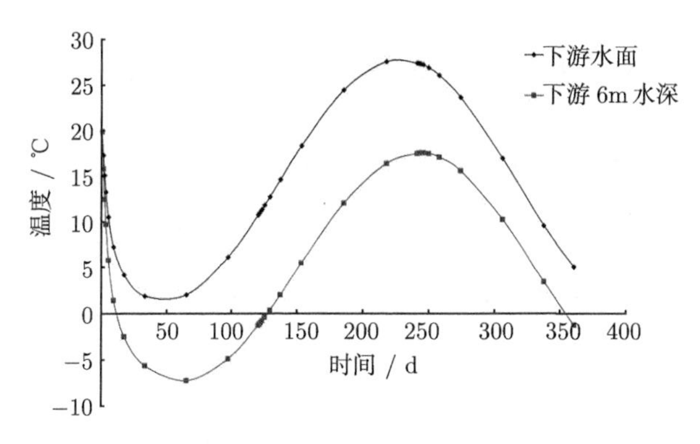

图 8.11　坝体下游不同水深处温度历程曲线对比

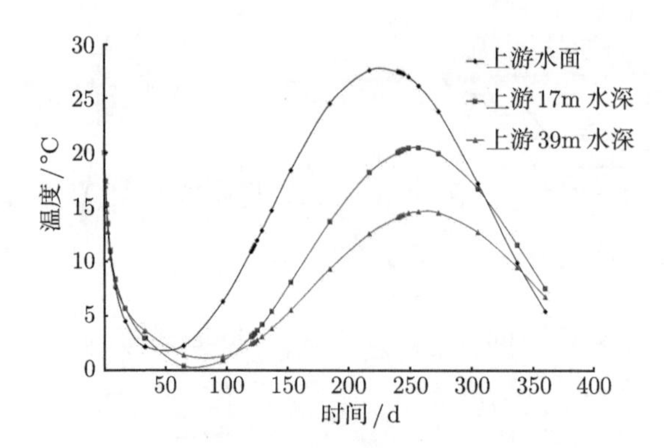

图 8.12　坝体上游不同水深处温度历程曲线对比

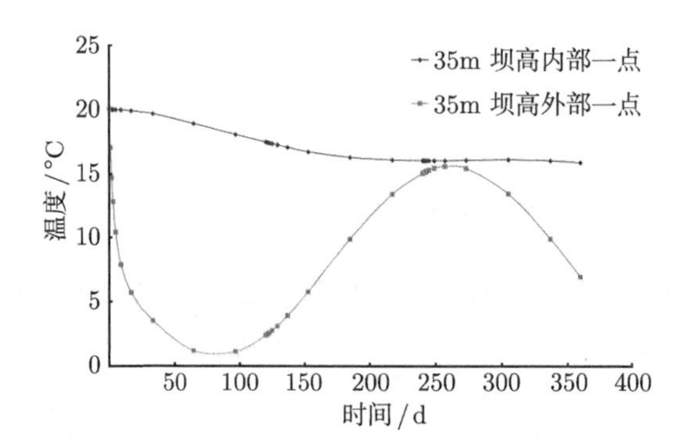

图 8.13　坝高 35m 处内外两点温度历程曲线对比图

8.6　应力场及渗流场模拟结果分析

8.6.1　静水压力作用下温度应力模拟结果提取与分析

在静力场中施加静水压力与重力荷载，同时将温度场计算结果导入应力场进行耦合计算。单元类型采用八结点六面体线性减缩积分单元。

在静水压力、温度荷载和重力荷载的共同作用下，坝体应力最大值主要出现在下游水表面以及下游坝体中段混凝土隔墙处，如图 8.14~图 8.16 所示。

坝体下游水深 6m 处的一点最大主应力时程曲线及当地月平均气温曲线如图 8.17 所示。由图可知，在静水压力作用下，坝体下游该点最大主应力变化与当地气温成反比关系，且存在一定程度的滞后性。

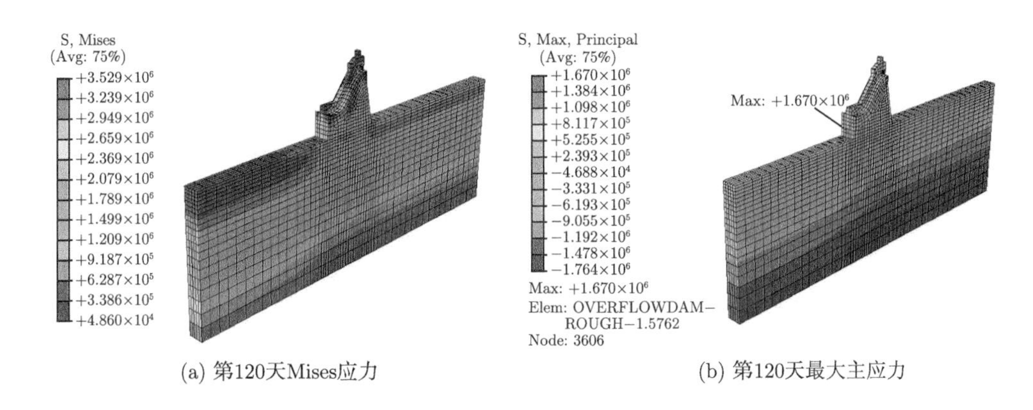

(a) 第120天Mises应力 (b) 第120天最大主应力

图 8.14 静水压力作用下运行期第 120 天应力云图 (单位: Pa, 后附彩图)

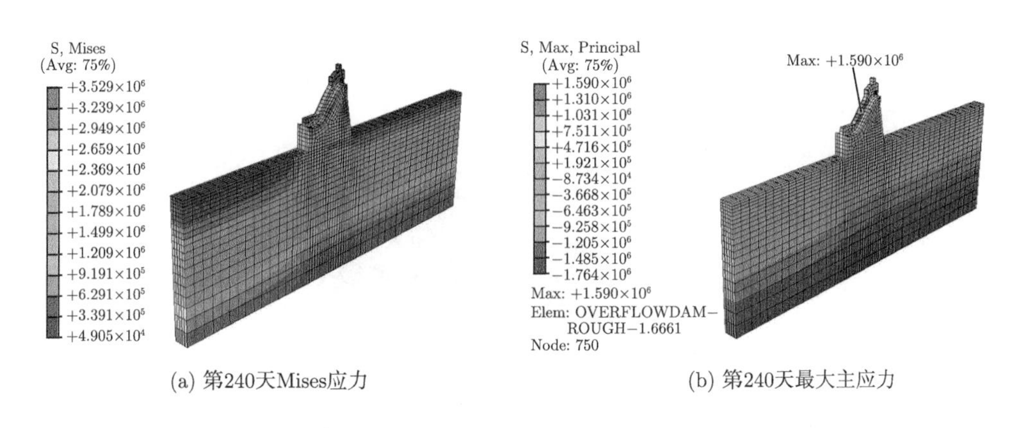

(a) 第240天Mises应力 (b) 第240天最大主应力

图 8.15 静水压力作用下运行期第 240 天应力云图 (单位: Pa, 后附彩图)

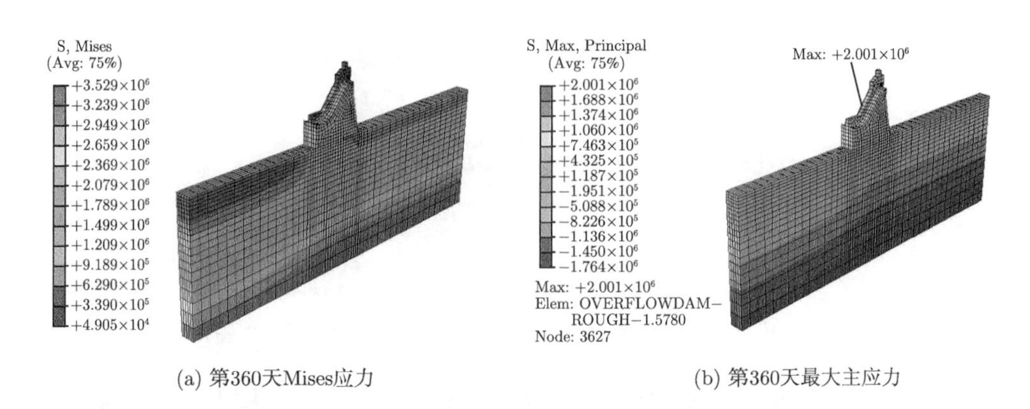

(a) 第360天Mises应力 (b) 第360天最大主应力

图 8.16 静水压力作用下运行期第 360 天应力云图 (单位: Pa, 后附彩图)

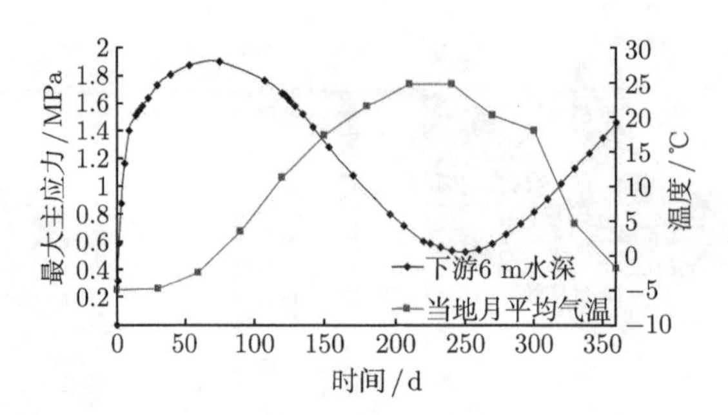

图 8.17　静水压力作用下下游水深 6m 处最大主应力时程曲线及当地月平均气温曲线

8.6.2　温度场与渗流场顺序耦合模拟结果提取与分析

首先，对坝段整体进行渗流场计算，由图 8.18~图 8.20 可知，坝体孔压在坝踵处达到最大值。这是由于坝体上游库水深度较大，产生较大的水压。

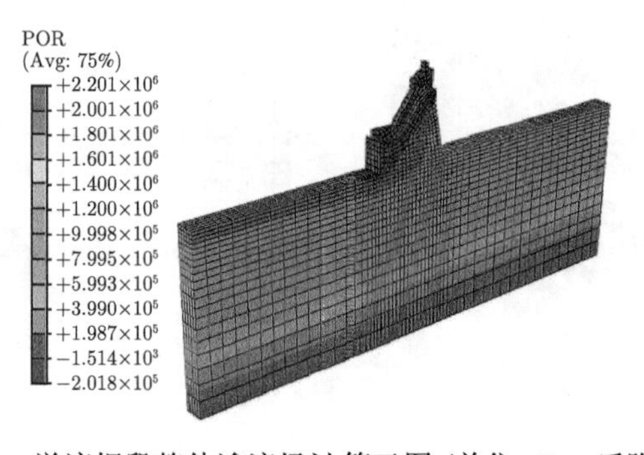

图 8.18　溢流坝段整体渗流场计算云图 (单位：Pa, 后附彩图)

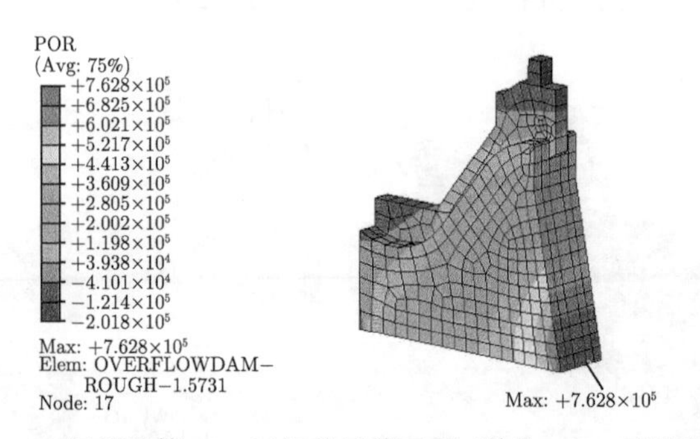

图 8.19　运行期第 360 天坝体渗流云图 (单位：Pa, 后附彩图)

坝体内部 Mises 应力以及最大主应力云图如图 8.20 所示，应力分布情况与孔压类似，其值略大于孔压值。图 8.21 为下游 6m 水深孔隙水压力时程曲线, 图 8.22 为下游水面孔隙水压力时程曲线。

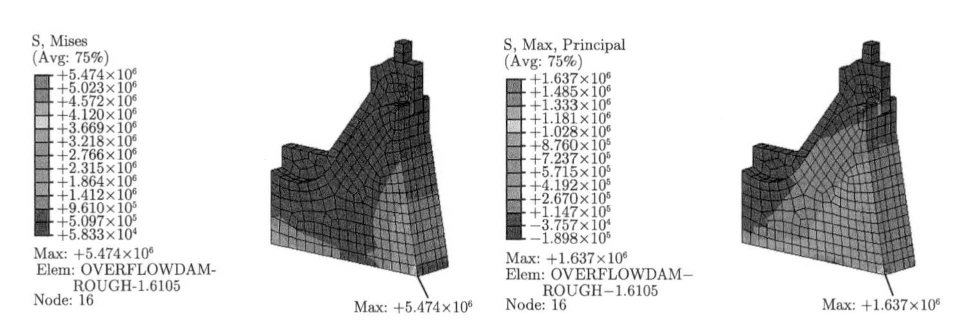

(a) 第360天坝体Mises应力　　(b) 第360天最大主应力

图 8.20　运行期第 360 天坝体应力云图 (单位：Pa, 后附彩图)

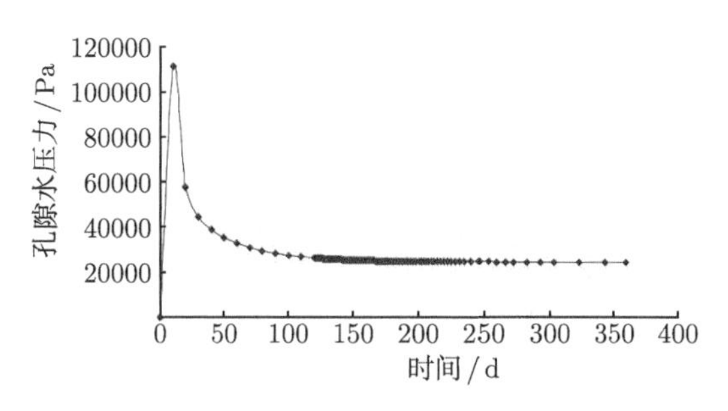

图 8.21　下游 6m 水深孔隙水压力时程曲线

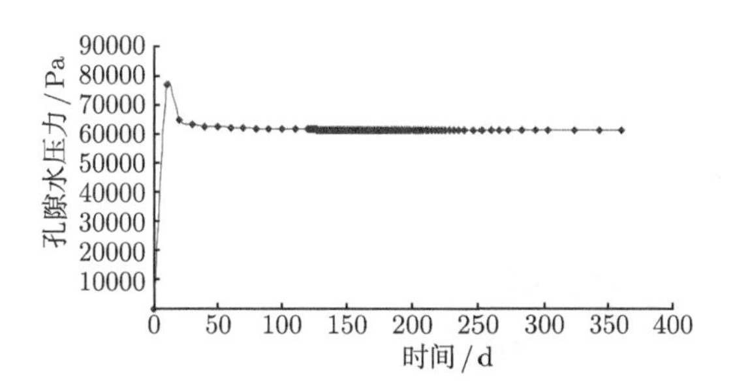

图 8.22　下游水面孔隙水压力时程曲线

8.6.3　排水口子模型计算结果提取与分析

根据排水孔单元理论，编辑得到相应的 UEL 子程序[133]，调用子程序，计算得到排水口处局部渗流分析结果，云图如图 8.23~图 8.25 中 (b) 所示。同时，采用常规模拟方法，用实体单元直接对排水口进行模拟，将排水口材料参数赋予相应单元，计算得到云图如图 8.23~图 8.25 中 (a) 所示。通过两种模拟方法的云图对比发现，模拟结果的数量级相同，说明采用自定义用户单元子程序模拟方法较为合理。

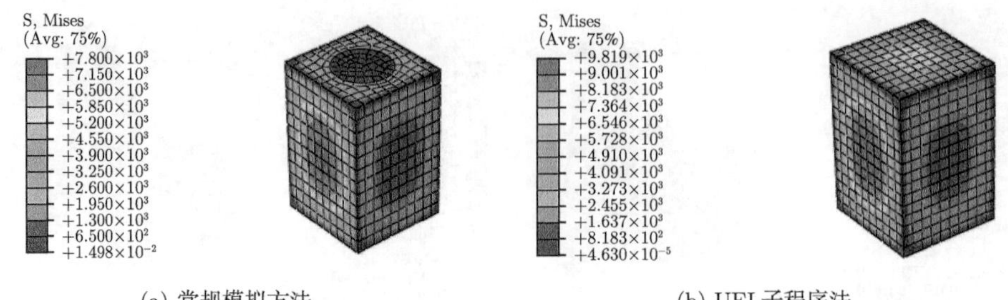

(a) 常规模拟方法　　(b) UEL子程序法

图 8.23　两种计算方法下排水孔 Mises 应力云图 (单位：Pa, 后附彩图)

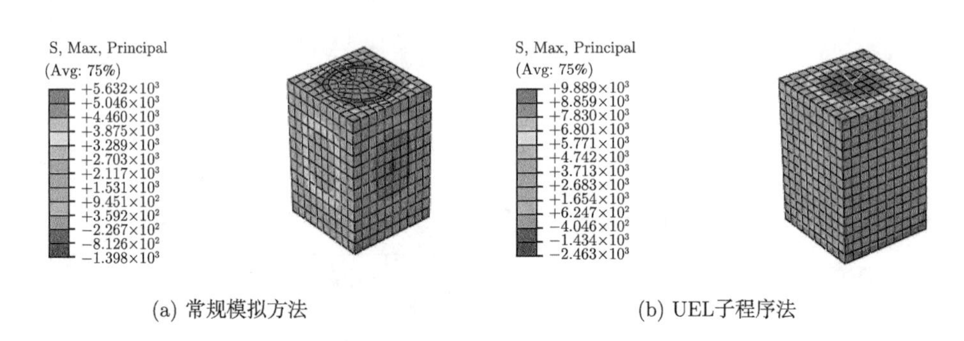

(a) 常规模拟方法　　(b) UEL子程序法

图 8.24　两种计算方法下排水孔最大主应力云图 (单位：Pa, 后附彩图)

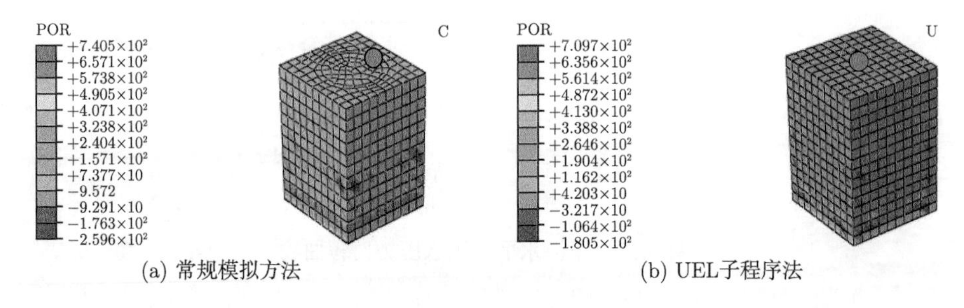

(a) 常规模拟方法　　(b) UEL子程序法

图 8.25　两种计算方法下孔压云图及典型点示意 (单位：Pa, 后附彩图)

自定义用户单元模拟方法的优点为，对于较为复杂的模型，能够对其进行适当的简化，减少计算工作量。但其计算精度仍存在一定缺陷，因此对于较为简单的模型，常规模拟方法更为适用。

分别提取两种方法中最大主应力历程曲线图进行对比，如图 8.26 所示，两种曲线变化趋势相同，拟合情况较好。

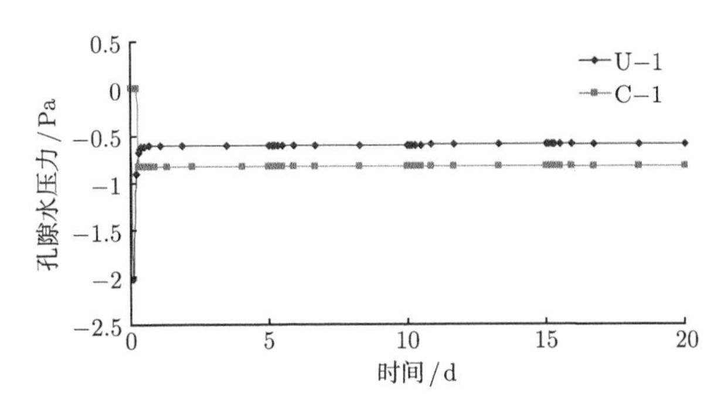

图 8.26 两种方法排水孔处孔压时程曲线对比

8.7 本章小结

通过温度场与渗流场的分析，完成对溢流坝段运行期的初步模拟。本章分析模拟内容与结果有：

(1) 结合库水温度与空气温度计算公式，编写 film 子程序，计算得到溢流坝段运行期温度场分析结果，云图显示，坝体内部温度变幅较小，且始终保持在较高温度，坝体外部温度随外界水温及气温的变化而发生改变。

(2) 考虑静水压力，通过流固耦合计算坝体在水压及重力荷载作用下的应力应变情况。结果表明，坝体最大主应力主要出现在下游水面位置处以及坝体挡水混凝土中部位置。

(3) 考虑渗流场，首先计算坝体整体渗流，之后运用子模型技术，对坝体内部排水口处作细化渗流分析。对比自定义单元法与常规方法两种方法计算结果，数量级相同，变化一致，数据大小基本相同。其中，自定义单元法更适合较复杂工况模拟，通过对坝体排水口处的初步模拟，确定模拟方法的可适用性，为今后的进一步研究提供可靠的技术支持。

(4) 基于 ABAQUS 有限元软件对重力坝的静力和动力时程进行数值模拟，分析了该重力坝的位移、应力、损伤破坏过程及破坏形态，并研究其在地震荷载作用下的非线性动力响应及坝体的破坏机理。

第9章　重力坝动力分析理论

9.1　抗震设计理论的发展概况

9.1.1　静力理论阶段

静力理论阶段主要是 20 世纪初至 20 世纪 40 年代[134]。

$$F = m\ddot{x}_{g\max} = \frac{\ddot{x}_{g\max}}{g}G = kG \tag{9-1}$$

式中，$\ddot{x}_{g\max}$ 为地面加速度最大值，k 称为地震系数。

图 9.1 为地震时单质点体系运动状态。

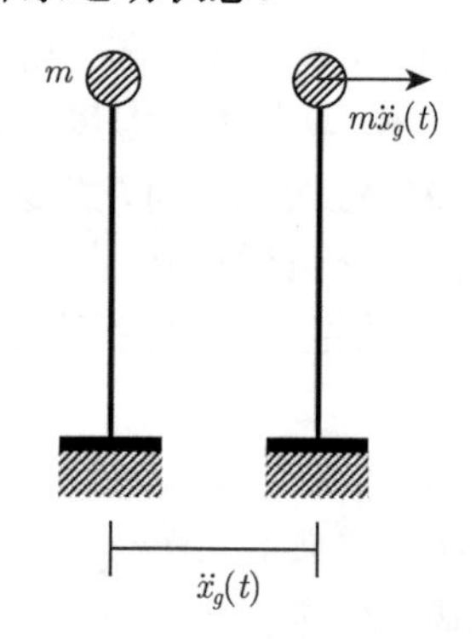

图 9.1　地震时单质点体系运动状态

9.1.2　反应谱理论阶段

反应谱由美国皮奥特提出，主要在 20 世纪 40~60 年代。

$$\begin{aligned} &F_{\max} = mS_a = (G/g)\cdot(S_a/|\ddot{x}_{g\max}|)\cdot|\ddot{x}_{g\max}| = k\beta G \\ &\beta = S_a/|\ddot{x}_{g\max}|, \quad k = |\ddot{x}_{g\max}|/g \end{aligned} \tag{9-2}$$

式中，$F_{\max}$ 为等效地震荷载，S_a 为最大加速度值；G 为重力荷载代表值；k 为地震系数 (反映地震强弱影响)；β 为动力系数 (反映质点的反应强弱，根据反应谱得到)。

反应谱理论反映了自振周期、振型和阻尼等动力特性以及共振效应，但仍把地震惯性力看成静力，因而称之为准动力理论[42]。

9.1.3 动力理论阶段

动力法也称直接动力法 (又称时程分析法或动态分析法)，主要在 20 世纪 70~80 年代，它把地震作为一个时间过程、地震加速度时程作为地震动输入，计算出每一时刻建筑物的地震反应。

动力法要求：

(1) 合理选择地震记录，不能太多，也不能太少，要有代表性；

(2) 结构的非线性恢复力模型，符合实际，简便易用。

9.1.4 基于性态的抗震设计理论阶段

在 20 世纪 80 年代末 90 年代初期，美国科学家和工程师提出了基于结构性态的抗震设计的新概念，即根据建筑物的重要性和用途确定其抗震性能目标、抗震设防标准、具备的预期功能，既经济又可靠地保证建筑结构的功能在地震的作用[135]。

9.2 结构动力方程的建立

9.2.1 一维地震动输入时的动力方程

具有刚件地基平移的多自由度体系如图 9.2 所示。

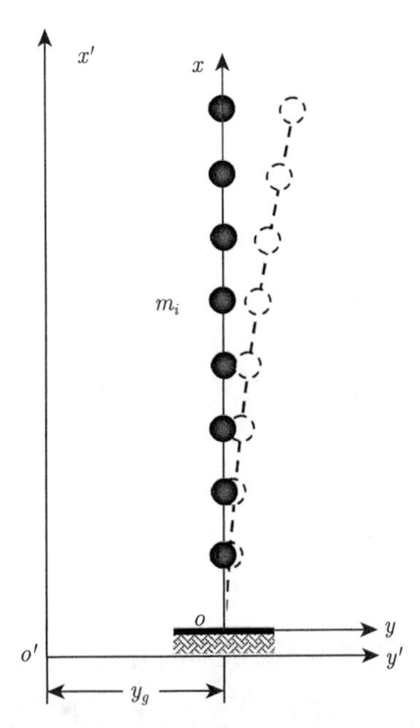

图 9.2 具有刚件地基平移的多自由度体系

惯性参考系 ——$o'x'y'$

动参考系 ——oxy

$$f_{mi} = m_i \ddot{y'}_i \tag{9-3a}$$

动参考系 oxy 相对于定参考系 $o'x'y'$ 有一平动位移量 (牵连位移)y_g，故其总位移为

$$y_i' = y_i + y_g \quad (i = 1, 2, \cdots, n) \tag{9-3b}$$

故惯性力为

$$f_{mi} = m_i \left(\ddot{y}_i + \ddot{y}_g\right) \quad (i = 1, 2, \cdots, n) \tag{9-3c}$$

注意到弹性力及阻尼力仅与相对位移和相对速度有关，故可以在定参考系 $o'x'y'$ 中应用动平衡法，得到一维地震输入时的动力方程为

$$\sum_{j=1}^{n} \left[m_i \left(\ddot{y}_i + \ddot{y}_g\right) + c_{ij}\dot{y}_i + k_{ij}y_i\right] = 0 \quad (i = 1, 2, \cdots, n) \tag{9-4a}$$

计 $a_g = \ddot{y}_g$，并将上式写为矩阵形式，有

$$[M]\{\ddot{y}\} + [C]\{\dot{y}\} + [K]\{y\} = -[M]\{1\}a_g \tag{9-4b}$$

结构反应量是针对动参考系相对反应，绝对反应是相对惯性参考系而言的。

9.2.2　多维地震动输入时的动力方程

实际地震时的地面运动，包括六个分量：x_g, y_g, z_g 和 x, y, z。

1. *质点运动方程*

定坐标系：$o'x'y'z'$；动坐标系：$oxyz$；坐标系原点间矢径为 $\boldsymbol{r}_g(t)$，质点 m 的定、动矢径分别为 $\boldsymbol{r}'(t)$ 和 $\boldsymbol{r}(t)$，三者有如下关系:

$$\begin{aligned}
\boldsymbol{r}_g &= x_g\boldsymbol{i}' + y_g\boldsymbol{j}' + z_g\boldsymbol{k}' \\
\boldsymbol{r} &= x\boldsymbol{i} + y\boldsymbol{j} + z\boldsymbol{k} \\
\boldsymbol{r}' &= x'\boldsymbol{i}' + y'\boldsymbol{j}' + z'\boldsymbol{k}' \\
\boldsymbol{r}' &= \boldsymbol{r} + \boldsymbol{r}_g
\end{aligned} \tag{9-5a}$$

动坐标系的转角速度矢量为

$$\boldsymbol{\theta}(t) = \theta_x\boldsymbol{i} + \theta_y\boldsymbol{j} + \theta_z\boldsymbol{k} \tag{9-5b}$$

在惯性参考系 $o'x'y'z'$ 中应用牛顿第二定律，有

$$\boldsymbol{F} = m\frac{\mathrm{d}^2\boldsymbol{r}'}{\mathrm{d}t^2} = m\left(\frac{\mathrm{d}^2\boldsymbol{r}}{\mathrm{d}t^2} + \frac{\mathrm{d}^2\boldsymbol{r}_g}{\mathrm{d}t^2}\right) \tag{9-6}$$

可以证明

$$\frac{\mathrm{d}^2\boldsymbol{r}}{\mathrm{d}t^2}=\boldsymbol{a}+2\dot{\boldsymbol{\theta}}\times\dot{\boldsymbol{y}}+\ddot{\boldsymbol{\theta}}\times\boldsymbol{r}+\dot{\boldsymbol{\theta}}\times(\dot{\boldsymbol{\theta}}\times\boldsymbol{r}) \tag{9-7}$$

因与转动无关，故

$$\frac{\mathrm{d}^2\boldsymbol{r}_g}{\mathrm{d}t^2}=\frac{\mathrm{d}^2x_g}{\mathrm{d}t^2}\boldsymbol{i}'+\frac{\mathrm{d}^2y_g}{\mathrm{d}t^2}\boldsymbol{j}'+\frac{\mathrm{d}^2z_g}{\mathrm{d}t^2}\boldsymbol{k}'=\ddot{\boldsymbol{r}}_g \tag{9-8}$$

将以上三式代入，得到质点 m 的相对运动方程

$$m\boldsymbol{a}=\boldsymbol{F}-m[2\dot{\boldsymbol{\theta}}\times\dot{\boldsymbol{y}}+\ddot{\boldsymbol{\theta}}\times\boldsymbol{r}+\dot{\boldsymbol{\theta}}\times(\dot{\boldsymbol{\theta}}\times\boldsymbol{r})+\ddot{\boldsymbol{r}}_g] \tag{9-9}$$

式中，$\theta_{gij'}\ (i=x,y,z;j'=x',y',z')$ 为动坐标系对定坐标系的转角。

2. 结构动力方程

将结构离散化，由式 (9-9) 得到每一质点的惯性力，组合后得多质点的运动方程：

$$\begin{aligned}&[M]\{\ddot{U}\}+2[M][C_{\dot{\theta}}]\{\dot{U}\}+[C]\{\dot{U}\}+[K]\{U\}\\=&-[M]([\cos\theta_g]\{\ddot{U}_g\}+[X_{\ddot{\theta}}]\{\ddot{\theta}\}+[\dot{\theta}][X_{\dot{\theta}}]\{\dot{\theta}\}-[X_{\dot{\theta}^2}]\{\dot{\theta}^2\})\end{aligned} \tag{9-10}$$

当不考虑地面转动角速度和转动角位移时

$$[M]\left\{\ddot{U}\right\}+[C]\left\{\dot{U}\right\}+[K]\{U\}=-[M]\{a_g\} \tag{9-11}$$

9.2.3 多点地震动输入时的动力方程

多点地震输入分析通常使用位移荷载动力平衡方程。将结构体系中的自由度分为有支承点的自由度 n_b 和非支承点的自由度 n_s，总自由度为 $n=n_s+n_d$。

$$\begin{aligned}&\begin{bmatrix}[M_s]&[0]\\ [0]&[M_b]\end{bmatrix}\begin{Bmatrix}\ddot{U}_s\\ \ddot{U}_b\end{Bmatrix}+\begin{bmatrix}[C_s]&[C_{sb}]\\ [C_{bs}]&[C_b]\end{bmatrix}\begin{Bmatrix}\dot{U}_s\\ \dot{U}_b\end{Bmatrix}\\&+\begin{bmatrix}[K_s]&[K_{sb}]\\ [K_{bs}]&[K_b]\end{bmatrix}\begin{Bmatrix}U_s\\ U_b\end{Bmatrix}=\begin{Bmatrix}\{0\}\\ \{P_b\}\end{Bmatrix}\end{aligned} \tag{9-12}$$

将总位移分解为两部分：

支座移动位移引起的位移 ——u_i^{qs}，称为伪静位移 (也称拟静力位移)；

支座移动加速度引起的位移 ——u_i^d，称为动位移。总位移表示为

$$\{U\}=\begin{Bmatrix}\{U_s\}\\ \{U_b\}\end{Bmatrix}=\begin{Bmatrix}\{U_s^{qs}\}\\ \{U_b^{qs}\}\end{Bmatrix}+\begin{Bmatrix}\{U_s^d\}\\ \{0\}\end{Bmatrix} \tag{9-13}$$

确定准静力反应，可利用静态、无荷载的条件，即令

$$\{\ddot{U}\}=\{\dot{U}\}=\{U_s^d\}=\{P_b\}=\{0\}$$

由式 (9-12) 可得

$$\begin{bmatrix} [K_s] & [K_{sb}] \\ [K_{bs}] & [K_b] \end{bmatrix} \begin{Bmatrix} \{U_s^{qs}\} \\ \{U_b^{qs}\} \end{Bmatrix} = \begin{Bmatrix} \{0\} \\ \{0\} \end{Bmatrix} \tag{9-14}$$

由第一式得到准静力

$$\begin{aligned} &\{U_s^{qs}\} = -[K_s]^{-1}[K_{sb}]\{U_b\} = -[R]\{U_b\} \\ &\{U_s\} = \{U_s^{qs}\} + \{U_s^d\} = -[R]\{U_b\} + \{U_s^d\} \end{aligned} \tag{9-15}$$

展开式 (9-12)，第一式为

$$[M_s]\{\ddot{U}_s\} + [C_s]\{\dot{U}_s\} + [C_{sb}]\{\dot{U}_b\} + [K_s]\{U_s\} + [K_{sb}]\{U_b\} = \{0\} \tag{9-16}$$

将式 (9-15) 中的第二式代入

$$\begin{aligned} &[M_s]\{\ddot{U}_s^d\} + [C_s]\{\dot{U}_s^d\} + [K_s]\{U_s^d\} \\ =& -[M_s]\{\ddot{U}_s^{qs}\} - [C_s]\{\dot{U}_s^{qs}\} - [C_{sb}]\{\dot{U}_b\} - [K_s]\{U_s^{qs}\} - [K_{sb}]\{U_b\} \\ =& [M_s][R]\{\ddot{U}_b\} + [C_s][R]\{\dot{U}_b\} - [C_{sb}]\{\dot{U}_b\} + [K_s][R]\{U_b\} - [K_{sb}]\{U_b\} \end{aligned} \tag{9-17}$$

注意，由式 (9-13) 可见，最后两项代数和等于零。若忽略阻尼，则有

$$[M_s]\{\ddot{U}_s^d\} + [C_s]\{\dot{U}_s^d\} + [K_s]\{U_s^d\} = [M_s][R]\{\ddot{U}_b\} \tag{9-18}$$

此式适用于小阻尼比，可以仅根据给定的支承点的加速度 $\{\ddot{U}_b\}$ 过程进行计算。

9.3 重力坝的有限元动力分析

9.3.1 有限元法概述

有限单元法是在 20 世纪六七十年代随着计算机的发展而发展起来的数值分析方法，它解决了许多以前传统力学无法解决的复杂工程问题。最初人们利用计算机求解杆系结构力法和位移法的基本方程，形成了矩阵力法和矩阵位移法，随之又将矩阵分析方法推广到连续介质，将介质离散成有限个单元，各单元彼此在结点处相连，从而使无限自由度的问题变成可以求解的有限自由度问题[136]。有限单元可以用来分析十分复杂的实际工程结构，又可以模拟复杂的材料本构关系、荷载以及边界条件，而且随着有限元前处理、后处理技术的发展，应用起来也越来越方便，因此有限单元法在工程界得到了广泛的应用。

有限单元法的最终目的是建立单元刚度矩阵和荷载向量，形成有限单元中的求解方程。有限元方法求解的基本步骤如下：

(1) 连续介质的离散化：用有限个具有一定形状的单元的组合体去代替原结构体，原结构的材料属性保持不变。

(2) 选择适当的位移函数，用单元结点位移表示单元内任一点的位移，其矩阵形式为

$$\{\delta\} = [N]\{\mu_e\} \tag{9-19}$$

式中，$\{\delta\}$ 为单元内任意一点的位移向量；$\{\mu_e\}$ 为单元结点的位移向量；$[N]$ 为单元形函数矩阵。

(3) 建立结点位移与应力、应变之间的关系。

(a) 首先通过位移函数用结点位移表示单元内任一点的应变：

$$\{\varepsilon\} = [B]\{\delta\} \tag{9-20}$$

式中，$\{\varepsilon\}$ 为单元内任意一点的应变；$[B]$ 为单元应变转换矩阵。

(b) 由胡克定律推导出单元内任一点的应力与结点位移之间的关系式：

$$\{\sigma\} = [D][B]\{\delta\} \tag{9-21}$$

式中，$\{\sigma\}$ 为单元内任意一点应力；$[D]$ 为与材料属性有关的弹性矩阵。

(4) 根据能量原理，用等效结点力代替单元应力，并利用单元应力与结点位移之间的关系，建立等效结点力与结点位移之间的关系。

(5) 将单元所受荷载，按静力等效原则转化到结点上。

(6) 在每一结点上建立静力平衡方程，形成线性方程组。

(7) 解方程组，求出单元结点位移，进而求出单元的应力。

有限单元法是一种有着坚实的理论基础和广泛的应用领域的数值分析方法。四十多年来，有限单元法的理论和应用都得到了迅速的持续不断的发展，其应用已由弹性力学平面问题扩展到空间问题、板壳问题，由静力平衡问题扩展到稳定问题、动力问题和波动问题。分析对象从弹性材料扩展到塑性、黏弹性、黏塑性和复合材料等，从固体力学扩展到流体力学、传热学、电磁学等领域。推导有限元公式系统的方法有三种，即直接法、变分法和加权残值法。从选择未知量的角度来看，有限单元法可以分为三类，即位移法、力法及混合法，其中最常用的是有限元位移法[137]。可以预计，随着现代力学、计算数学和计算机技术等学科的发展，有限单元法作为一个具有广泛应用效力的数值分析工具，必将发挥其更大更重要的作用。

9.3.2 有限元动力分析的时程分析法

结构地震反应分析的反应谱方法是将结构所受的最大地震作用通过反应谱，转化为作用于结构的等效侧向荷载。然后根据这一荷载用静力分析方法求得结构的

地震内力和变形。因其计算简便，所以广泛地为各国的规范所采纳。但地震作用是一个时间过程，反应谱法不能反映结构在地震动过程中的经历，同时，目前应用的加速度反应谱属于弹性分析范畴，当结构在强烈的地震作用下进入塑性阶段时，用此法进行计算将不能得到真正的结构地震反应，也判断不出结构真正的薄弱位置。对于长周期结构，地震动态作用下的地面运动速度和位移可能对结构的破坏具有更大影响，但是振型分解反应谱法对此无法作出估计。

时程分析法是根据选定的地震波和结构恢复力特性曲线，对动力方程进行直接积分，采用逐步积分的方法计算地震过程中每一瞬时结构的位移、速度和加速度反应，以便观察结构在强震作用下从弹性到非弹性阶段的内力变化以及构件开裂、损坏直至结构倒塌的破坏全过程。这类方法是指不通过坐标变换，直接求解数值积分动力平衡方程，其实质是基于以下两种思想: 第一，将本来在任何连续时刻都应满足动力平衡方程的位移 $u(t)$，代之以仅在有限个离散时刻 t_0，t_1，t_2，$\cdots$ 满足这一方程的位移 $u(t)$，从而获得有限个时刻上的近似动力平衡方程；第二，在时间间隔 $\Delta t = t_{i+1} - t_i$ 内，以假设的位移、速度和加速度的变化规律代替实际未知的情况，所以真实解与近似解之间总有某种程度差异，误差决定于积分每一步所产生的截断误差和舍入误差，以及这些误差在以后各步计算中的传播情况。其中前者决定于计算精度，后者则与算法本身的数值稳定性有关。

实际计算中一般取等距时间间隔，从初始时刻 $t_0 = 0$ 到某一指定时刻 $t_n = N$，逐步积分求得动力平衡方程的解。把时间求解域 $[0, T]$ 等分为 n 个时间间隔 $\Delta t = \dfrac{T}{n}$，假定初始时刻的位移、速度和加速度后，求出 t_1 时刻的位移、速度和加速度，而后求出 t_2，t_3，$\cdots$，t_n 时刻的解，计算的目的在于求 $t + \Delta t$ 时刻的解，由此求解过程建立起求解所有离散时刻解的一般算法。目前结构地震反应分析中较常用的时程分析方法有中心差分法、线性加速度法等。

1. *中心差分法*

中心差分法是显式算法，计算中避免矩阵求逆运算，在非线性分析中优点更加明显。同时，它也是条件稳定算法，当时间步长 Δt 取得过大时，积分是不稳定的，这种有条件的计算稳定性是中心差分法的不足之处，对时间步长的限制是

$$\Delta t \leqslant \Delta t_{cr} \leqslant \frac{T_n}{2} \tag{9-22}$$

其中，T_n 是有限元系统的最小固有振动周期，Δt_{cr} 是临界步长值。中心差分法比较适合用于波传播问题的求解，研究波传播的过程需要采用小的时间步长，这正是中心差分法时间步长需受临界步长限制所要求的。但是，对于结构动力学问题采用中心差分法就不太合适了，结构的动力响应中通常低频成分是主要的，从计算精度考虑，允许采用较大的时间步长，不必要因 Δt_{cr} 的限制而使时间步长太小。因此，

对于结构动力学问题，通常采用无条件稳定的隐式算法，此时时间步长主要取决于精度要求。

2. 线性加速度法

线性加速度法是假设质点的加速度在任一时段内的变化为线性关系，即

$$\mu(t+\tau)=\mu(t)+\frac{\mu(t+\Delta\tau)}{\Delta t}\tau \tag{9-23}$$

在加速度确定以后，通过积分可决定速度和位移，再利用离散化的运动方程，就可逐步积分求解，这个方法对时间步长也有一定的要求，在时间步长比离散后结构的最小自振周期小的情况下是稳定的，如果时间步长比结构最小周期要长，计算将是不稳定的。所以，线性加速度法也是有条件稳定的。

9.4 附加质量法

9.4.1 附加质量法简介

在对坝体进行动力响应模拟分析时，忽略水体表面波动影响，采用附加质量法进行简化处理，它将液体对于流固耦合系统的影响归结为修改后总体结构动力方程中液体带来的附加质量矩阵和刚度矩阵，从而实现水体对坝体表面的惯性作用的数值模拟。

在地震荷载作用下，加速度激励是随时间不断变化大小和方向的，坝体产生与之对应的往复加速晃动，水体与坝体之间产生大小和方向也不断变化的相对惯性作用力以及相对滑动。水体对坝体的作用可以分为两部分压力的叠加：第一部分为静水压力；第二部分为地震作用下的惯性力，即动水压力。

Westergaard(韦斯特伽德)[138] 对此类问题提出了简化形式的附加质量法。水体对坝体表面某点处产生的动水压力，认为等效于在这点上增加一定质量的水体与坝体一起共同运动而产生的附加惯性力，而不再考虑除此之外的其他部分液体在这点处坝体动水压力的作用。所以，在实际坝体动力响应分析中，不对模型直接进行数值模拟计算，而是在坝体上附加一层用户单元的模型进行计算。首先对坝体采用普通实体单元模拟，在原来液体与坝体交界面上做一层附加的用户单元，将水体再离散成附加质量，分别附加到用户单元结点上。在坝体与水体的交界面处，有限元网格包含两个独立但几何形状完全相同的网格。一个网格是坝体的普通实体单元网格，另一个网格是用户定义单元网格，两个单元有限元网格对应有共同的结点。

ABAQUS/Standard 中的用户单元子程序，由 FORTRAN 语言编写代码，用来定义用户单元对坝体的作用。在坝体与水表面交界面处，增加一层用户单元，附加

到坝体表面上，而在用户单元上，通过编写一段用户子程序 UEL，赋予单元结点质量，进而最终实现附加质量到坝体上。在动水响应分析中，不再考虑库水，只进行具有附加质量的坝体模型模拟计算。

附加质量法忽略了水体的压缩性和晃动作用，仅反映了动水压力对结构的影响，而真正的耦合包括动水压力对结构变形的影响及结构变形对流体域的影响。因此，附加质量只是近似的处理方式，但由于附加质量法计算简便，所以其应用最为广泛。

9.4.2　附加质量法计算公式

决定附加质量大小的基本因素有：坝体迎水面对应位置点的空间坐标以及此处的加速度方向、水位高度、水体容重。由于地震作用加速度时程曲线是随机的，所以在坝体表面各点的附加质量，在不同的地震荷载作用下，对坝体本身的自振周期 (或固有频率) 的影响是不同的，从而坝体的动力响应也是不同的[139]。

对大坝等挡水结构，挡水面前的水体可视为无限水域。Westergaard 假定坝面最大动水压力沿水深呈抛物线分布，并根据实际动水压力对坝踵力矩与近似动水压力图形对坝踵的力矩相等的条件导出了韦氏附加质量公式：

$$b(y) = (7/8)\sqrt{hy} \tag{9-24}$$

式中，$b(y)$ 为附加水体质量的宽度；h 为挡水高度；y 为位置深度。

式 (9-24) 因简单实用，在工程中得到了广泛应用，在美国、日本等国家的建筑抗震设计规范中至今仍沿用此忽略坝体变形和水体可压缩性的动水压力公式。由于各种假设条件的限制，计算结果与实际有较大误差。1960 年 Clough[140] 教授推广了 Westergaard 附加质量公式，适应于任何形状的坝面和河谷，并考虑任意方向的地震加速度：

$$M_p = (7/8)\rho A_i\sqrt{hy}\, l_i^T l_i \tag{9-25}$$

式中，$\boldsymbol{l}_i$ 为坝面上某点 i 的法线矢量；A_i 为该点在坝面上的隶属面积。

式 (9-25) 可很方便地应用到有限元动力分析中。

目前由动水压力所满足的拉普拉斯方程推导出的附加质量法公式应用得比较多，拉普拉斯方程导出了应用于有限元动力方程的附加质量矩阵，指出考虑水体与结构的共同作用时，动力方程形式不变，但在其质量矩阵的基础上添加了一个附加质量矩阵，由此附加质量矩阵体现流体的质量对固体的影响。考虑了附加质量的动力分析方程为

$$[K]\{u\} + [C]\{u\} + ([M] + [M_P]\{u\}) = \{Q\} \tag{9-26}$$

式中，$[M_P]$ 代表附加质量矩阵，$\{Q\}$ 代表不考虑动水压力荷载的结构结点荷载列阵。

如果忽略水体的可压缩性，利用流体的连续方程和流体的边界条件确定固体液体耦合面上的流体动压力影响矩阵，并用此矩阵形成附加的水质量阵，然后将其加入结构总质量矩阵中求解出新的运动方程，方程的求解在时域内进行。这种数学模型的优点是假设比较合理，计算方法和概念都简单、清晰，程序占用的内存小，可以节省计算工作时间。

但是不管附加质量的形式有何不同，它们都忽略了水体的压缩性和水体晃动作用，但是由于附加质量法的计算最为简单方便，所以是目前被应用得最为广泛的一种方法。

9.5 混凝土重力坝在地震作用下的动力响应分析

我国是一个多地震国家，自 20 世纪初以来，全世界发生的 7 级以上强震里中国占 35%[141]，强震给人类造成的灾难是巨大的，特别对于高坝大库，万一遭受严重震害，其后果不堪设想。混凝土重力坝是一种常见坝型，我国西北、西南部强震活动区建设有大量混凝土坝，研究混凝土重力坝的抗震性能和规律对于水利工程建设具有重大意义[142]。

地震响应动力分析方法主要有三种：反应谱法、时程分析法和随机振动方法。

时程分析法比振型分解反应谱法和随机振动方法能更准确地反映地震是结构物的反应，本章选用时程分析法来进行动力分析。时程分析法是对结构振动方程直接进行逐步积分求解的一种动力方法。动力方程是时程分析方法的基础，其多自由度体系地震反应方程为

$$[M]\left\{\ddot{X}\right\}+[C]\left[\dot{X}\right]+[K]\{X\}=[M]\{1\}X_g \tag{9-27}$$

其中，$[M]$、$[C]$ 和 $[K]$ 分别为结构质量矩阵、阻尼矩阵和刚度矩阵；$\left\{\ddot{X}\right\}$、$\left\{\dot{X}\right\}$、$\{X\}$ 和 X_g 分别为支点加速度、速度、位移列阵和地震运动加速度[143]。

9.5.1 计算模型及材料计算参数

某混凝土重力坝建在坚硬的微分化基岩上，所在地区地震设防烈度为 8 度，场地类别为Ⅱ类。坝高 150.0m，坝前设计水位为 135m，坝顶高程 393.0m，建基面最低高程 243.0m，坝底宽 90m，顶宽 15m。目前采用有限元法对重力坝进行动力分析时，由于其横河向刚度远大于顺河向及竖向，一般选取典型坝段进行平面有限元分析。混凝土重力坝的计算模型如图 9.3 所示，采用 1360 个 4 结点四边形双线性减缩积分平面应变单元 (CPE4R) 和 1458 个单元结点。碾压混凝土大坝采用弹塑性损伤塑性本构模型计算，图 9.4 是拉伸非弹性应变值与损伤值的对应关系，其弹性参数：ρ=2500kg/m^3，E= 30000MPa，μ=0.2。

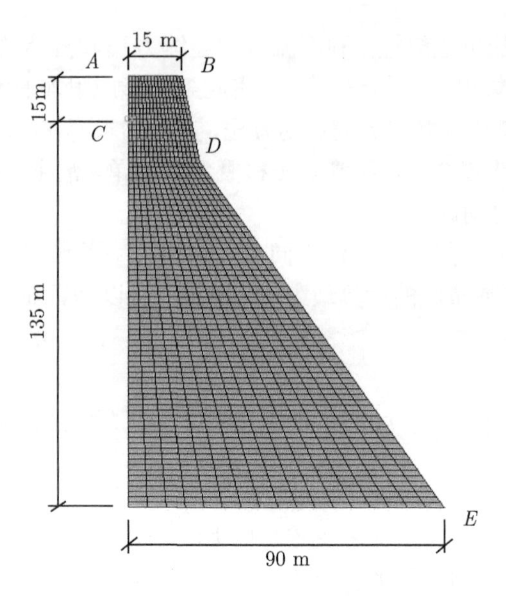

图 9.3　划分网格后的计算模型

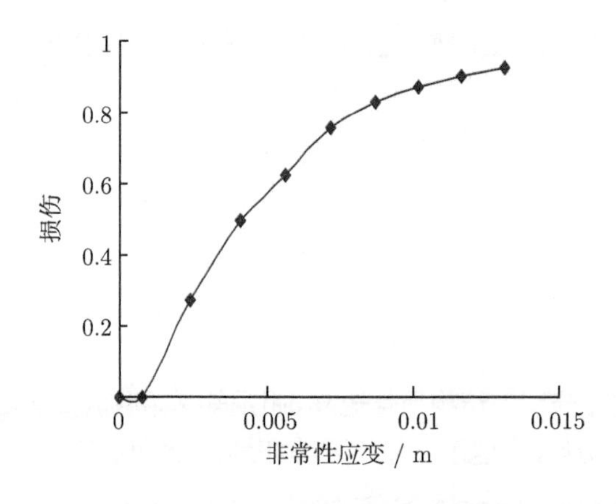

图 9.4　拉伸非弹性应变–损伤曲线

9.5.2　静力分析

1. 静力分析加载步骤

在静力计算分析中采用 ABAQUS/Standard 求解模块，设置多个分析步以观察不同分析步下的应力和位移分布情况。静力计算分析中考虑的主要荷载有：①坝体自重 (考虑初始地应力平衡)；②静水压力。

2. 数值计算结果

在水利水电工程中，岩体中存在较大的初始地应力。如果不考虑初始地应力的影响，将会对计算结果造成较大的误差。图 9.5 为混凝土重力坝只在重力作用下初始地应力平衡后的位移，从位移结果可以看出施加初始地应力后位移数量级为 10^{-8}m(相当于零)，这样就实现了初始地应力平衡的目的。在地应力分析结束时，坝体具备了重力荷载作用下的应力场，但结点位移为 0。图 9.6 为 Mises 应力云图，从图中可以看出最大应力出现在坝踵 F 点处为 3.798 MPa。

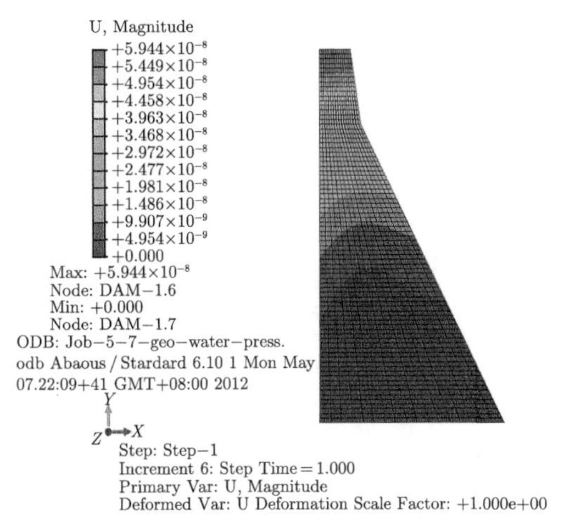

图 9.5 初始地应力平衡后的位移云图 (单位：m, 后附彩图)

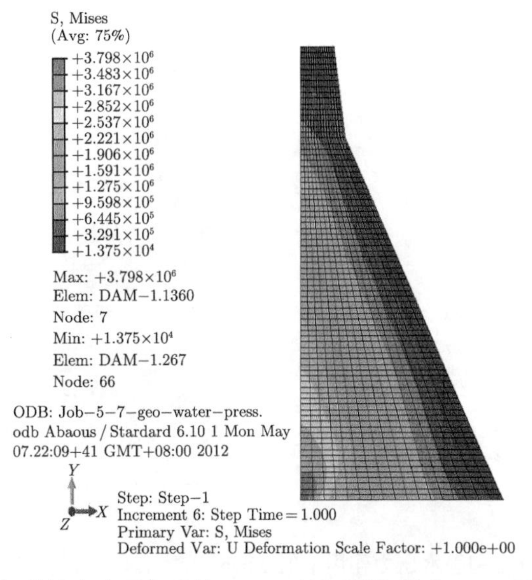

图 9.6 初始地应力平衡后的 Mises 应力云图 (单位：Pa, 后附彩图)

经过有限元计算，当在重力和静水压力共同作用下，大坝位移图如图 9.7 所示，大坝顶部 A 点处出现最大位移为 2.674×10^{-2}m。Mises 应力云图如图 9.8 所示，在靠近坝趾 G 点处的大片区域出现较大应力，应力最大值为 2.551MPa。

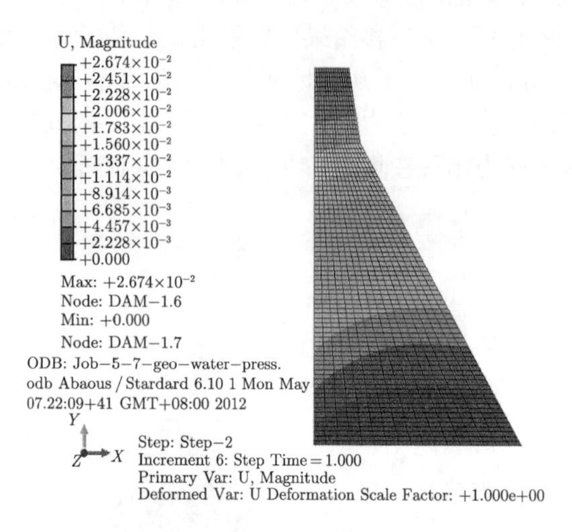

图 9.7　在重力和静水压力作用下的位移云图 (单位：m, 后附彩图)

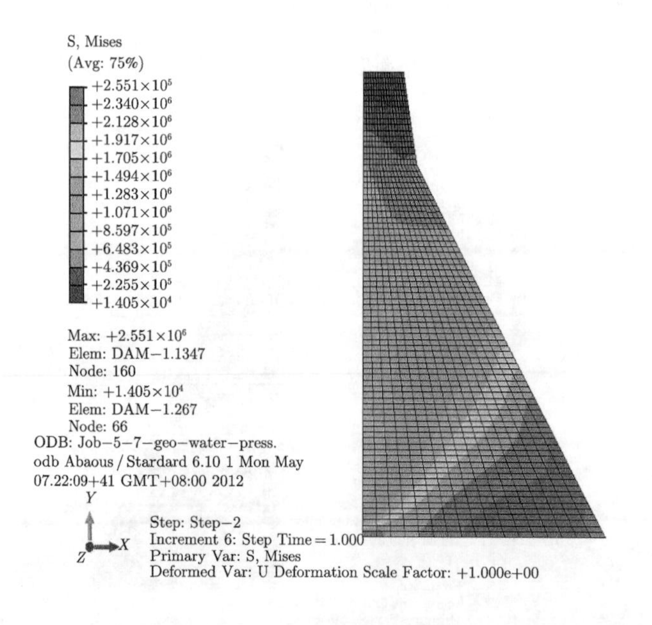

图 9.8　在重力和静水压力作用下的 Mises 应力云图 (单位：Pa, 后附彩图)

9.5.3 动力时程分析

1. 模态计算概况

模态分析有多种实用算法，ABAQUS/Standard 提供了三种特征值提取方法，分别为 Lanczos 法、子空间法和 AMS(子结构特征值求解器) 法。Lanczos 方法是一种功能强大的方法，当提取中型到大型模型的大量振型时，这种方法很有效。鉴于本书中大坝的尺寸以及在地震作用下水与大坝的耦联运动的高阶频率特点，采用 Lanczos 方法提取特征值。经过计算，提取出混凝土重力坝在前 10 阶模态的频率和周期具体参数如表 9.1 所示。

表 9.1 大坝前 10 阶频率及周期

阶数	1	2	3	4	5	6	7	8	9	10
频率/Hz	2.3124	5.7385	7.9309	10.684	15.212	16.397	16.438	17.257	17.986	18.363
周期/s	0.4325	0.1743	0.1261	0.0936	0.0657	0.0609	0.0608	0.0579	0.0556	0.0545

2. 阻尼

实际工程中，完全无阻尼结构是不存在的。结构在动力荷载作用下产生振动，由于材料的内摩擦、材料的滞回效应以及构件之间的相互作用等都会导致能量的耗散，因此结构的振动幅值逐渐降低，最后完全静止。目前采用的阻尼理论有两种，即黏滞阻尼理论与复阻尼理论。在实际应用中，为了能对多自由度振动方程进行振型分解，对于均质材料或单一类型的材料，可以进一步采用瑞利阻尼。在瑞利阻尼中，假设阻尼矩阵可表示成质量矩阵 $[M]$ 和刚度矩阵 $[K]$ 的线性组合形式，即

$$[C] = \alpha\,[M] + \beta\,[K] \tag{9-28}$$

其中，α、β 是材料特定常数。对于一个给定的模态 i，临界阻尼值 ξ_i 和瑞利阻尼系数 α、β 的关系为

$$\xi_i = \frac{\alpha}{2\omega_i} + \frac{\beta\omega_i}{2} \tag{9-29}$$

其中，ω_i 表示第 i 阶模态的固有频率。由式 (9-28) 可以看出瑞利阻尼的质量比例阻尼部分在系统响应的低频阶段起主导作用，刚度比例阻尼部分在高频起主导作用。将模态分析计算所得前两阶振型频率 ω_1、ω_2 和对应的 ξ_1、ξ_2 代入式 (9-29) 可得到方程组：

$$\begin{cases} \xi_1 = \dfrac{\alpha}{2\omega_1} + \dfrac{\beta\omega_1}{2} \\ \xi_2 = \dfrac{\alpha}{2\omega_2} + \dfrac{\beta\omega_2}{2} \end{cases} \tag{9-30}$$

解得

$$\begin{cases} \alpha = \dfrac{2\omega_1\omega_2\left(\xi_1\omega_2 - \xi_2\omega_1\right)}{\omega_2^2 - \omega_1^2} \\ \beta = \dfrac{2\left(\xi_2\omega_2 - \xi_1\omega_1\right)}{\omega_2^2 - \omega_1^2} \end{cases} \tag{9-31}$$

当 $\xi_1 = \xi_2 = \xi$ 时，得到

$$\begin{cases} \alpha = \dfrac{2\omega_1\omega_2\xi}{\omega_1 + \omega_2} \\ \beta = \dfrac{2\xi}{\omega_1 + \omega_2} \end{cases} \tag{9-32}$$

根据《水工建筑物抗震设计规范》(DL5073—2000)[144]，重力坝体的阻尼比可在5%~10%范围内选取，计算阻尼参数取 5%，即 ξ=0.05。将上一节中计算得到的大坝的振型频率 $\omega_1' = 2.3124$、$\omega_2' = 5.7385$ 转换成固有频率 $\omega_i = 2\pi\omega_i'$ 代入式 (9-32) 得到

$$\alpha = 1.0350863, \quad \beta = 0.0019779$$

3. *动力时程分析*

在动力时程分析中采用 ABAQUS/Explicit 求解模块，将静力分析的结果导入动力时程分析中。在静力分析的基础上进行动力时程分析。

根据《水工建筑物抗震设计规范》(DL5073—2000)[144]，各类水工建筑物抗震设计的设计烈度一般采用基本烈度，一般情况下水工建筑物可只考虑水平向地震作用。本章混凝土重力坝地震响应分析按照地震烈度 8 度设防。本章对混凝土重力坝的地震反应时程分析采用国际上常用的强震加速度记录，选取Ⅱ类场地上发生过的典型的强震记录 1952 年的 Taft 波，并分别选取前 10s 的波形进行动力分析研究，时间间隔为 0.02s，波形图如图 9.9 所示。根据规范采用时程分析法计算地震作用效应时设计地震加速度时程的峰值应按规定采用，实际计算中必须将实际地

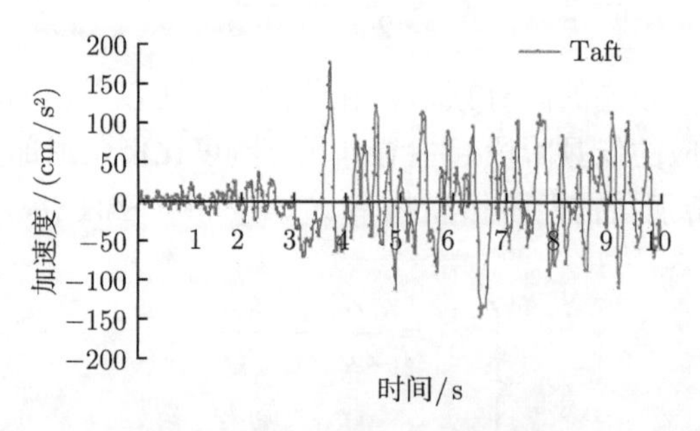

图 9.9 Taft 波南北向波形图

震记录的峰值加速度换算成与设计地震烈度所对应的设计地震加速度代表值。按照规范查得本章混凝土重力坝地震响应分析中水平向设计地震动加速度代表值为 $0.2g$，其中 $g = 9.81\text{m/s}^2$。

4. 数值计算结果

因为动力时程分析是在静力分析的基础上进行的，所以动力时程分析是从 2s 时刻开始。通过对大坝的动力时程分析，提取大坝上 A、C、D 三点 (位置如图 9.3 所示) 的顺河向的位移时程曲线，如图 9.10 所示。从图中可以知道 A、C、D 三点的顺河方向的位移是依次减小的，说明坝体上顺河方向的位移是随着坝体的高度增加而增加。A、C、D 三点最大位移值都出现在 8.69s，最大位移分别为 0.0508m、0.0408m、0.0308m。图 9.11 所示为大坝上 C、D、F、G 四点 Mises 应力时程曲线，从图中可以看出 D、F 点相对 C、G 点应力值较大。D 点最大应力值都出现在 8.69s，最大应力为 6.89MPa，F 点最大应力值都出现在 9.79s，最大应力为 7.11MPa。

通过对坝体特征点位移、应力时程曲线 (图 9.10~图 9.13) 的统计和分析可以得出，坝体的应力、位移的最不利时刻大部分集中在一个较近的时间区域内，对应地震波加速度较大值处。如大坝最不利时刻集中在 6~10s 对应的地震波 4~8s。坝体的应力、位移的最不利位置出现在坝踵 F 点处和下游折坡 D 点处。

由图 9.14、图 9.15 可以看出，损伤首先发生在坝颈靠近下游面处，从开始阶段到最后阶段，随着地震的持续，坝颈部位的损伤逐渐横向发展，延伸到坝体内部；坝颈下部，随着地震的持续，也有多处部位产生损伤沿横向发展一段后再往下延伸，但在地震最后阶段，损伤没有太多的扩展。这些损伤出现的部位及其发展过程与实际试验结果基本上是相吻合的。

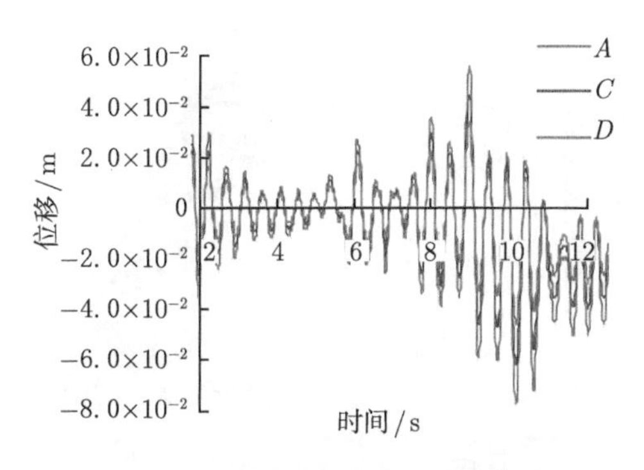

图 9.10　位移时程曲线 (后附彩图)

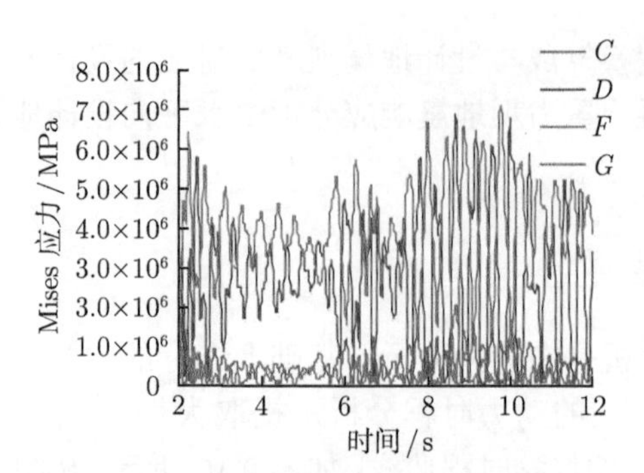

图 9.11 Mises 应力时程曲线 (后附彩图)

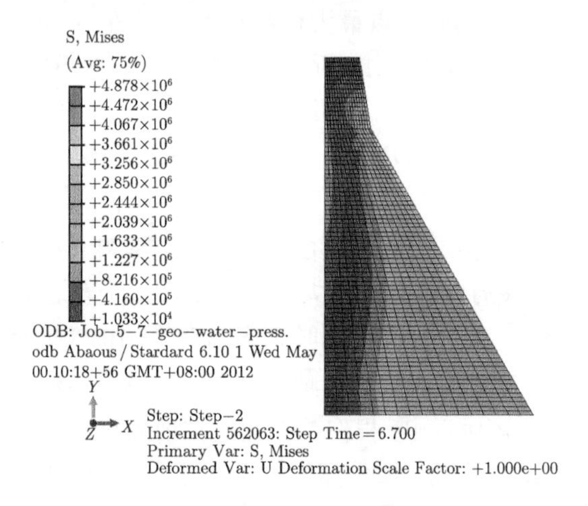

图 9.12 $t = 6.7\text{s}$ 的 Mises 应力云图 (单位：Pa, 后附彩图)

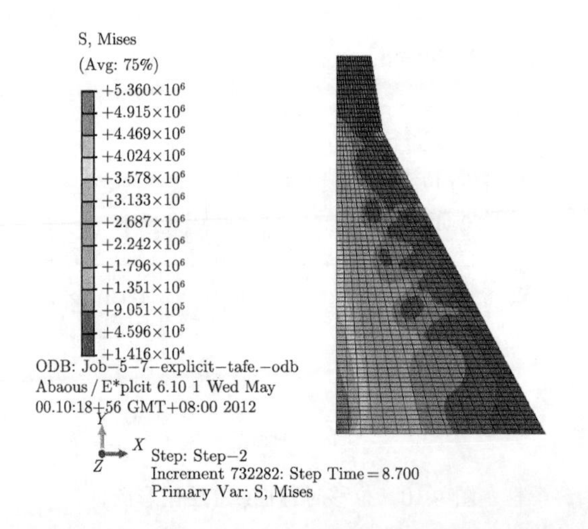

图 9.13 $t = 8.7\text{s}$ 的 Mises 应力云图 (单位：Pa, 后附彩图)

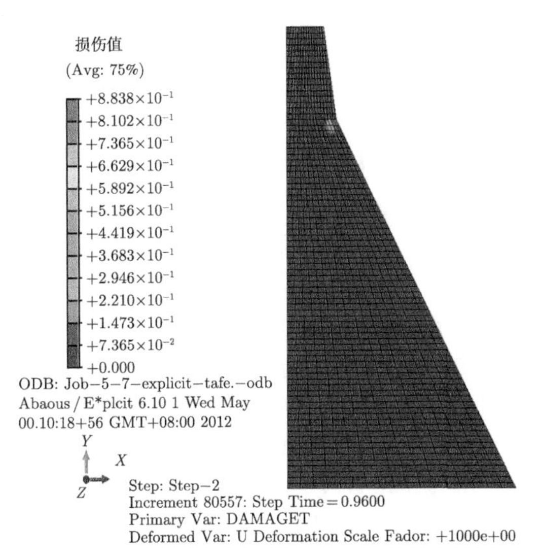

图 9.14 开始阶段拉伸损伤状态 (后附彩图)

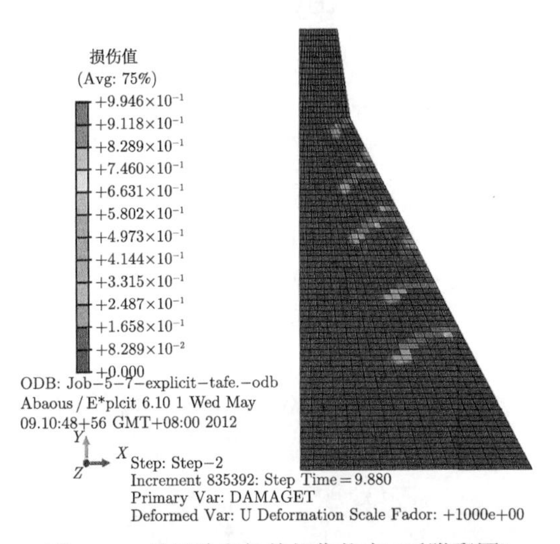

图 9.15 最后阶段拉伸损伤状态 (后附彩图)

一般情况下，坝体动应力分布具有两个应力集中区：第一个是坝体下游折坡点处，第二个是坝踵处。两者之中，坝体下游折坡点的动拉应力最高，其次是坝踵处。大坝的破坏机制不仅与应力大小有关，而且还与应力集中区的应力峰值出现的先后顺序有关。

第10章　Koyna 震害工程验证

10.1　引　　言

目前工程界处理地震作用下水坝动水压力的问题采用的是 Westergaard 提出的不考虑水体可压缩性的附加质量法。但目前所有的大型有限元软件中，均没有相应的附加质量单元类型，ABAQUS 中仅提供了二维问题的附加质量单元快速施加程序，但二维模型应用范围有限。鉴于此，本章基于 ABAQUS 软件用户子程序接口，编写三维附加质量单元子程序 UEL，实现了三维模型中结点附加质量的快速施加，为今后模拟此类三维水体–结构相互作用问题提供了简便快捷的处理方法。

10.2　Koyna 工程概况

迄今为止，全球范围内的大坝遭受强震震害的实例十分稀少，遭受 8 度以上强震的百米级重力坝仅有四例，即中国的新丰江大坝、宝珠寺大坝，伊朗的西菲罗 (Sefid Rud) 大头坝，印度的柯依那 (Koyna) 重力坝。其中，Koyna 大坝作为少数几个在强震中破坏且有比较完整记录的重力坝，一直是重力坝抗震分析中的经典研究对象，已有大量学者 [145−148] 对该坝的地震破坏过程进行了模拟分析。

1967 年 12 月 11 日 Koyna 坝址区域遭受了一次 6.5 级强烈地震作用，地震发生时的坝前水位为 91.75m。地震作用后，坝顶以下 40m 左右产生了多条裂缝，下游面出现了严重的漏水现象，证明上下游裂缝已经贯通。

Koyna 混凝土重力坝位于印度的 Koyna 河上，坝长 850m，坝高 103m，坝底宽 70m，坝顶宽 14.8m，具体尺寸如图 10.1 所示。

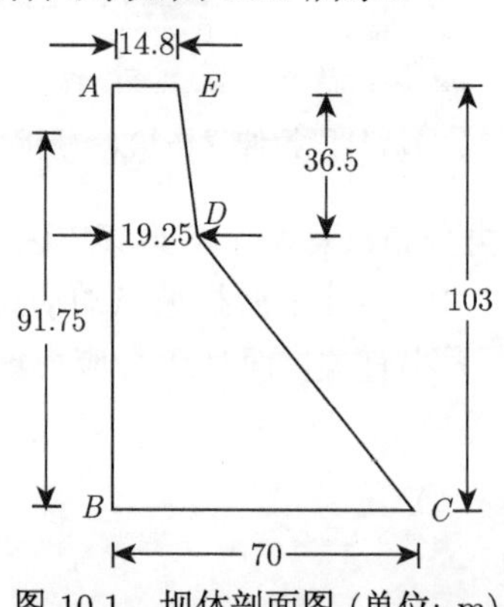

图 10.1　坝体剖面图 (单位: m)

10.3 计 算 模 型

混凝土重力坝是大体积结构，为防止开裂、满足施工要求往往分缝分块浇筑，需沿坝轴线方向按约 20m 设置横缝，横缝需在坝体冷却至稳定温度时经灌浆后形成整体，但灌浆的浆体仅能起传递压应力的填充作用，抗拉强度极低以致可以忽略。故而重力坝抗震分析一般都可取单个坝段进行计算，坝段间横缝的影响可以不计。

依据上述 Koyna 混凝土重力坝尺寸选取单个坝段进行模拟计算，坝段宽度取为 20m，分别自上、下游坝踵、坝趾位置延伸 2 倍坝高，同时向下延伸 1.5 倍坝高，作为坝基，建立如图 10.2 所示的有限元模型，采用 C3D8R 单元，即 8 结点实体减缩单元，上游坝体与水体接触表面采用附加质量单元，模型中共 33792 个结点，29850 个单元，其中 29200 个 C3D8R 单元，650 个附加质量单元。

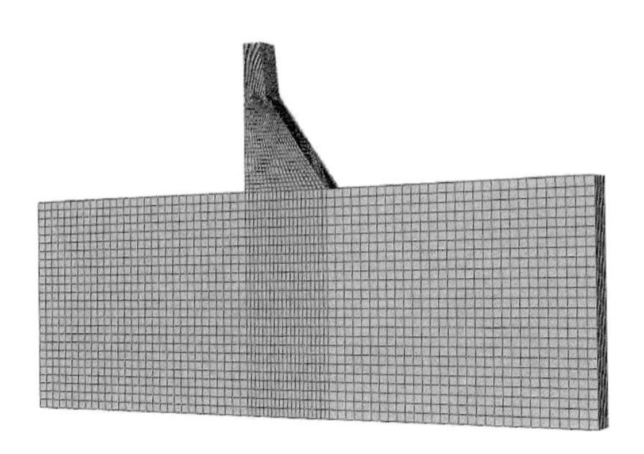

图 10.2 计算模型

10.4 计 算 参 数

在模型中坝体材料采用混凝土损伤塑性本构模型，坝基部分采用弹性模型。根据《水工建筑物抗震设计规范》(SL203—97) 规定，在抗震强度计算中，混凝土动态强度和动态弹性模量的标准值可较其静态标准值提高 30%，混凝土动态抗拉强度的标准值可取为动态抗压强度标准值的 10%[149]。依据相关研究文献及 Koyna 大坝工程简介，坝体混凝土各项力学参数如表 10.1 所示。

另外，由于混凝土抗压强度一般较大，故而没有考虑压缩引起的损伤，图 10.3 为混凝土拉伸屈服应力、拉伸损伤因子和开裂位移之间的关系。

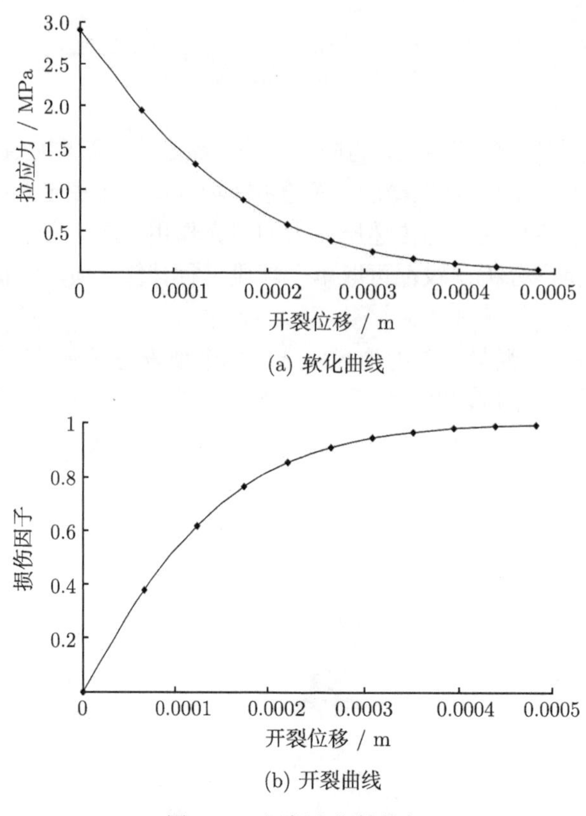

(a) 软化曲线

(b) 开裂曲线

图 10.3　混凝土塑性指标

表 10.1　坝体力学参数

参数类型	密度/(kg/m^3)	弹性模量/MPa	泊松比	剪胀角/(°)	抗压强度/MPa	抗拉强度/MPa
取值	2643	31027	0.15	36.31	29	2.9

10.5　加载地震波

在进行坝体结构动力分析中，同时计入坝体和地基的刚度，但只计入坝体的质量，地基单元只考虑弹性不考虑质量，以消除波的传播效应，避免人为的放大作用，这样的处理方式与实际工程情况较为接近。

地震波在空间的传播方向十分复杂，不同方向的地震波对重力坝影响差异较大，模型中在坝基底面边界施加水平和垂直方向地震加速度，选取 1967 年 Koyna 大坝实测的 Koyna 波进行计算，时间间隔 0.01s，地震总时程 10s。地震波时程曲线如图 10.4 所示。

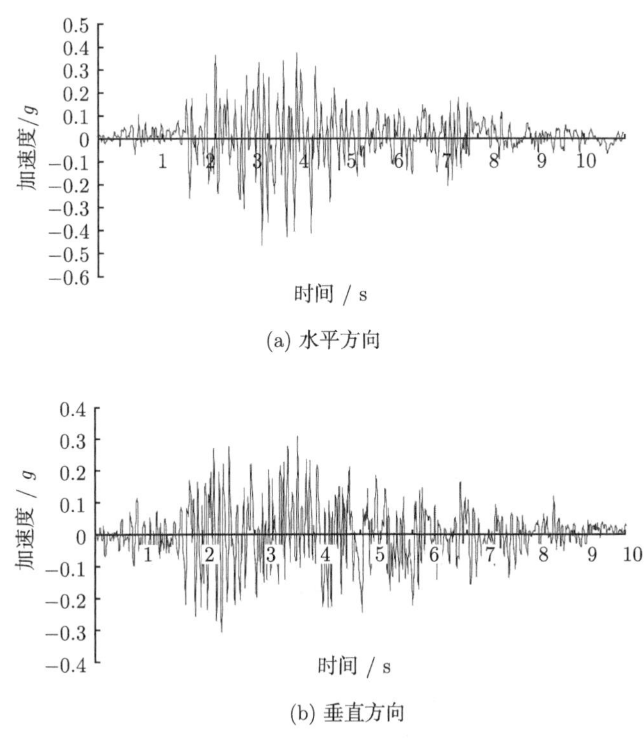

(a) 水平方向

(b) 垂直方向

图 10.4 地震加速度时程曲线

10.6 模 态 分 析

模态分析是各种动力学分析类型中的基础内容，在进行其他动力学分析之前首先要进行模态分析，采用 ABAQUS 有限元软件中的 Lanczos 法提取大坝前 4 阶频率。表 10.2、表 10.3 分别为 Koyna 重力坝空库和满库状态下前 4 阶频率，通过与文献中数据对比可知误差较小，证明建立的模型及开发的三维附加质量单元用户子程序是正确的。

表 10.2 Koyna 重力坝 (空库) 前 4 阶频率

计算模型	模态阶次			
	1	2	3	4
数值模拟结果	18.884	50.123	68.214	98.626
Choppra 计算	19.27	51.50	67.56	99.73
赵光恒计算[76]	19.876	52.331	69.011	101.290

表 10.3　Koyna 重力坝 (满库) 前 4 阶频率

计算模型	模态阶次			
	1	2	3	4
数值模拟结果	17.314	45.610	68.507	93.538
赵光恒计算[76]	17.157	45.505	68.263	93.760
黄耀英等计算[146]	17.119	45.756	69.055	94.765

10.7　时程分析

运用 ABAQUS 有限元软件对三维 Koyna 坝体进行动力时程运算并分析计算结果，分别提取坝体上关键位置点，研究其位移、应力等随时间历程的变化情况，并与 1967 年 Koyna 大坝震害记录作比较，从而验证模拟方法及附加质量子程序的正确性。关键位置点分布如图 10.1 所示，其中 A、E 分别为上、下游坝顶，B 为坝踵，C 为坝趾，D 为下游折坡点。

表 10.4 为地震持续过程中坝体上各特征点在各个方向上应力和位移的峰值及相应峰值出现的时刻，其中水平位移负值为上游方向，正值代表下游方向；竖直位移负值为垂直向下方向，正值代表竖直向上；应力值正为压负为拉。

表 10.4　各特征点峰值应力、位移

特征点编号			A	B	C	D	E
水平方向	位移	峰值/mm	−41.42	—	—	11.43	−41.42
		峰值时间/s	4.64	—	—	4.48	4.64
	应力	峰值/MPa	−0.015	−0.628	−0.569	−4.522	−0.013
		峰值时间/s	4.63	3.34	4.48	4.81	4.63
竖直方向	位移	峰值/mm	−10.56	—	—	3.23	4.81
		峰值时间/s	4.63	—	—	4.65	4.99
	应力	峰值/MPa	−0.146	−5.588	−1.669	−12.738	−0.165
		峰值时间/s	2.43	4.56	4.48	4.81	3.84

由表 10.4 发现，坝顶处应力很小，震后也未出现塑性破坏，只是在地震过程中晃动比较严重，所以出现较大位移。坝踵和坝趾处在地震中的晃动几乎可以忽略。故着重分析坝顶位置和折坡点处的位移时程变化规律，以及坝踵坝趾处和下游折坡点位置的应力时程变化规律。

10.7.1　位移时程曲线

图 10.5~图 10.7 分别为上游坝顶 A、下游坝顶 E 及下游折坡点 D 处的位移时程曲线。图 10.5(a)、(b) 分为上游坝顶 A 点在地震过程中水平和竖直方向上位移的时程曲线图。由图 10.5 可看出，上游坝顶在地震持续过程中震动剧烈，在 4.6s

左右两个方向的位移几乎同时达到峰值，其中水平最大位移达到 41.42mm，竖直方向峰值位移为 4.63mm。随着地震过程的持续，由于地震动作用减弱，坝体晃动幅度减小，在地震过程结束后，坝体竖向位移几乎恢复到震前状态，但水平方向产生了 10mm 左右的偏向于上游方向的永久性水平位移。

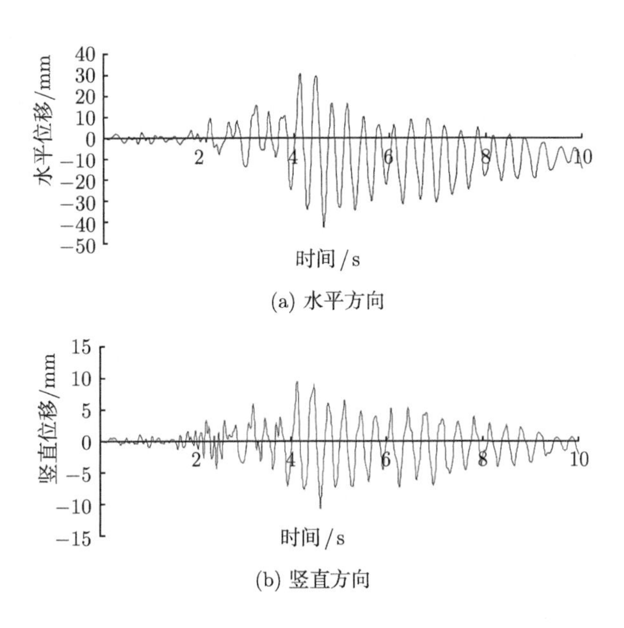

(a) 水平方向

(b) 竖直方向

图 10.5 上游坝顶 A 位移时程曲线

图 10.6 为下游坝顶 E 点的位移时程曲线图，比较图 10.5 和图 10.6 可以发现，上、下游坝顶处的水平位移变化趋势基本相同，但竖直方向上位移的变化规律则大不相同。在地震作用前期，即 4s 之前，下游坝顶 E 的运动轨迹与 A 点差别不大，都是在地震波的作用下产生往复晃动，但是在 4s 以后，随着地震作用的加强，下游坝顶产生了 3mm 左右的永久性竖向位移，直至地震过程结束，说明在下游位置出现了水平向的裂缝，导致上部坝体较震前出现位置升高的现象。

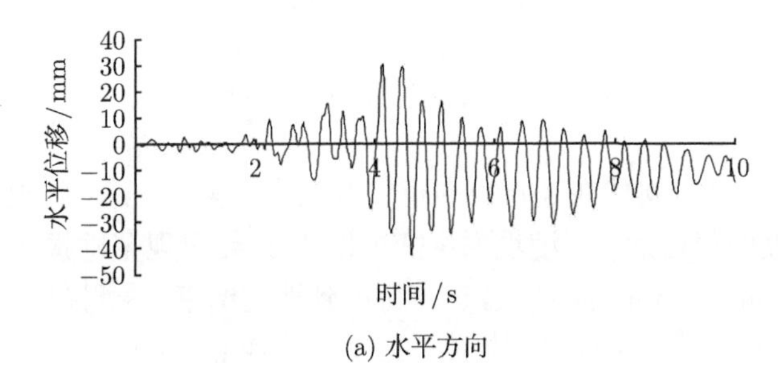

(a) 水平方向

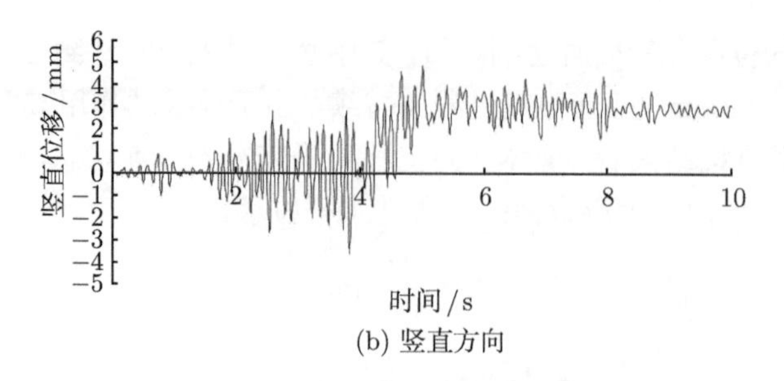

(b) 竖直方向

图 10.6　下游坝顶 E 位移时程曲线

图 10.7 为下游折坡点 D 的位移时程曲线图，其中水平方向主要是随着地震过程的持续坝体沿上下游方向晃动，且上下游晃动幅度基本相同，都是随着地震加速度的加强而增大，但略滞后于加速度，在 4.48s 时达到最大位移 11.43mm。随后地震作用减弱，坝体晃动幅度减小，至地震作用结束时坝体基本回到原来位置，仅向上游方向偏移 1.45mm 的距离。

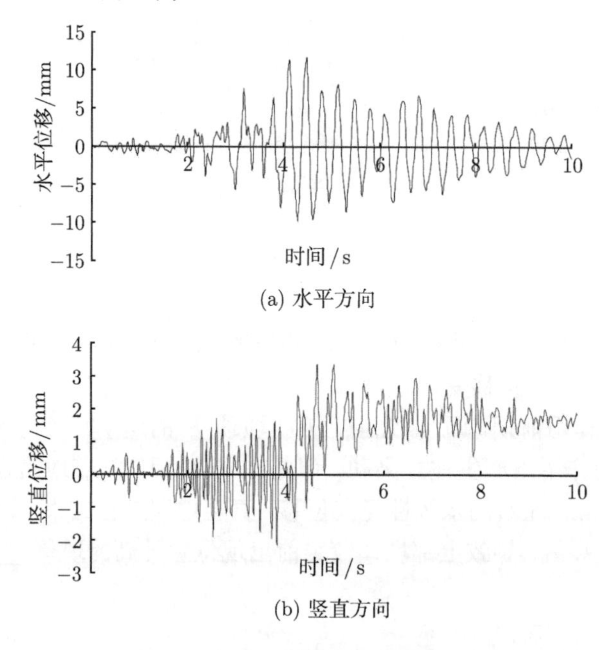

(b) 竖直方向

图 10.7　折坡点 D 位移时程曲线

在地震作用前期，坝体在竖直方向也仅发生上下晃动，晃动幅度在 2mm 以内，但在地震加速度峰值过后，下游坝面突变处即 E 点处出现塑性损伤，4s 后 E 点的竖直方向出现 2mm 左右的位移，并一直持续到地震结束，表明在 E 处出现了宽度为 2mm 左右的裂缝，与 1967 年的 Koyna 大坝震害记录吻合。

10.7.2 应力时程曲线

图 10.8~图 10.10 为地震过程中坝踵 B 点、坝趾 C 点及下游折坡点 D 处的应力时程曲线。由图 10.8 可知：在地震过程中，坝踵处水平向应力值较小，坝踵处的破坏主要是由于竖向拉应力过大，超过了混凝土的动态抗拉前强度值，最大拉应力接近 6MPa。但相关研究资料表明，按线弹性有限元动力分析的结果，大坝坝踵都会因角缘效应而呈现拉应力集中，Koyna 大坝、新丰江工程及西菲罗大头坝这三个坝体经受强震后，都没有出现坝基面拉裂和剪切破坏，坝体都保持了整体稳定性。

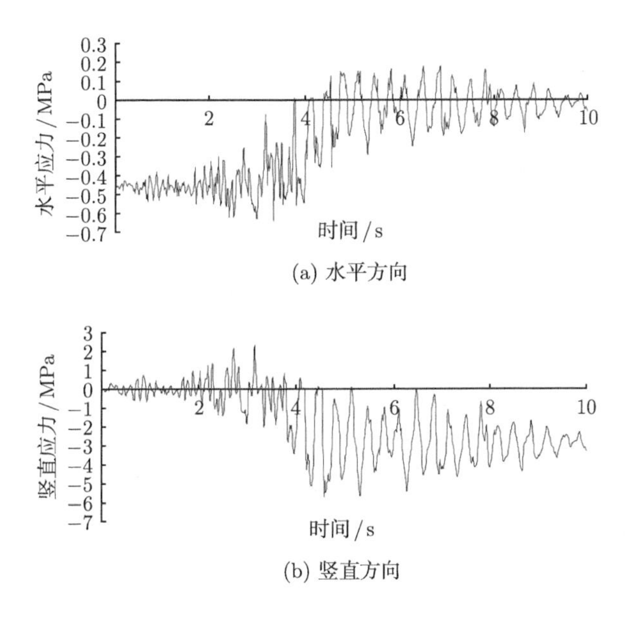

(a) 水平方向

(b) 竖直方向

图 10.8 坝踵 B 应力时程曲线

图 10.9 为坝趾处的应力时程曲线图，从图 10.9 可以看出，坝趾处两个方向上的应力值均较小，水平向最大拉应力值仅为 0.56MPa，竖向拉应力值最大为 1.67MPa，都在混凝土的动态抗拉强度之内，说明坝趾区域并非坝体的抗震薄弱部位。

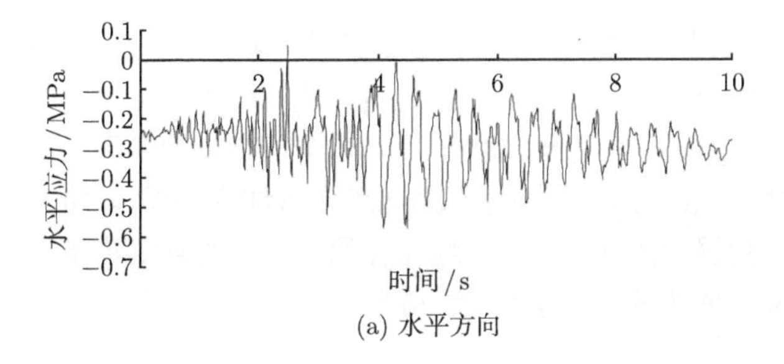

(a) 水平方向

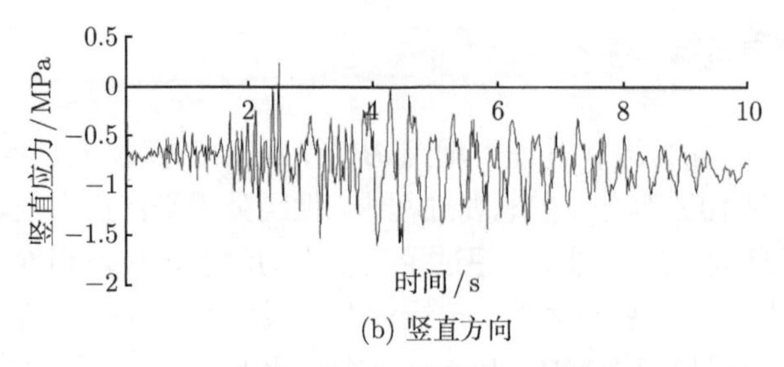

(b) 竖直方向

图 10.9　坝趾 C 应力时程曲线

图 10.10 为折坡点处的应力变化曲线图，其水平和竖直方向应力变化趋势基本相同，只是峰值不同，水平应力峰值为 4.522MPa，竖直应力峰值为 12.738MPa，均超过了混凝土动态抗拉强度，所以出现了较严重的损伤破坏。两个方向应力峰值出现在同一时刻，均在 4.8s 左右，这也是坝体裂缝扩展最快的时刻，略滞后于地震波最大加速度出现时间。

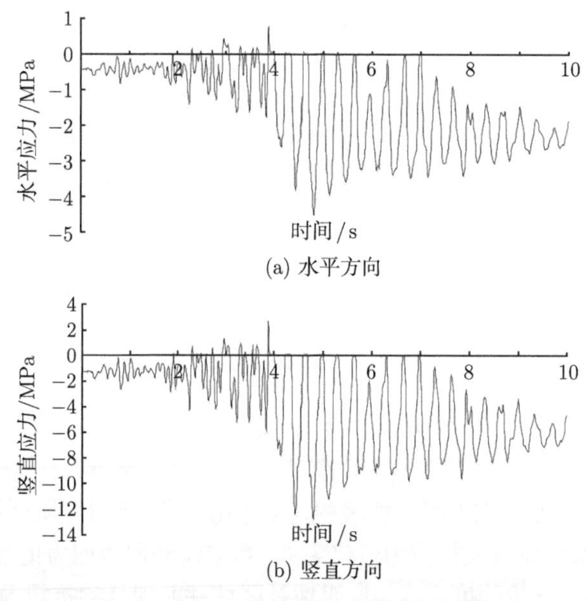

(b) 竖直方向

图 10.10　下游折坡点 D 应力时程曲线

在地震持续过程中，前期由于地震加速度小，坝体能够抵御由震动引起的破坏作用，两个方向的应力均低于混凝土的抗拉强度，坝体只发生晃动，并未出现裂缝等不可逆转的破坏现象。随着地震波加强，地震的破坏作用超过了坝体自身抵抗能力，坝面突变处产生应力集中，应力值随着地震的持续急剧增加，尤其是竖向应力值，最大达到抗拉强度的 4 倍以上。地震作用末期，加速度减弱，拉应力也相应减小，但竖向拉应力依然较大，直到地震结束。

10.8 损伤分析

Koyna 大坝是国外遭受 8 度以上强震的两个百米级重力坝之一，震灾情况为 12~18 号、24~30 号坝段坝顶以下 40m 左右位置产生了多条水平裂缝，下游面出现了严重的漏水现象，即裂缝已经贯通了上下游。说明重力坝上部，尤其是断面突变处，是其抗震薄弱部位，在强震作用下，上部坝体易开裂。震后 Koyna 坝体保持了整体稳定性，坝基面未出现拉裂和剪切损坏[150]。

图 10.11 为模拟的地震过程中坝体断面拉伸损伤云纹图，由图 10.11 可以看出坝体破坏主要集中在下游折坡点处。地震前期地震动加速度较小，未对坝体造成损伤破坏，图 10.11(a) 为 2s 时的坝体断面拉伸损伤云纹图，损伤值为零。2s 后地震加速度变大，震动剧烈，坝体局部区域主要是下游折坡点位置及坝顶以下 40m 左右处，4s 左右坝体开始出现明显的破坏，损伤区域由坝面处向坝体内部扩展，逐渐形成贯穿上下游的水平裂缝。5s 后地震作用减弱，破坏面积没有进一步扩大，主要是已经形成的贯穿裂缝继续发展，严重的贯穿裂缝导致下游面出现漏水现象，符合 1967 年的震害记录。

坝踵处出现了较轻微的损伤破坏，原因是刚性地基没有考虑地基的影响[151]，但震后坝体保持了整体稳定性，亦符合当时的实际情况。说明三维附加质量法的运用是合理可行的，能相对准确地模拟地震作用下水体对坝体的相互作用情况，为今后工程界处理此类问题提供了简便可靠的解决方法。

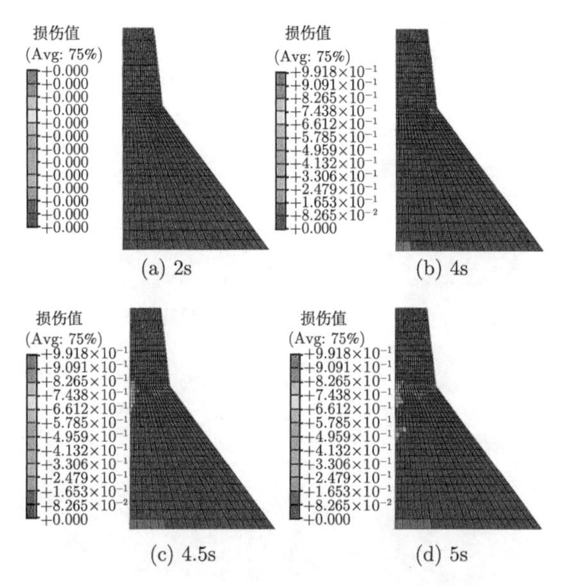

(a) 2s (b) 4s (c) 4.5s (d) 5s

图 10.11 坝体断面损伤云纹图 (后附彩图)

10.9　本章小结

依据 1967 年印度 Koyna 混凝土重力坝地震相关资料数据，建立坝体三维计算模型，采用 Westergaard 提出的附加质量法考虑地震作用下动水压力的影响，利用 ABAQUS 软件用户子程序接口 UEL，开发编写三维附加质量单元子程序。进行地震时程计算，并分析坝体损伤、应力、位移等在地震过程中的响应规律，得出以下结论：

(1) 计算结果与 1967 年震害记录基本吻合，说明三维附加质量子程序的开发是合理可行的，为工程界处理类似三维水体–结构动水相互作用问题提供了新的简单快捷的方法。

(2) 重力坝在地震过程中的损伤破坏主要集中在坝体中上部，坝面突变处是其抗震薄弱部位，特别是下游折坡点位置易出现贯穿裂缝，应引起足够重视。

(3) 下游折坡点处易产生应力集中，应力值远大于混凝土的动态抗拉强度值，最大拉应力达到 12.738MPa，应避免出现坝面突变，折坡点处尽量采用圆弧等形式。

(4) 地震中坝顶震动剧烈，主要沿上下游方向晃动，最大振幅达到 41.42mm，坝顶处构造设施应采取相应措施避免发生破坏。

第11章　不同地震波输入方式下重力坝动力响应研究

11.1　工程简介

某水库是大型水源工程，根据水资源情势及地区国民经济发展的需要，此水库是确保某地区具有战略性的基础设施，修建的必要性和紧迫性是比较明显的。事实也证明此水库建成后为该地区的发展发挥了巨大的作用。

此水库是一座供水、灌溉、发电、养殖等综合利用的大型控制枢纽工程，控制流域面积 $5060km^2$，占全流域的 80%。水库正常蓄水位 158.8m，死水位 104m，坝顶高程 163.3m，最大坝高 98.3m，总库容 $17.8m^3$，属大 I 型水利工程。

此水库地质构造复杂，全区地震频繁，特别是坝址区南段尤为突出。一、二坝段属相对稳定区，基本烈度为 6 度，三坝段基本烈度为 7 度，考虑到枢纽重要性和水库诱发地震等因素的影响，大坝设计烈度提高 1 度。

水库大坝为混凝土重力坝，建成后的此水库如图 11.1 所示，图 11.2 为有限元软件模拟的大坝示意图。

图 11.1　某水库俯瞰图

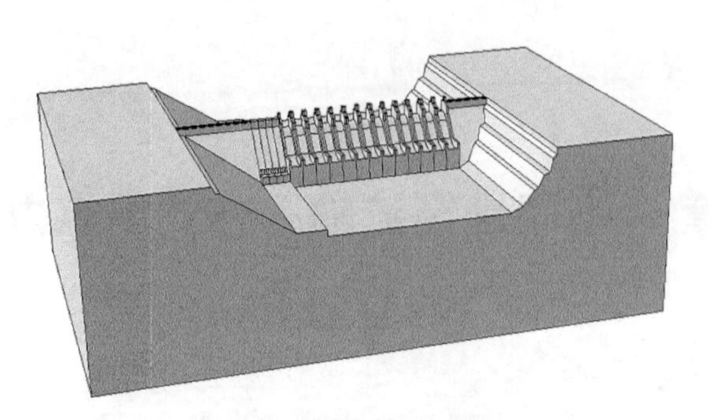

图 11.2　大坝实体模型图

11.2 计 算 模 型

选取南段区挡水坝段建立三维有限元模型，其中：坝段宽度为 20m，坝高 89.24m，坝底宽 72.5m，坝顶宽度为 8m，坝前水位 84.74m，具体尺寸详见图 11.3 坝体剖面图。分别自上、下游坝踵、坝趾位置延伸 2 倍坝高，同时向下延伸 1.5 倍坝高，作为坝基，建立如图 11.4 所示的有限元模型，采用 C3D8R 单元，即 8 结点实体减缩单元，上游坝体与水体接触表面采用附加质量单元，模型中共 34650 个结点，其中 34000 个 C3D8R 单元，650 个附加质量单元。

计算中，固定坝基底部边界，坝基四周施加法向约束，地震波由坝基底部施加，经由坝基传至坝体。上游与库水接触坝面施加静水压力的同时附加库水质量。

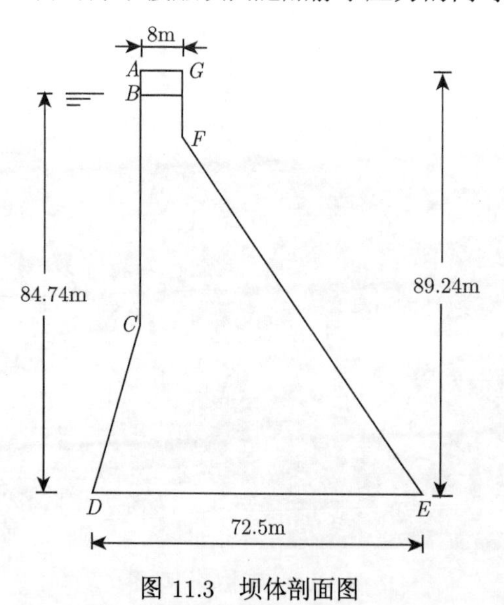

图 11.3　坝体剖面图

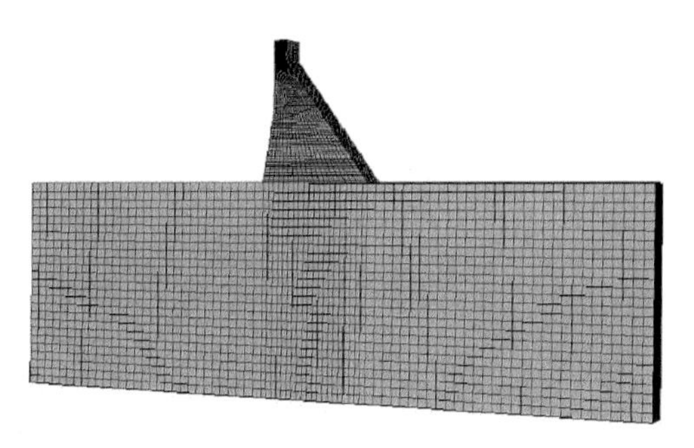

图 11.4 计算模型

11.3 本 构 模 型

根据《水工建筑物抗震设计规范》(SL203—97) 规定，在抗震强度计算中，混凝土动态强度和动态弹性模量的标准值可较其静态标准值提高 30%，混凝土动态抗拉强度的标准值可取为动态抗压强度标准值的 10%。

某大坝为 C20 混凝土，在模型中坝体材料采用混凝土损伤塑性本构模型，其具体力学参数设置如下：密度为 2450kg/m^3，弹性模量 $E = 33.15$GPa，泊松比为 0.167，坝基部分采用弹性模型。表 11.1、表 11.2 分别为混凝土压缩和拉伸下的塑性参数，图 11.5 和图 11.6 为对应的压缩、拉伸应力-应变曲线图。

表 11.1 混凝土压缩硬化系数

压应力/MPa	压缩非弹性应变值
18.291	0.000000
26.13	0.000802
19.02758	0.002456
13.09529	0.004080
9.751105	0.005638
7.710469	0.007162
6.356818	0.008668
5.399537	0.010165
4.6891	0.011655
4.141917	0.013141

表 11.2 混凝土拉伸硬化系数

拉应力/MPa	拉伸非弹性应变值
2.61292	0.000000
2.177433	2.83×10^{-5}
1.334831	0.000149
0.919801	0.000257

续表

拉应力/MPa	拉伸非弹性应变值
0.715546	0.000359
0.59405	0.000458
0.512839	0.000556
0.454289	0.000653
0.40981	0.000749
0.374705	0.000846
0.128123	0.003806

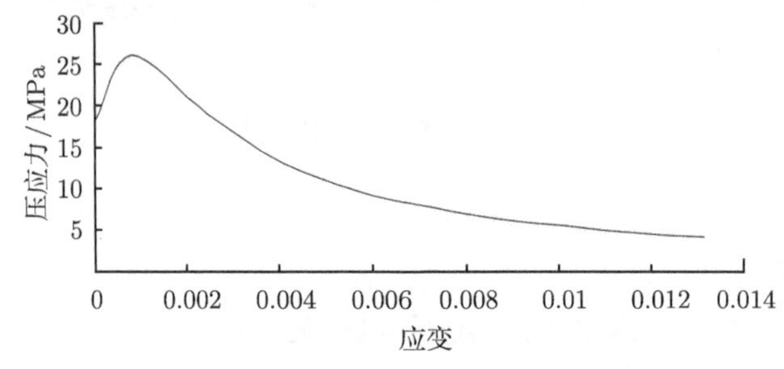

图 11.5 压缩应力-应变曲线

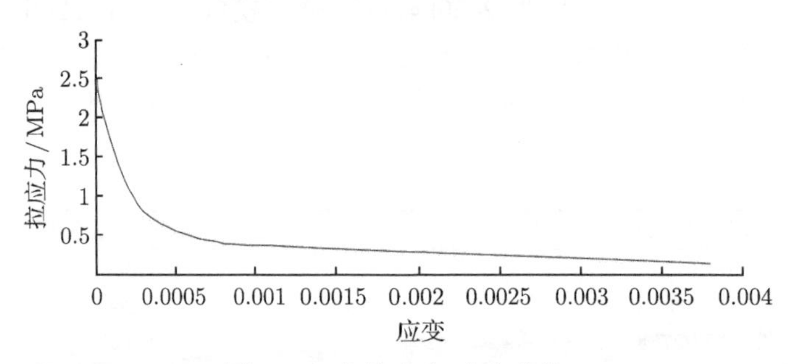

图 11.6 拉伸应力-应变曲线

11.4 地 震 波

11.4.1 地震动输入机制

坝址地震动输入机制包括作为表征坝址地震作用强度基本参数的正确理解及其输入方式。在中国的大坝工程抗震设计实践中，由于对坝址地震动输入机制缺乏共识，常导致对同一工程中不同单位的抗震分析结果，难以在同一个地震动输入基础上进行相互比较和校核，并直接影响到对工程抗震安全评价。

综合各个国家专家和学者的观点，现在比较常用的或者具有一定共识的地震动输入方式主要有四种，分别是：

(1) 在考虑坝基质量的前提下，直接在坝基表面输入坝址区域地表自由场地震记录；

(2) 忽略坝基质量，即通常所说的无质量地基近似处理方式，然后在坝基表面直接输入地表自由场地震记录；

(3) 考虑坝基的质量，在建立的有限元模型底部或者坝基的底部输入地表自由场地震记录；

(4) 反演坝址区的自由场地震记录，得到新的地震动时程数据，将该时程数据输入到坝基底部进行地震动模拟运算。

目前普遍为工程界所认可并广泛采用的处理方法是，研究混凝土大坝-坝基的相互作用问题，在对坝体结构进行动力分析中，同时计入坝体和坝基的刚度，但只计入坝体的质量，有限元分析过程中，对应于地基自由度的质量矩阵的元素充零。坝基单元只考虑弹性，不考虑质量，以消除波的传播效应，避免人为的放大作用。经过这样的处理所得到的计算成果比较接近实际工程情况。

11.4.2 地震波选取

用时程动力法计算重力坝的地震反应时，把地震运动的加速度历程曲线直接作为地震荷载输入，这样就要求必须选取正确的地震波作为加载波形。一般坝址区很少有现成的强震记录，即使有，今后可能发生的地震运动与历史上曾经发生的地震记录也不可能完全相同，目前大都采用已有的强震记录作为加载波，并通过一定的处理，使其成为所需要的波形。

某大坝坝址区未发生过强震破坏，没有现成的强震记录，选取坝址区周边区域的地震记录作为加载波形也是工程界通常采用的做法之一。本章选取了三条分别为唐山波、天津波和迁安波。

唐山波为 1976 年唐山大地震所记录下的地震波，震级 7.8 级，时间间隔 0.01s，地震持时 20s，有效频宽 0.30~35.00Hz。顺河向最大地震加速度为 0.167g，出现在 12.62s，横河向最大地震加速度为 $-0.134g$，出现在 9.67s，竖直方向最大地震加速度为 0.111g，出现在 12.86s。唐山波地震加速度时程曲线如图 11.7 所示。

天津波是工程中经常用到的地震波，震级为 6.9 级，时间间隔 0.01s，地震持时 19s，有效频宽 0.30~35.00Hz。顺河向最大地震加速度为 0.149g，出现在 7.64s，横河向最大地震加速度为 $-0.106g$，出现在 7.58s，垂直方向最大地震加速度为 0.075g，出现在 9.03s。天津波地震加速度时程曲线如图 11.8 所示。

迁安波取自 1976 年 8 月 31 日唐山大地震中的一次 5.8 级余震记录，由于记录地点在迁安地震台，因此通常被称为“迁安波”。迁安波时间间隔为 0.01s，地震持时 22s，有效频宽为 0.30~35.00Hz。迁安波顺河方向最大地震加速度为 0.135g，出现在 4.29s，横河方向最大地震加速度为 $0.099g$，出现在 1.86s，竖直方向最大地震加速度为 $-0.081g$，出现在 0.88s。迁安波地震加速度时程曲线如图 11.9 所示。

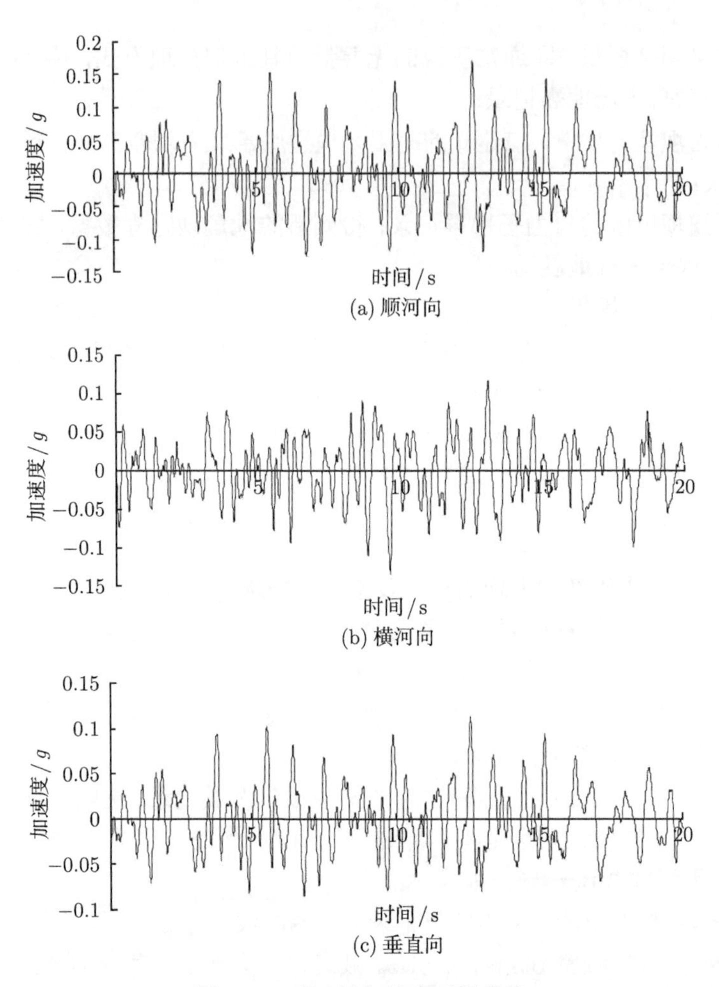

(a) 顺河向

(b) 横河向

(c) 垂直向

图 11.7　唐山波加速度时程曲线

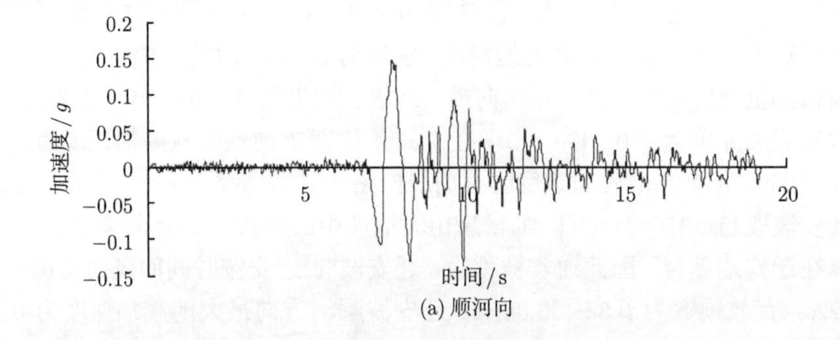

(a) 顺河向

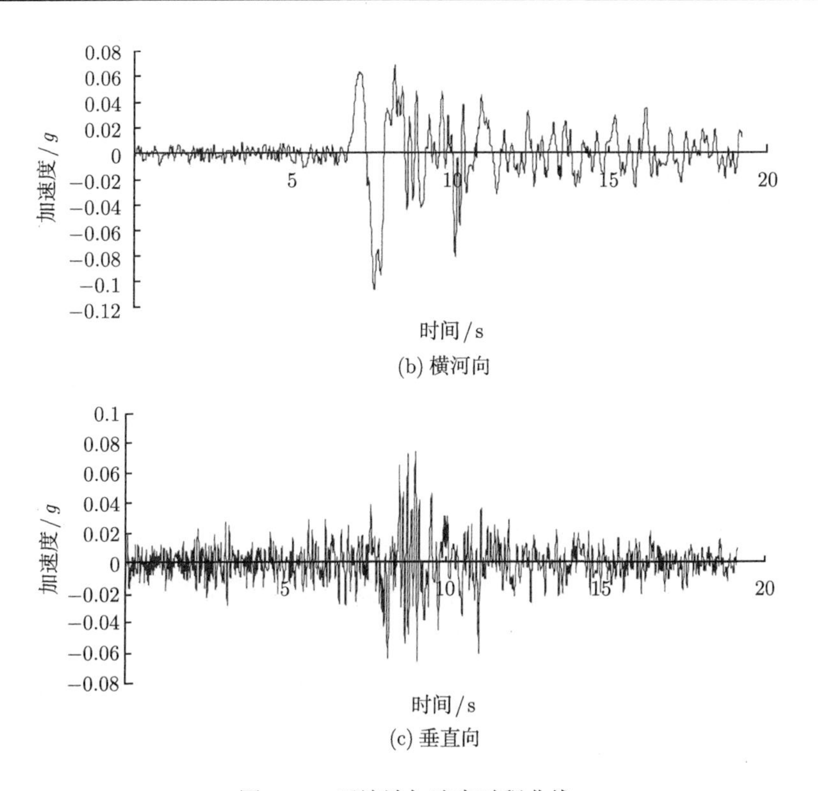

图 11.8 天津波加速度时程曲线

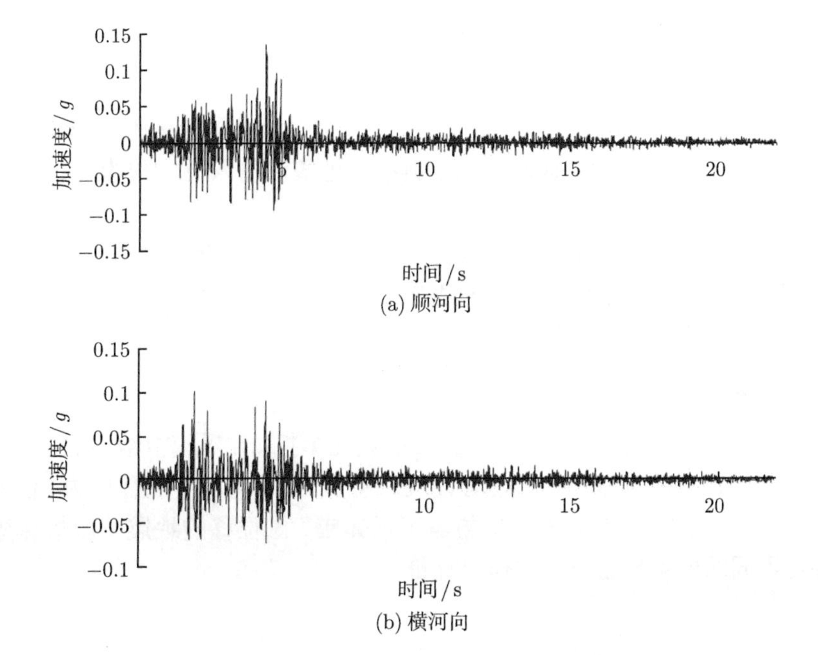

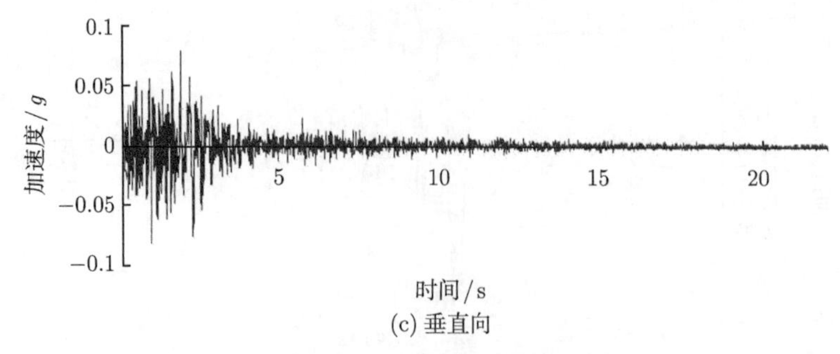

(c) 垂直向

图 11.9 迁安波加速度时程曲线

地震波在空间的传播方向十分复杂，不同方向的地震波对重力坝影响差异较大。根据《水工建筑物抗震设计规范》(DL5073—2000) 中规定，一般情况下混凝土重力坝在抗震设计中可只计入顺河方向的水平向地震作用，对两岸陡坡上重力坝段，亦计入垂直于河流方向的水平向地震作用。

本章结合某大坝的相关具体资料，分别对只计入顺河向地震波、计入顺河向和垂直方向地震波及同时计入顺河向、垂直向、横河向三个方向地震波的情况进行模拟计算，并研究了垂直向地震波与横河向地震波对重力坝抗震性能的影响程度，最后对某大坝进行了多波验算，研究了不同地震波作用下大坝的抗震性能。

11.5 地震波输入方式对比

11.5.1 模拟方案

为了研究垂直向地震波与横河向地震波在重力坝抗震计算中的影响程度，本节以迁安波作为加载波形，选取了三个典型的地震波输入方式作为三种方案进行模拟计算，分别是：

方案 1：加载顺河向地震波；

方案 2：加载顺河向地震波 + 垂直向地震波；

方案 3：加载顺河向地震波 + 垂直向地震波 + 横河向地震波。

11.5.2 结果分析

分别对以上三种方案进行 ABAQUS 有限元模拟，并对模拟结果加以分析。主要从坝体各特征点的应力和位移时程曲线入手，对各个方案中坝体应力、位移极值及相应出现时刻进行比较，对不同方案下坝体应力、位移的地震响应规律进行分析，并对不同的地震波输入方式作出评价。

1. 应力分析

相关震害记录及研究资料表明，重力坝上部尤其是断面突变处即下游折坡点位置是抗震薄弱部位，折坡点处也是整个坝体中应力最大的部位，所以只对下游折坡点处的应力时程曲线加以分析。

图 11.10 分别为三个方案下游折坡点处顺河方向的应力时程曲线，在三个方案中，顺河向应力值均较小，远低于坝体混凝土的动态抗拉强度。方案 1 中应力变化范围为 −0.4~0.2MPa，方案 2 应力变化范围为 −0.8~0.4MPa，方案 3 应力变化范围为 −0.8~0.4MPa，方案 2 与方案 3 的应力值大约是方案 1 的两倍，且方案 2 与方案 3 的应力时程变化趋势大致相同，方案 1 与后两个方案有差异，峰值应力出现时刻也不同。

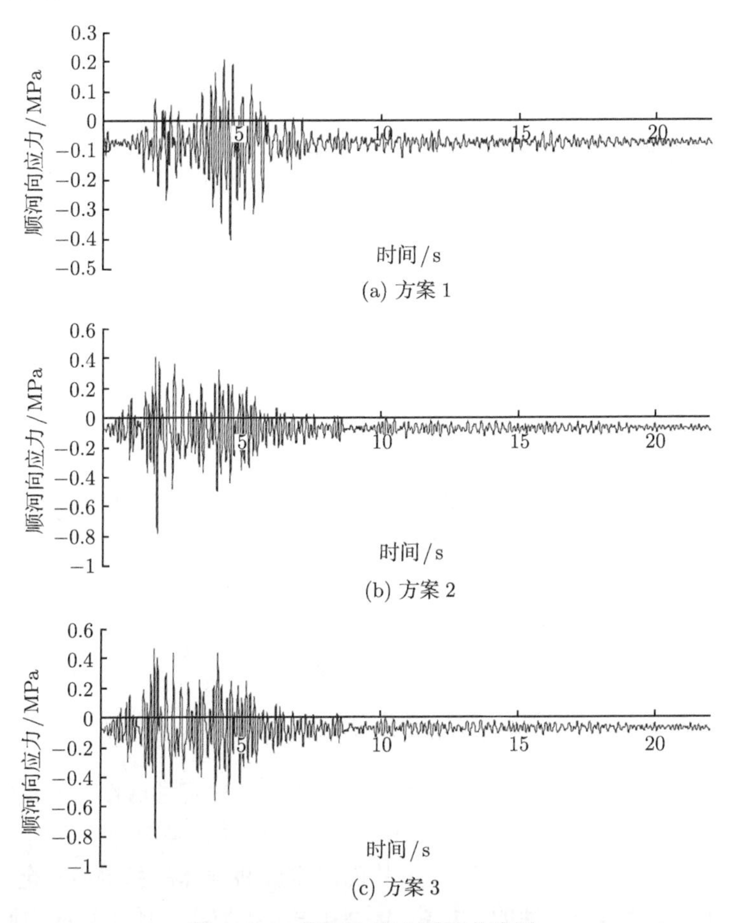

图 11.10 顺河向应力时程曲线图

图 11.11 分别为三个方案下游折坡点处横河方向的应力时程曲线，与顺河向类

似，方案 2 与方案 3 的变化趋势相近，不同于方案 1，后两个方案应力极值出现时刻明显早于方案 1，且方案 2 和方案 3 的应力变化范围是方案 1 的两倍。三个方案中横河向应力值较顺河向更小，均低于 0.1MPa，在实际工程计算中可以忽略，不加考虑。

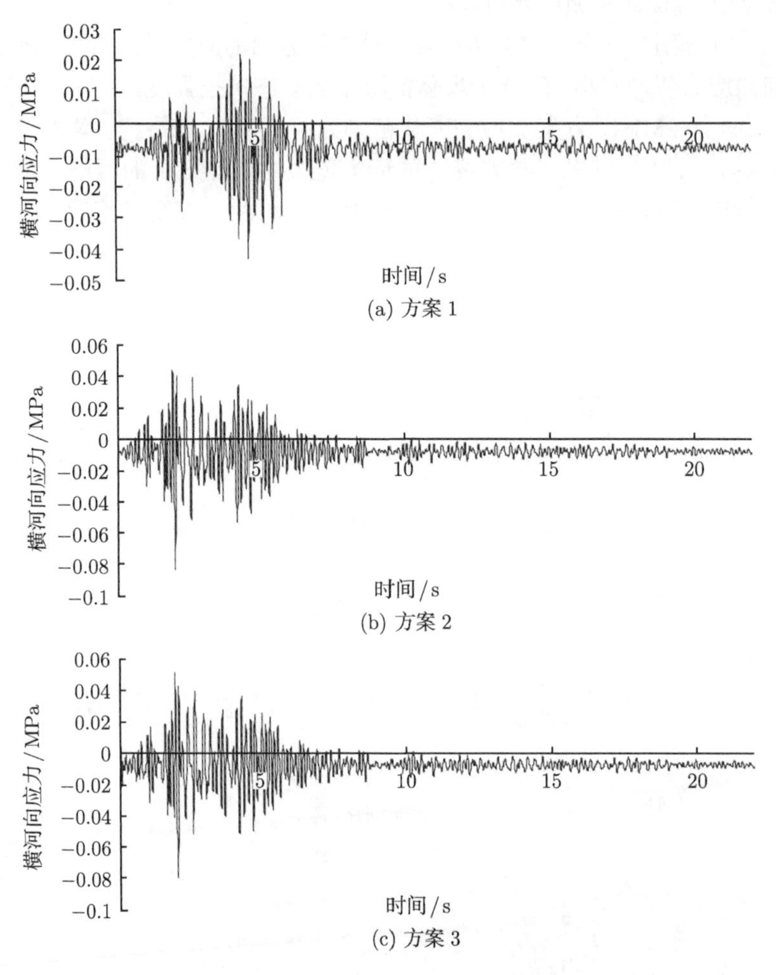

(a) 方案 1

(b) 方案 2

(c) 方案 3

图 11.11　横河向应力时程曲线图

图 11.12 分别为三个方案下游折坡点处垂直应力时程曲线图，坝体在地震中的破坏主要集中在下游折坡点处，而折坡点部位主要是在竖向拉应力的作用下发生拉裂，导致该部位出现水平贯穿裂缝，从而严重威胁坝体的稳定与安全，所以折坡点垂直拉应力是最具破坏性的。由图 11.12 可知，折坡点处的垂直应力明显大于顺河向与横河向，方案 1 中最大拉应力为 1.05MPa，方案 2 为 1.96MPa，方案 3 最大拉应力达到了 2.12MPa，均低于混凝土的动态抗拉极限值 2.6MPa。

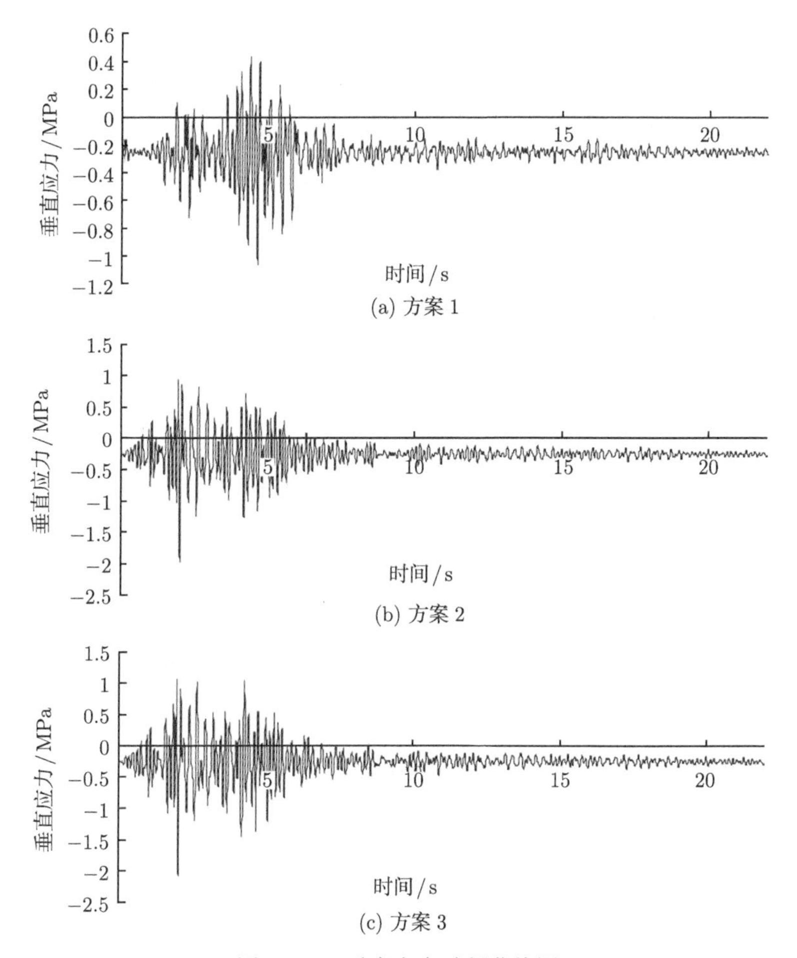

(a) 方案 1

(b) 方案 2

(c) 方案 3

图 11.12 垂直应力时程曲线图

比较图 11.10~图 11.12 可以发现，三种地震波输入方式下坝体的动力响应分析有着很大差别。方案 1 中只输入顺河方向地震波，地震对坝体造成的破坏作用较小，下游折坡点处三个方向的应力值均远小于混凝土的极限值。方案 2 在输入顺河向地震作用的同时考虑了垂直向地震波，方案 3 则同时加载了三个方向的地震作用，从结果分析来看，后两个方案在三个方向的最大应力值均大约是方案 1 的两倍，且方案 2 和方案 3 的时程变化规律基本相同。后两个方案的应力时程变化趋势与方案 1 差别明显，主要体现在峰值应力的出现时间上，方案 1 中最大应力出现时刻与顺河向地震波加速度最大时刻相吻合，方案 2 和方案 3 是两个或多个地震作用共同作用的结果，峰值应力出现的时刻明显晚于方案 1。

在抗震分析中，单纯计入顺河向地震作用的计算结果偏小，未充分考虑地震对实际工程的破坏作用。同时输入顺河向与垂直向地震作用的结果是单纯考虑顺河向地震作用的两倍，说明垂直向地震作用对重力坝的影响较大。同时计入三个方向地震作用的影响，较只考虑顺河向和垂直向两个方向的情况，结果略有提高，但差别不大，说明在抗震计算中同时计入三个方向的地震作用是最危险的一种计算方案，但在应力分析中横河向地震作用的影响较小。

2. 位移分析

地震过程中大坝的晃动主要体现坝体的中上部，特别是坝顶位置晃动最为剧烈，严重威胁着坝顶建筑构造的安全与稳定，本节从下游坝顶在地震过程中的运动时程曲线出发，着重分析不同地震波输入方式下坝顶处的位移时程变化规律的不同，从中发现并总结规律。

图 11.13 为下游坝顶位置在地震过程中顺河方向的位移时程曲线图，方案 1 中由于仅考虑了顺河向的地震作用，坝顶位移较小，顺河方向位移在 $-5.6\sim4.6$mm，

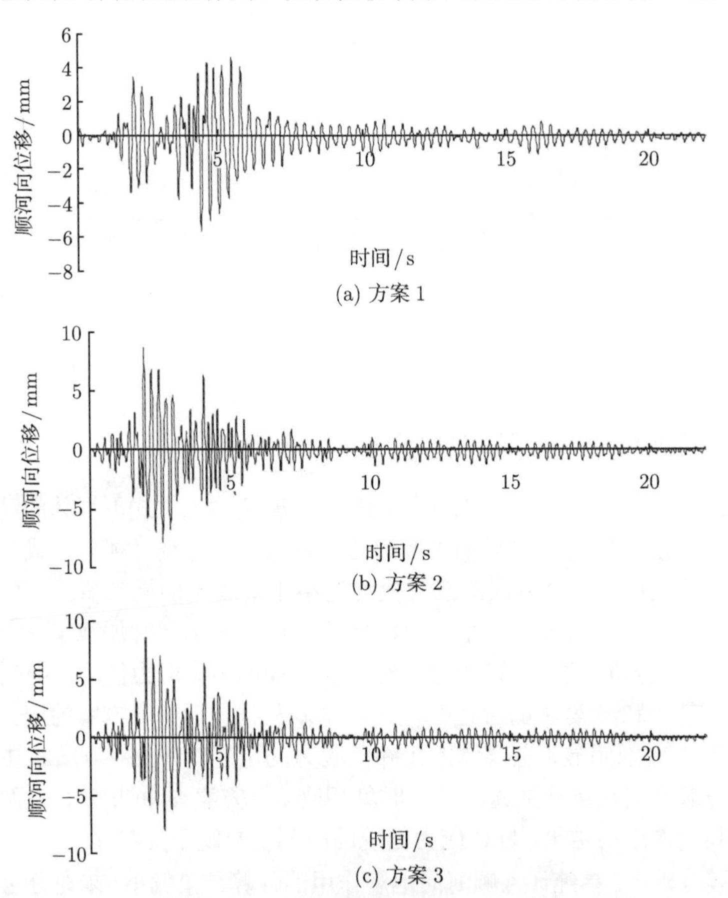

(a) 方案 1

(b) 方案 2

(c) 方案 3

图 11.13　下游坝顶顺河向位移时程曲线

最大位移出现在 5s 附近。方案 2 与方案 3 在考虑顺河向地震作用的同时，由于分别加载了垂直向地震波和垂直向与横河向两个方向的地震波动，所以坝顶位移较方案 1 大，都是在 −8～9mm 范围内，但二者的位移时程变化基本相同，在 2～3s 内位移较大，与方案 1 不同。

图 11.14 为下游坝顶位置在地震过程中横河方向的位移时程曲线图，由于方案 1 与方案 2 都没有考虑横河向地震作用的影响，所以前两个方案中坝体在横河方向的位移非常小，在实际分析中以致可以忽略。方案 3 同时计入了三个方向的地震作用，横河向位移最大达到了 17mm，整个坝体在横河方向发生明显的晃动，在实际震害中，极易造成相邻坝段之间发生碰撞，从而导致坝段间连接处发生破坏，威胁坝体整体稳定性。

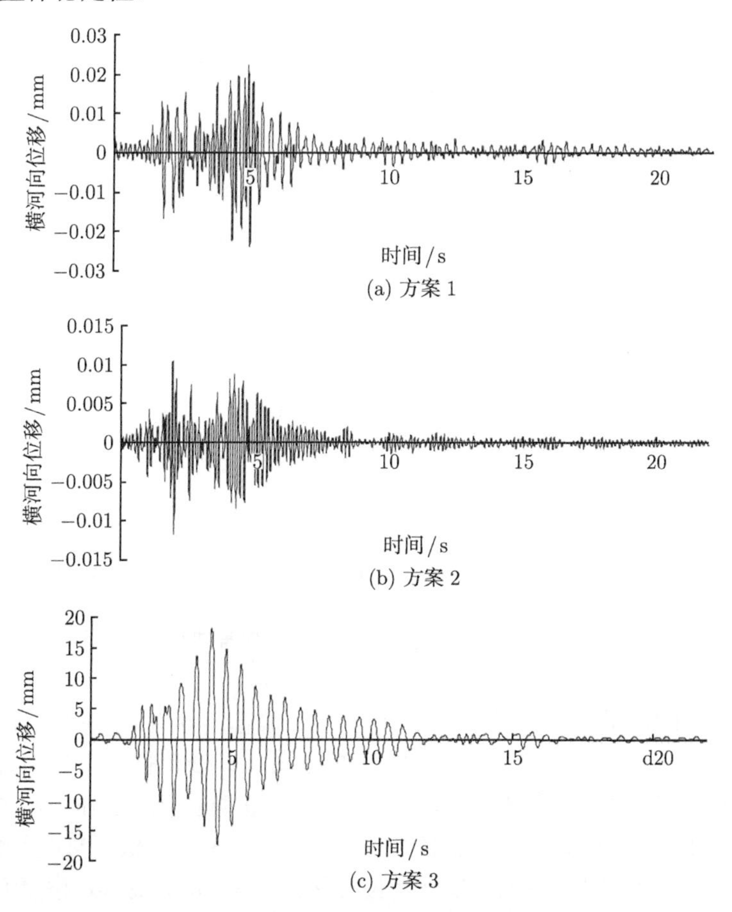

图 11.14 下游坝顶横河向位移时程曲线

图 11.15 为下游坝顶位置在地震过程中垂直方向的位移时程曲线图，由图 11.15

可以发现，三种方案在地震过程中坝顶的位移时程曲线各不相同。在数值方面，方案 1 与方案 2 都是在 −1.4～1.2mm，方案 3 大致为前两个方案的 2 倍，达到了 −2.8～2.4mm。在最大垂直位移出现时刻方面，方案 1 出现在 5s 左右，方案 2 出现在 2s 附近，方案 3 在 4～6s 位移均较大，峰值位移出现在 5s。

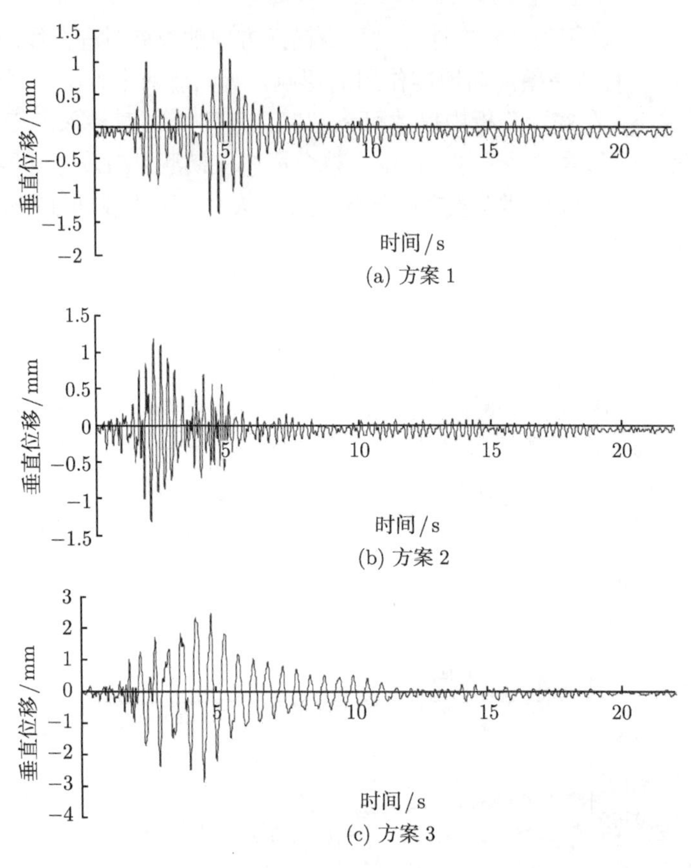

图 11.15　下游坝顶垂直位移时程曲线

比较图 11.13～图 11.15 可以发现，不同地震波输入方式下，坝顶的位移时程响应曲线不同。在顺河向位移方面，方案 2 与方案 3 的峰值位移大约为方案 1 的 2 倍，且后两个方案最大位移出现时刻早于方案 1，说明垂直地震作用对坝体的影响十分显著。在横河向位移方面，方案 1 与方案 2 由于未考虑横河向地震波，位移较小，可以忽略，而方案 3 中最大横河向位移达到了 17mm，说明忽略横河向地震作用的做法是不可取的。在垂直位移方面，考虑横河向地震作用的方案 3 是前两个方案的 2 倍，更加说明同时计入三个方向地震的作用是最危险的情况，横河向地震波在整个地震过程不能忽视。

3. 评价

在重力坝抗震分析中，同时考虑三个方向的地震作用是对坝体最不利的一种计算方案，此时无论是坝体的动态应力还是动态位移都是三个方案中最大的。横河向地震加速度和垂直地震加速度在整个抗震分析中都有着重要影响，只是在应力分析与位移分析中的影响程度不同。在今后的抗震模拟计算中，由于横河向地震加速度可能引起的坝段间碰撞问题应引起格外重视。

11.6 多 波 验 算

根据《水工建筑物抗震设计规范》(SL203—97) 中的相关规定，在抗震分析中采用动力时程分析法计算时，应选取与坝址区场地类似的地质条件下的两条地震加速度记录和一条以设计反应谱为目标的人工合成地震加速度。因为地震具有不可预知性与不可重复性，单纯计算某一条地震作用下的坝体动力响应，不能保证今后在遭遇同等级地震强度作用下坝体的安全性，也不能作为该工程地震设防的依据。所以，在动态时程分析中采用多波验算的方式，综合分析对比多条地震波作用下的坝体响应规律，为重力坝的抗震设计提供依据。

11.6.1 模拟方案

在多波验算分析中选取迁安波、天津波和唐山波进行加载，分别记为方案 1、方案 2 和方案 3，同时计入顺河向、横河向和垂直向三个方向的地震波作用，三条地震波各个方向地震加速度分布情况如表 11.3 所示。

表 11.3 三条地震波各向加速度情况分布表

方案编号	地震波	方向	峰值/g	峰值时刻/s
方案 1	迁安波	顺河向	0.135	4.29
		横河向	0.099	1.86
		垂直向	−0.081	0.88
方案 2	天津波	顺河向	0.149	7.64
		横河向	−0.106	7.58
		垂直向	0.075	9.03
方案 3	唐山波	顺河向	0.167	12.62
		横河向	−0.134	9.67
		垂直向	0.111	12.86

某大坝南岸坝区的设防烈度为 $0.15g$，三条地震波经过一定处理后的最大地震加速度分别为 $0.135g$、$0.149g$、$0.167g$，下面分别就三条地震波作用下坝体的动态响应加以分析。

11.6.2 结果分析

Koyna 震害工程及相关震害研究资料表明，在强震作用下，地震对坝体的破坏作用主要集中在重力坝上部，特别是下游断面突变处即下游折坡点位置。图 11.16 为震后各个方案坝体的拉伸损伤云纹图，图 11.16(a) 为方案 1，即迁安波作用下的坝体云纹图，由图可知，震后坝体未出现大面积损伤区域，保持了坝体的整体稳定性，说明某大坝能够抵御迁安波的破坏作用。图 11.16(b) 为方案 2，即天津波作用下的坝体拉伸损伤云纹图，天津波的最大地震加速度较迁安波有所提高，达到了 $0.149g$，从震后的云纹图可以看出，在坝踵处出现了较严重的拉伸破坏，坝颈处未出现拉伸破坏，这是因为按线弹性有限元动力分析的结果，坝踵处都会因角缘效应而呈现拉应力集中，实际震害工程中鲜有坝踵破坏的案例，故对坝踵处的拉伸破坏不加考虑。图 11.16(c) 为方案 3，即唐山地震波作用后的坝体损伤云纹图，唐山

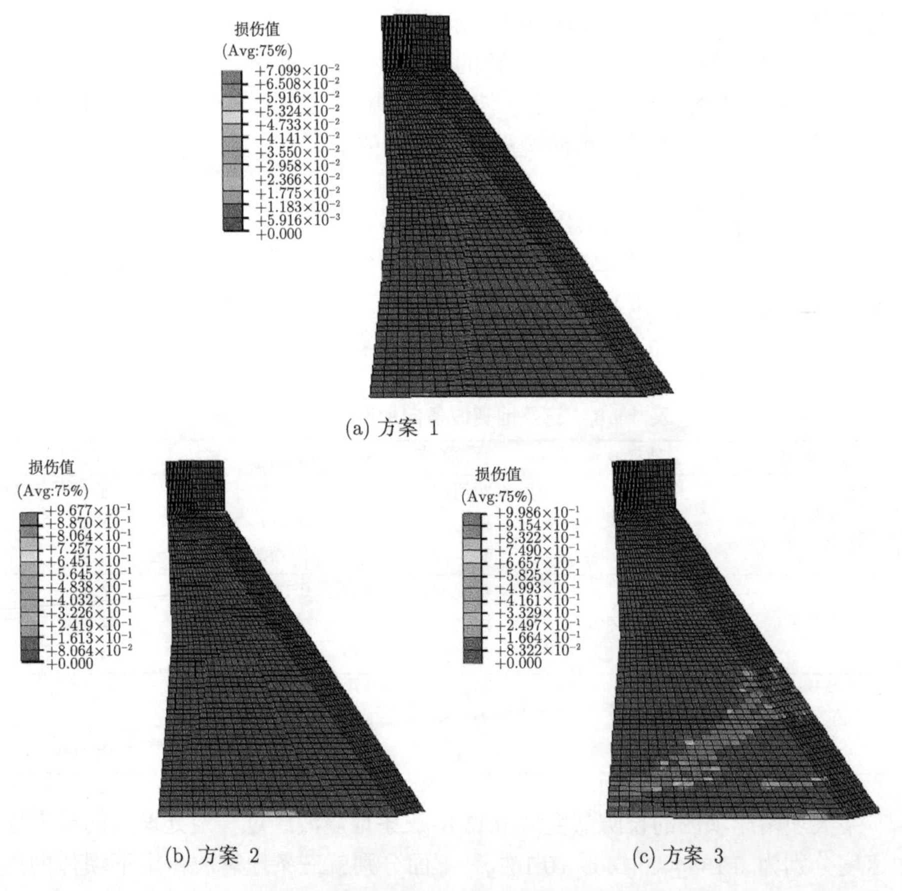

(a) 方案 1

(b) 方案 2　　(c) 方案 3

图 11.16　震后损伤云纹图 (后附彩图)

波的顺河向最大地震加速度达到了 $0.167g$，地震破坏作用较强，从震后的云纹图也可以发现，坝体中下部位置出现了严重的破坏，下游断面突变处即坝颈部分并未出现拉伸破坏，与 Koyna 大坝完全不同，这说明不同地震波作用下，坝体的地震响应不同，坝颈位置是抗震薄弱部位，但同时也不能忽视坝体其他部位的安全与稳定，同时这也说明了在进行抗震模拟验算时，采用多波验算的方式是非常必要的。

根据工程经验，震后坝体虽未出现坝体失稳等情况，但下游断面突变处由于容易出现应力集中，拉应力值依然较大，该处的应力变化趋势仍不可轻视，此外，地震过程中坝体的位移也是重力坝抗震分析中一项重要的内容。在多波验算中，对坝体特征点的应力、位移等进行汇总，各特征点编号如图 11.3 所示，应力汇总表见表 11.4，位移汇总表见表 11.5。

表 11.4 坝体特征点应力汇总表 (单位：MPa)

计算方案与结果		上游水位 B	上游折坡 C	坝踵 D	坝趾 E	下游折坡 F
方案 1(迁安波)	顺河向 S11	−0.01~0.01	−0.61~0.59	−1.33~0.48	−0.41~0.01	−0.81~0.46
	横河向 S22	−0.01~0.01	−0.20~0.22	−0.78~0.07	−0.12~0.02	−0.08~0.05
	垂直向 S33	−0.17~0.33	−0.24~−2.34	−7.50~1.26	−1.01~0.14	−2.40~1.05
方案 2(天津波)	顺河向 S11	−0.01~0.01	−0.94~0.63	−1.11~1.55	−0.45~0.18	−1.30~0.84
	横河向 S22	−0.01~0.02	−0.23~0.21	−0.56~1.26	−0.13~0.03	−0.19~0.30
	垂直向 S33	−0.59~0.30	−4.08~1.03	−9.88~1.90	−1.10~0.56	−3.38~2.17
方案 3(唐山波)	顺河向 S11	−0.01~0.01	−1.21~1.56	−1.29~3.05	−0.69~0.72	−0.90~0.67
	横河向 S22	−0.02~0.01	−0.34~0.39	−0.73~2.50	−0.18~0.12	−0.10~0.08
	垂直向 S33	−0.46~0.25	−3.15~0.66	−17.66~2.41	−1.71~1.10	−2.60~1.57

表 11.5 坝体特征点位移汇总表 (单位：mm)

计算方案与结果		上游坝顶 A	上游折坡 C	下游折坡 F	下游坝顶 G
方案 1(迁安波)	顺河向 U1	−2.44~3.43	−2.33~2.07	-5.54~3.38	−7.98~8.63
	横河向 U2	−4.05~3.74	−8.23~8.47	13.88~14.38	−16.72~18.07
	垂直向 U3	−1.49~1.95	−2.7~2.5	−2.80~ 2.52	−2.87~2.50
方案 2(天津波)	顺河向 U1	−12.09~10.18	−3.71~3.13	−7.66~6.93	−11.78~10.48
	横河向 U2	−34.16~28.61	−14.35~12.13	−27.09~22.44	−32.88~26.81
	垂直向 U3	−5.19~5.20	−4.09~4.15	−4.46~4.28	−4.45~4.64
方案 3(唐山波)	顺河向 U1	−28.47~18.10	−14.57~6.37	−24.30~12.28	−28.43~17.42
	横河向 U2	68.47~74.64	30.48~35.14	55.13~60.31	−65.88~72.87
	垂直向 U3	−6.54~17.90	−6.14~15.73	−5.36~16.17	−5.44~16.16

由表 11.4 和表 11.5 分析可知，在多波验算中，坝体特征点的动态应力与位移差别很大，从整体来看，方案 3 即唐山地震波作用下的坝体动态地震响应最大，这是因为唐山波的地震加速度略大于其他两个地震波，同时也超过了某大坝的设防烈度，震后对坝体造成了较大的破坏作用。

不同地震波对坝体的破坏机理不同，唐山地震波是强波，但是在下游折坡点处的拉应力反而小于天津波，震后的坝颈处也未出现塑性损伤区域，反而是在坝体中下部出现了严重的倾斜裂缝，在工程设计中应该引起重视，采取铺设抗震钢筋等措施加以避免。下游折坡点处，应尽量采用弧线等连接形式避免该处应力集中过大，造成局部破坏。

11.7 本章小结

混凝土重力坝是大体积结构，为防止开裂、满足施工要求往往分缝分块浇筑，需沿坝轴线方向按约 20m 设置横缝，横缝需在坝体冷却至稳定温度时经灌浆后形成整体，但灌浆的浆体仅能起传递压应力的填充作用，抗拉强度极低以致可以忽略。因此重力坝抗震分析一般都可取单个坝段进行计算，坝段间横缝的影响可以不计。

本章以某大坝为例，按照其工程尺寸建立三维有限元模型，分别研究了不同地震波输入方式下坝体的地震响应规律，进行迁安波、天津波、唐山波作用下坝体的多波验算分析，研究发现：

(1) 在重力坝抗震分析中，同时计入三个方向的地震作用是对坝体最不利的一种计算方案，此时无论是坝体的动态应力还是动态位移都是最大的。横河向地震加速度和垂直地震加速度在整个抗震分析中都有着重要影响，在应力分析中，垂直地震作用的影响较大，横河向地震波的影响较小；在位移分析中，横河向地震波的影响更加明显，由横河向地震加速度可能引起的坝段间碰撞问题应引起格外重视。

(2) 坝体在地震过程中的震动是三个方向地震波共同作用的结果，目前工程中采用的仅考虑顺河向或同时计入水平和垂直两个方向地震波作用的做法误差较大，不能准确地模拟出坝体在地震作用下的动态响应。

(3) 不同地震波作用下，坝体的震后损伤部位不同，在迁安波与天津波作用下，坝体未出现破坏，但下游折坡点处的应力值较大，与 Koyna 震害工程相似，但唐山波作用下坝体中下部出现了较严重的倾斜裂缝，坝体上部完好无损，这说明不同地震波作用下，坝体的地震响应不同，坝颈位置是抗震薄弱部位，但同时也不能忽视坝体其他部位的安全与稳定，同时这也说明由于地震的不可预知性与不可重复性，对重大水利工程进行多波验算是十分必要的。

第12章　重力坝折坡点高度对其抗震性能的影响

相关震害记录及研究资料表明，重力坝上部尤其是断面突变处，即折坡点位置，是抗震薄弱部位，在强震作用下上部坝体易开裂。在全球范围内遭受过强震震害的四例百米级重力坝中，1962 年 3 月中国广东的新丰江大坝坝址区发生 6.1 级地震，震中烈度 8 度，震后在坝体右岸第 13～18 坝段、左岸 2、5、10 坝段的下游断面突变处出现大量上下游贯穿裂缝。1967 年经受 6.3 级地震的印度 103m 的 Koyna 重力坝和 1990 年经受 7.3～7.7 级强震的高 106m 的伊朗西菲罗大头坝都发生了与新丰江类似的上下游贯穿的水平裂缝，且都发生在近坝顶的下游折坡点附近。本章以 1967 年印度 Koyna 震害工程为原型，研究下游折坡点高度对混凝土重力坝抗震性能的影响。

12.1　震害工程实例简介

Koyna 大坝是国外遭受 8 度以上强震的两个百米级重力坝之一，位于印度的 Koyna 河上，坝高 103m，坝底宽 70m，坝顶宽 14.8m，下游坝面坡率 0.76，折坡点高度 66.5m，占整个坝高的 64.56%。

1967 年遭受 6.3 级地震作用，震灾情况为 12～18 号、24～30 号坝段坝顶以下 40m 左右位置产生了多条水平裂缝，下游面出现了严重的漏水现象，即裂缝已经贯通了上下游，沿坝基面的扬压力和渗漏量没有明显增大，震后坝体保持了整体稳定性。

坝体材料和本构模型与第 10 章相同，参见 10.4 节计算参数。

选取 1967 年 Koyna 大坝实测的 Koyna 波进行加载，参见 10.5 节加载地震波。

12.2　计 算 方 案

重力坝剖面设计十分复杂，对整个坝体要统一考虑，下游折坡点位置的高低与坝高、坝顶宽度、坝底宽度、下游坡率等多项因素有关，依托 Koyna 重力坝模型尺寸，在保持其坝高、坝顶宽度、坝底宽度、下游坡率等不变的基础上，通过改变下游坡率进而调整下游折坡点的高度。根据工程经验，一般情况下，下游坝面坡率为 0.6～0.8，故分别按 0.6、0.65、0.7、0.75、0.8 五种方案进行计算，如表 12.1 所示。

表 12.1 计算方案

方案	1	2	3	4	5
下游坝面坡率	0.60	0.65	0.70	0.75	0.80
折坡点高度/m	92.00	84.92	78.86	73.60	69.00
占坝高比例/%	89.32	82.45	76.56	71.15	66.99

12.3 模型计算与分析

12.3.1 折坡点处应力分析

分析发现，下游折坡点处在地震作用下由于坝面突变容易发生应力集中，为了有效避免应力集中现象的影响，特选取距折坡点 1m 处的坝体内部一点进行分析。且折坡点处的损伤破坏主要是因为竖直方向拉应力过大，导致坝体在下游折坡点位置发生撕裂，产生水平向的裂缝；水平方向拉应力值较小，在混凝土的抗拉范围内，没有造成坝体不可逆转的塑性损伤，故着重分析竖向拉应力。

1. 折坡点应力时程曲线

图 12.1~图 12.6 分别为方案 1~方案 5 及 Koyna 实际工程中下游折坡点处拉应力的时程曲线图。由图 12.1 可以发现，方案 1 中由于下游折坡点位置较高，占整个坝高的近 90%，有效地避免了应力集中现象的影响，在整个地震持续过程中该处的应力值都在混凝土的动态强度之内，最大拉应力为 1.53MPa，出现在 3.69s，不会对坝体结构造成损伤破坏。

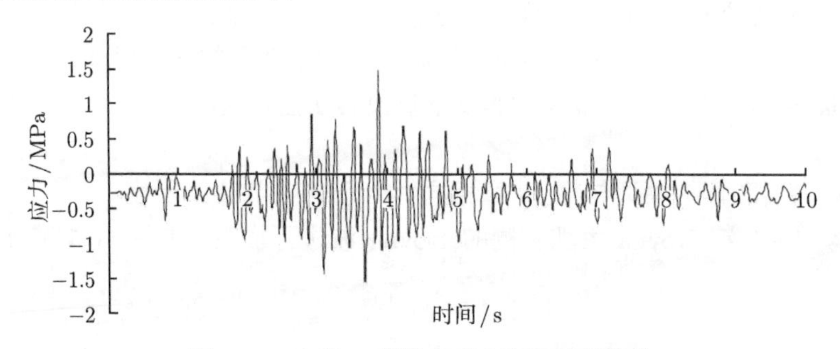

图 12.1 方案 1 折坡点应力变化时程曲线

图 12.2 为方案 2 的应力时程曲线图，方案 2 中折坡点高度为 84.92m，占整个坝高的 82.45%，低于方案 1 的 89.32%，最大拉应力值也明显高于方案 1 的 1.53MPa，达到了 3.34MPa，最大拉应力值超过了混凝土的动态抗拉强度值，折坡点处出现了塑性破坏，最大拉应力出现时刻为 3.70s，与方案 1 几乎相同。由于拉应力只是略高于抗拉强度值，坝体损伤并不严重，损伤区域较小。

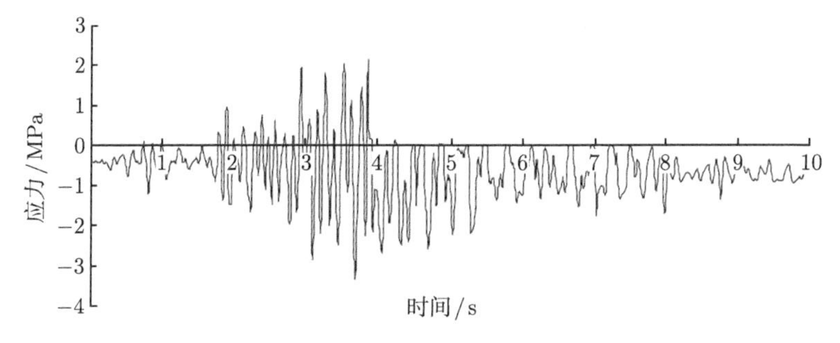

图 12.2 方案 2 折坡点应力变化时程曲线

图 12.3 为方案 3 折坡点处的应力时程曲线图，方案 3 中折坡点位置高度为 78.86m，占坝高的比例为 76.56%，较方案 1 的 89.32%和方案 2 的 82.45%有明显下降，最大拉应力值为 5.24MPa，远大于方案 1 和方案 2，同时也远超混凝土的动态抗拉强度值 2.9MPa。在地震较为剧烈的 3~5s 内，折坡点处的拉应力长时间内在 2.9MPa 以上，最大拉应力出现时刻为 4.72s，晚于方案 1 和方案 2，坝体破坏比较严重。

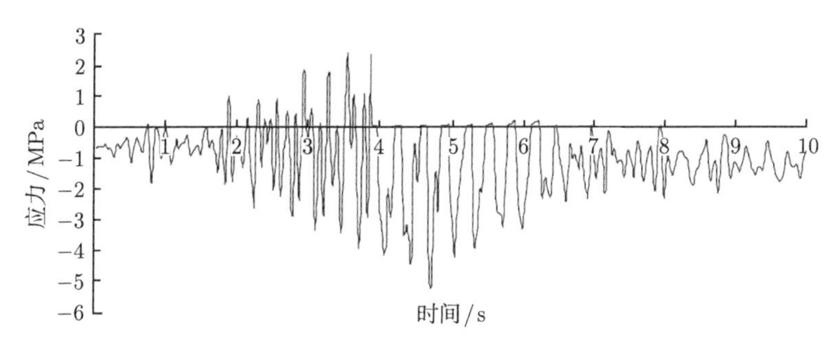

图 12.3 方案 3 折坡点应力变化时程曲线

图 12.4 是方案 4 在地震过程中折坡点处的应力变化规律，由图中可知，方案 4 的最大拉应力值达到了 7.25MPa，为混凝土动态抗拉强度的两倍。方案 4 中，下游折坡点的高度为 73.60m，占坝高的 71.15%，随着折坡点占坝高比例的持续降低，下游折坡点处的应力集中现象越来越严重，拉应力值持续加大。方案 4 中峰值拉应力出现在 4.44s，由于拉应力远超过混凝土的承受能力，坝体损伤严重。

图 12.5 是方案 5 折坡点应力变化规律图，方案 5 是五种工况中折坡点位置最低的，折坡点高度仅占整个坝体高度的 66.99%，由图 12.5 可知其也是五种方案中拉应力最大的，最大拉应力达到 7.50MPa，出现在 4.46s。由其应力时程曲线可以看出，在 3~9s 内，拉应力值几乎均超过了混凝土的抗拉极限值，坝体破坏极其严重。

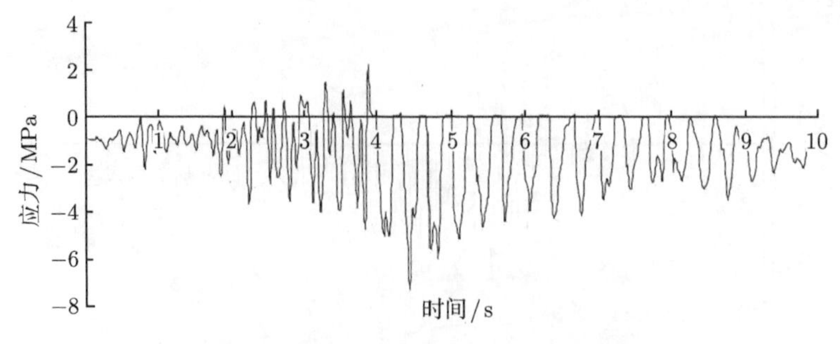

图 12.4　方案 4 折坡点应力变化时程曲线

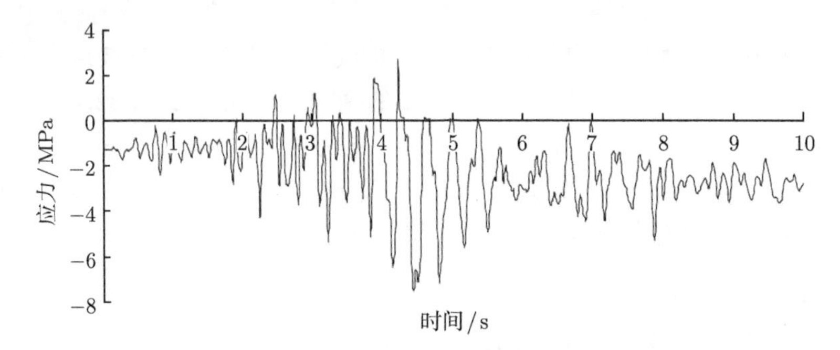

图 12.5　方案 5 折坡点应力变化时程曲线

图 12.6 是 Koyna 大坝的折坡点应力时程曲线图，实际工程中坝体折坡点高度为坝高的 64.56%，与方案 5 的 66.99%较接近，其折坡点位置的应力时程曲线亦与方案 5 差别不大，最大拉应力为 7.58MPa，略大于方案 5 的 7.50MPa，这是由于 Koyna 大坝的折坡点比方案 5 更低，所以其应力值更大，但拉应力随折坡点高度升高的变化趋势十分缓慢。

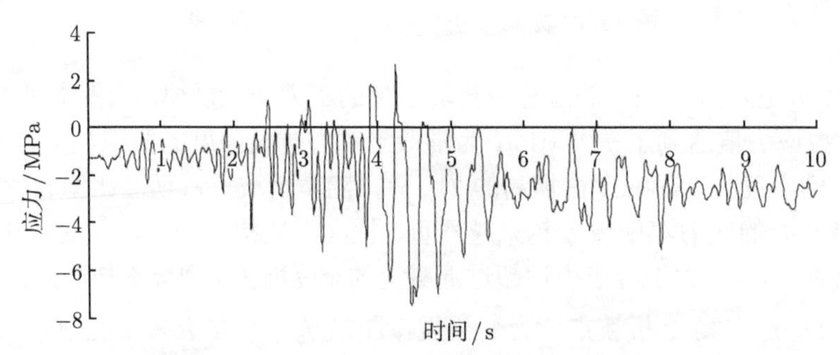

图 12.6　Koyna 大坝折坡点应力变化时程曲线

2. 折坡点影响规律

图 12.7 为地震过程中各方案折坡点处最大拉应力与折坡点高度的关系曲线。

方案 1 中折坡点占坝体高度的 89.32%，最大拉应力值仅为 1.53MPa；方案 2 中的比例为 82.45%，最大拉应力为 3.34MPa；方案 3 折坡点高度为坝高的 76.56%，峰值拉应力为 5.24MPa；方案 4 为 71.15%，对应的拉应力为 7.25MPa；方案 5 中的折坡点仅为坝高的 66.99%，最大拉应力达到了 7.50MPa。随着折坡点高度占坝高比例的减小，即折坡点位置的降低，拉应力值逐渐增大，其中在 70%~90%阶段，最大拉应力近似呈线性增加，当折坡点降低到坝体高度的 70%以下后，拉应力增加幅度趋缓，方案 5 的应力值仅较方案 4 增大了 0.25MPa。

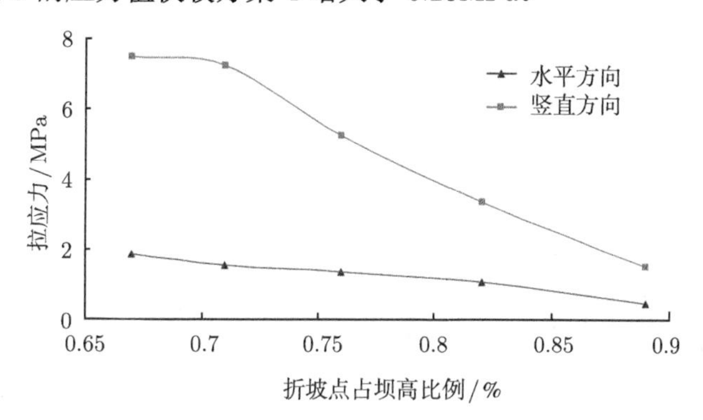

图 12.7　拉应力随折坡点位置变化曲线

在同一地震波作用下，下游折坡点高度不同，峰值应力出现的时刻不同，即坝体最危险的时间段不同。方案 1 中最不利时刻出现在 3.69s，方案 2 与方案 1 几乎同时，出现在 3.70s，但之后的三个方案中，最大应力出现时刻明显晚于前两个方案，其中方案 3 在 4.72s 拉应力最大，方案 4 与方案 5 的最危险时刻大致相同，在 4.45s 左右。总体来看，随着折坡点位置的降低，坝体最危险时间逐渐后移，但并没有明显的变化规律。

12.3.2　坝顶位移分析

表 12.2 为各方案坝顶在地震过程中的最大水平位移及震后竖直方向上的最终位移量。方案 1 中坝顶晃动幅度最大为 22.45mm，随着折坡点高度的降低，坝体上部晃动愈加剧烈，方案 5 中由于折坡点位置过低，坝顶最大位移达到 48.57mm，是方案 1 的 2.16 倍。剧烈的震动对坝顶上构造设施的安全稳定带来严重的不利影响，说明折坡点位置过低不仅易造成坝面突变处应力集中、坝体开裂等损伤破坏，同时也威胁着坝顶上建筑物的安全与稳定。

震后由于部分方案在坝体中上部出现裂缝，坝顶高度较震前出现抬高，方案 1 由于地震作用并未对大坝造成不可修复的损伤破坏，坝体位移量较小，仅 0.14mm，可忽略不计。随着折坡点位置的降低，坝体破坏越来越严重，出现的裂缝宽度也越来越大，导致坝顶的升高程度也越来越大，方案 5 中坝顶较震前抬高了 9.24mm，说明在坝体中上部产生的裂缝已经十分严重，威胁到了大坝的整体安全。

表 12.2 坝顶最大位移

计算结果	方案 1	方案 2	方案 3	方案 4	方案 5
最大水平位移/mm	22.45	24.26	36.23	35.53	48.58
最终竖向位移/mm	0.14	1.22	1.60	6.22	9.24

图 12.8～图 12.12 分别为方案 1～5 坝顶的位移时程曲线图，当折坡点位置较高时，坝顶在地震波作用下前后、上下往复运动，震动的幅度较小，方案 1 中水平最大位移 22.45mm，竖向位移最大达到 3.20mm，但在地震结束后坝体基本恢复到震前初始位置。

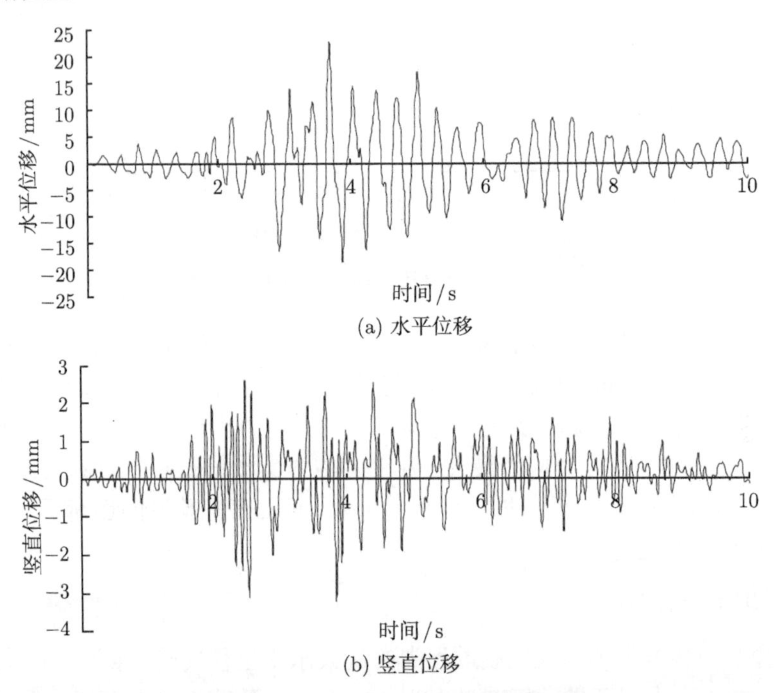

(a) 水平位移

(b) 竖直位移

图 12.8 方案 1 坝顶位移时程曲线

随着折坡点位置的降低，坝顶的运动轨迹发生变化，方案 2 中折坡点位移时程曲线如图 12.9 所示，水平方向的位移轨迹与方案 1 趋势基本相同，只是峰值大小不同，方案 2 在水平方向的最大位移达到了 24.26mm，略高于方案 1 的 22.45mm。竖直方向上，在地震作用前期方案 2 坝顶的运动轨迹与方案 1 相差不大，但是随着地震波的加剧，坝顶位置较地震前抬高了 1.22mm，且在地震结束后并未恢复，产生了永久性变形。

图 12.10 为方案 3 坝顶的位移时程曲线图，在水平位移方面，随着折坡点高度

的下降，水平最大位移继续加大，达到 36.23mm，且与方案 1 和方案 2 一样，最大水平位移均偏向下游方向，变化趋势也与前两个方案基本相同，只是在地震作用末期，坝顶偏向于下游方向并出现了大约 3mm 的位移，直至地震过程结束。竖直方向的最终位移变化量较方案 2 稍有增加，达到了 1.60mm，但是变化的趋势与方案 2 基本相同，均是在 4s 之后出现了不可修复的塑性损伤破坏，说明随着下游折坡点位置的降低，坝体中上部出现的水平裂缝宽度持续加大，地震对坝体的破坏作用也更加强烈。

方案 4 中坝顶随时间变化的轨迹如图 12.11 所示。方案 4 中下游折坡点的高度为 73.60m，占坝体高度的 71.15%，较方案 3 的 76.56%下降了约 5%，坝

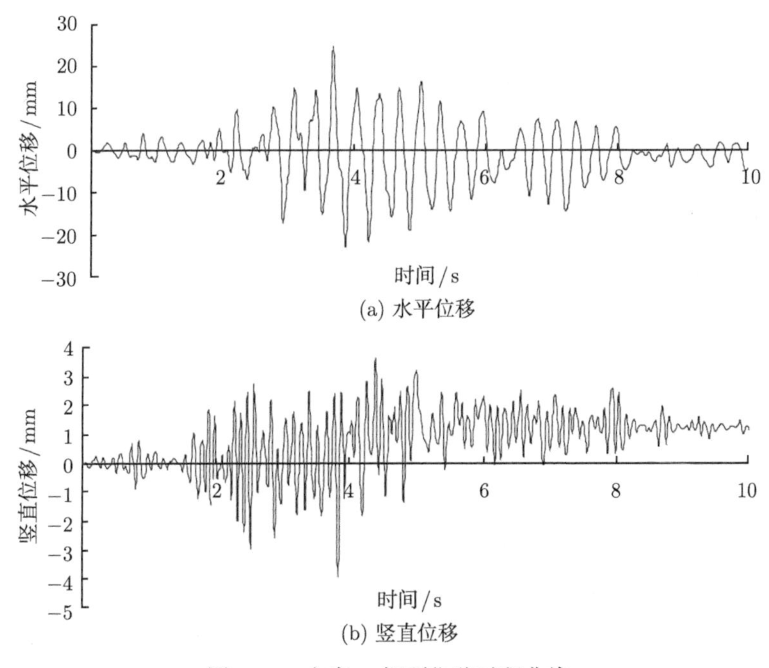

(a) 水平位移

(b) 竖直位移

图 12.9 方案 2 坝顶位移时程曲线

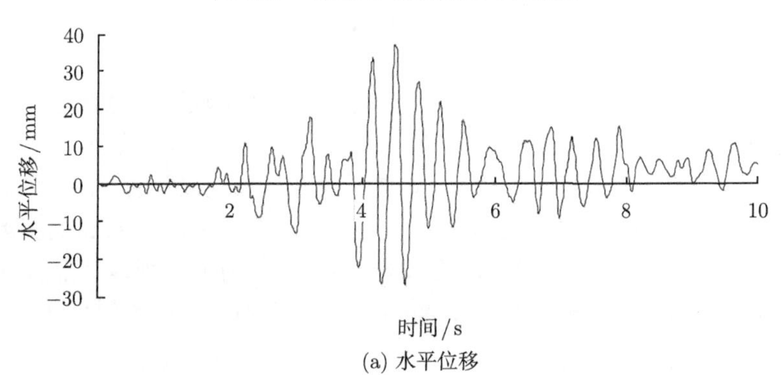

(a) 水平位移

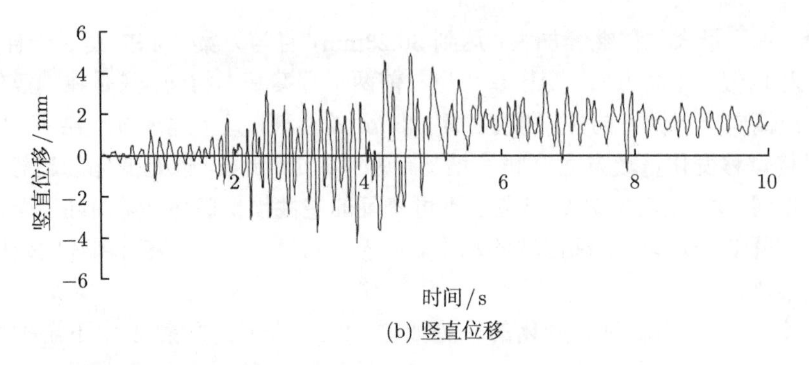

(b) 竖直位移

图 12.10　方案 3 坝顶位移时程曲线

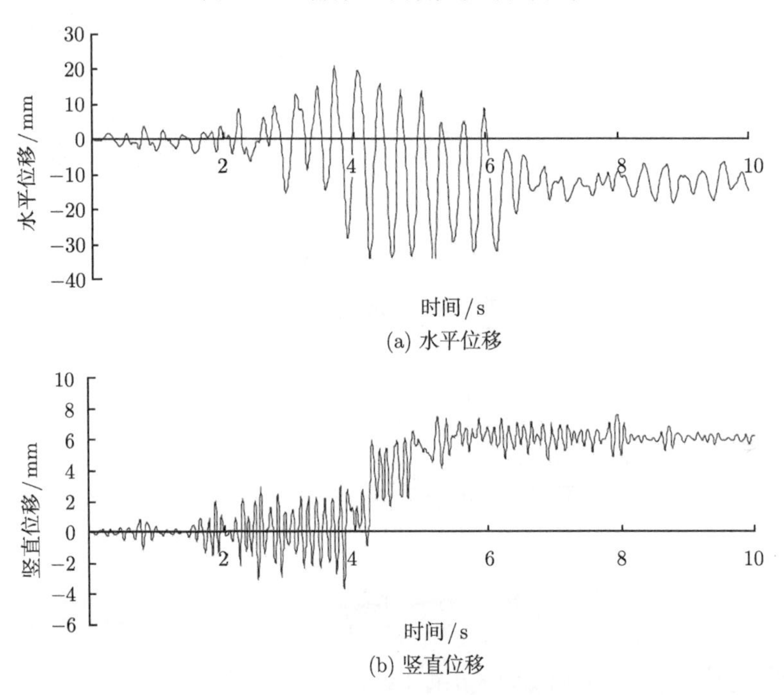

(a) 水平位移

(b) 竖直位移

图 12.11　方案 4 坝顶位移时程曲线

顶的时程曲线也较前三个方案发生了很大变化。方案 4 坝顶在地震过程中的最大水平位移为 35.53mm，反而略小于方案 3 的 36.23mm，但是其最大水平位移发生在上游方向，与前三个方案正好相反，说明了随着折坡点位置的下降，坝体整体的抗震性能发生了很大变化。在地震作用后期坝体产生了大约 15mm 的变形，即震后坝顶产生了 15mm 偏向上游方向的水平位移。竖直方向上坝体上部的裂缝更加严重，震后坝顶高度较震前抬升了 6.22mm，从 5s 左右一直持续到地震作用结束。

方案 5 坝顶的运动轨迹与方案 4 大致相同，只是更加剧烈，其具体位移时间曲线如图 12.12 所示。与方案 4 相同，其最大水平位移出现在上游方向，较方案 4 的 35.53mm 也有较大幅度的提高，达到了 48.58mm，在地震作用后期，上部坝体逐渐产生了大约 25mm 的偏向上游方向的水平位移，较方案 3 的 15mm 增加了 10mm。在竖向位移方面，方案 5 的最终竖向位移达到了 9.24mm，是五个方案中最大的。方案 5 是五个方案中下游折坡点高度最低的，无论是水平位移还是竖直位移，方案 5 都是其中最大的。

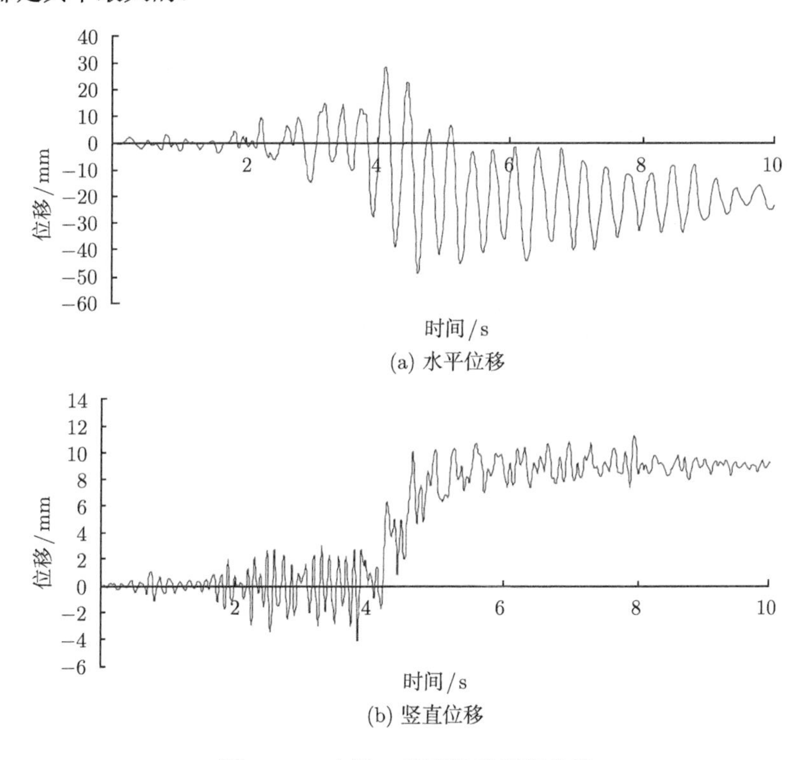

(a) 水平位移

(b) 竖直位移

图 12.12　方案 5 坝顶位移时程曲线

比较五种方案可以发现，当下游折坡点位置较高，占整个坝体高度的 90%左右时，坝体在地震过程中只是发生晃动，在地震结束后坝体可以恢复到震前位置。随着折坡点高度的下降，在地震作用下坝体中上部的晃动幅度持续增大，且逐渐产生不可恢复的永久性水平位移，方案 2 和方案 3 的最大水平位移均出现在下游方向，但当折坡点位于坝体 70%以下时，坝顶最大位移出现在上游方向，说明折坡点的高度对坝体整体的抗震性能有着重要影响，当折坡点高度下降到某一程度后，改变了坝体原有的抗震模式，这对今后工程设计有着重要的指导意义。

随着折坡点位置的降低，坝体中上部产生的裂缝宽度逐渐增加，导致坝顶高度在震后出现抬升，方案 5 中坝顶最大竖向位移达到 9.24mm，说明在强震作用下坝体内部出现了破坏现象，虽然整体抬升高度并不是很大，但是有随着折坡点高度下降而继续增大的趋势，应该引起重视。

12.3.3　拉伸损伤分析

图 12.13 为地震结束后各方案的拉伸损伤云纹图，据前文可知，按线弹性有限元动力分析的结果，坝踵处都会因角缘效应而呈现拉应力集中，但根据已有震害记录等资料记载，实际的震害中坝基面均未发现拉裂和剪切损坏，所以对坝踵处的拉伸损伤不加考虑。

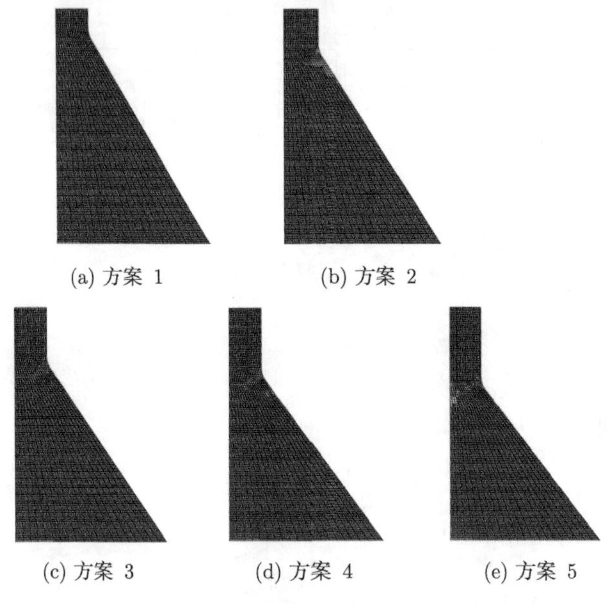

(a) 方案 1　(b) 方案 2　(c) 方案 3　(d) 方案 4　(e) 方案 5

图 12.13　拉伸损伤云纹图 (后附彩图)

由图 12.13 可知，地震对坝体造成的破坏作用主要集中在坝颈处也就是下游折坡点所在的坝面突变位置，且折坡点位置越低，坝体损坏越严重。方案 1 的折坡点最高，震后坝体未出现塑性区域，与图 12.1 中方案 1 应力值未超过混凝土抗拉强度相吻合，说明适当提高折坡点的高度可以有效避免应力集中，对提高坝体整体的抗震性能有着重要的影响。方案 2 较方案 1 降低了折坡点高度，在震后出现了局部区域的损伤破坏，但是破坏程度并不严重，塑性区域范围较小，主要集中在下游坝面突变处，上游相应部位并未出现破坏。

随着折坡点高度的降低，坝体损坏情况越来越严重，方案 3 中在折坡点位置发展成贯穿上下游的水平裂缝，这会造成下游坝面出现漏水现象，对坝体抵御强震的破坏作用带来重大的隐患。方案 4 中破坏范围进一步加大，当折坡点高度仅为坝高的 66.99%时，方案 5 中坝颈处破坏非常严重，出现了多条贯穿裂缝，不仅在折坡点的下游坝面，相应位置的上游坝面破坏程度也相当严重。

在强震作用下，大坝的破坏主要集中在坝体的中上部，特别是下游折坡点处，这主要是由于下游折坡点位置是坝面突变处，容易出现应力集中。在实际工程设计中，适当地提高下游折坡点的高度能有效地避免应力集中的影响，提高坝体的整体抗震性能。此外在折坡点区域，应尽量避免坝面突变，多采用圆弧等连接形式，这在实际工程抗震中有重要的现实意义。

12.4 本 章 小 结

重力坝上部即坝颈区域是其抗震薄弱部位，下游折坡点的高度对整个坝体的地震响应，特别是下游坝面突变处的抗震性能具有重要影响。以 1967 年印度 Koyna 混凝土重力坝地震灾害为原型，通过改变下游坝面坡率进而调整下游折坡点的高度，分别模拟 5 种方案中坝体在地震作用下的动力响应。研究发现：

(1) 随着折坡点高度占坝高比例的减小即折坡点位置的降低，坝面突变处的拉应力值逐渐增大，其中在 70%~90%阶段，最大拉应力近似呈线性增加，当折坡点降低到坝体高度的 70%以下后，拉应力增加幅度趋缓。

(2) 在同一地震波作用下，下游折坡点高度不同，峰值应力出现的时刻不同，即坝体最危险的时间段不同。总体上随着折坡点位置的降低，坝体最危险时间逐渐后移，但并没有明显的变化规律。

(3) 随着折坡点高度的降低，坝体上部晃动愈加剧烈，方案 5 中坝顶最大位移达到 48.58mm，是方案 1 的 2.16 倍，剧烈的震动严重威胁着坝顶上部构造设施的安全与稳定。

适当增加下游折坡点的高度，对提高坝体的抗震性能有着重要影响。当折坡点高度为坝高的 90%时，坝体可以有效避免由于应力集中产生的塑性变形；折坡点达到坝体高度的 80%左右时，可以减弱地震造成的破坏，坝体出现局部开裂但不会形成贯穿裂缝。折坡点位于坝体高度 80%以下时，在强震作用下坝颈会出现严重的贯穿裂缝，对坝体整体稳定性与安全性产生重大威胁。

参 考 文 献

[1] 李瓒, 陈兴华, 郑建波, 等. 混凝土拱坝设计. 北京: 中国电力出版社, 2000: 1~17

[2] 赫尔措格 M. 拱坝建筑史上的里程碑// 西北勘测设计研究院, 向世武. 高拱坝技术译文集. 1992: 14~26

[3] Anon. Hoover dam - fifty years on. International Water Power and Dam Construction, 1985, 37(10): 17~20

[4] Kiersch G A. Vajont reservoir disaster. Civil Engineering, 1964, (3): 32~39

[5] 朱伯芳. 中国拱坝建设的成就. 水力发电, 1999, (10): 38~41

[6] 潘家铮, 陈式慧. 关于高拱坝建设中若干问题的探讨. 科技导报, 1997, (2): 17~19

[7] 龚召熊, 张锡祥, 肖汉江, 等. 水工混凝土的温控与防裂. 北京: 中国水利水电出版社, 1999: 8~11

[8] 厉易生, 朱伯芳, 沙慧文, 等. 响水拱坝裂缝成因及其处理. 水利水电技术, 1997, (5): 15~17

[9] 朱伯芳. 大体积混凝土温度应力与温度控制. 北京: 中国电力出版社, 1998: 578, 579

[10] 朱伯芳. 大体积混凝土温度应力与温度控制. 北京: 中国电力出版社, 1998: 579, 580

[11] 龚召熊, 张锡祥, 肖汉江, 等. 水工混凝土的温控与防裂. 北京: 中国水利水电出版社, 1999

[12] 归树茂. 大体积混凝土基础内部温度的变化规律及对策. 建筑技术, 1997, 28(1): 18, 19

[13] 宋永利, 李铮. 大体积混凝土温度裂缝控制. 电力建设, 1994, 15(1): 40~42

[14] 汪安华, 许志安. 三峡大坝应用碾压混凝土温度控制研究. 人民长江, 1994, 25(8): 7~12

[15] 陈清齐, 包日新. 温度控制设计. 水力发电, 1995, (2): 19, 20

[16] 王成祥. 二滩拱坝混凝土温度控制. 水电站设计, 1997, 13(4): 107~110

[17] 毛影秋. 棉花滩碾压混凝土重力坝温控设计. 水利水电技术, 2000, 31(11): 46~49

[18] 管大庆. 高温下大体积混凝土温度的计算. 施工技术, 1995, (2): 26, 27

[19] 秦力一. 考虑非稳定蠕变及温度效应的碾压混凝土有限元分析. 计算力学学报, 1997, 14(3): 304~309

[20] 许平. 混凝土高坝温度应力的几个问题. 北京: 中国水利水电科学研究院, 1997

[21] 朱伯芳. 大体积混凝土温度应力与温度控制. 北京: 中国电力出版社, 1998

[22] 朱伯芳. 不稳定温度场数值分析的分区异步长解法. 水利学报, 1995, (8): 46~52

[23] 朱伯芳. 混凝土结构徐变分析的隐式解法// 朱伯芳院士文选. 北京: 中国电力出版社, 1997: 254~264

[24] 刘宁, 刘光廷. 大体积混凝土结构随机温度徐变应力计算方法研究. 力学学报, 1997, 29(2): 189~202

[25] 刘宁, 刘光廷. 混凝土结构的随机温度及随机徐变应力. 力学进展, 1998, 28(1): 58~70

[26] 刘宁, 刘光廷. 非平稳温度场影响下混凝土结构的随机徐变应力. 应用力学学报, 1998, 15(2): 67~73
[27] 高虎, 刘光廷. 考虑温度对于弹模影响效应的大体积混凝土施工期应力计算. 工程力学, 2001, 18(6): 61~67
[28] 朱伯芳. 水库温度的数值分析. 砌石坝技术, 1983, (3): 23~29
[29] 朱伯芳. 库水温度估算// 朱伯芳院士文选. 北京: 中国电力出版社, 1997: 96~110
[30] 朱伯芳. 大体积混凝土非金属水管冷却的降温计算. 水力发电, 1996, (12): 26~29
[31] 孙护军. 混凝土结构 (含水管冷却) 三维温度场应力场的仿真模拟及应用. 北京: 清华大学, 1998
[32] 张富德, 李鹏辉, 岳斌. 碾压混凝土重力坝温控仿真计算与分析. 工程力学, 1999, 增刊: 83~88
[33] 刘志辉. 碾压混凝土拱坝累积应力计算方法及仿真应力场的研究. 北京: 清华大学, 1994
[34] 张富德, 薛慧, 陈凤岐, 等. 碾压混凝土坝非稳定温度场计算预测与工程实测的比较. 清华大学学报 (自然科学版), 1998, (1): 77~80
[35] 刘光廷, 麦家煊, 张国新. 溪柄碾压混凝土薄拱坝的研究. 水力发电学报, 1997, (2): 19~28
[36] 李鹏辉. 微膨胀碾压混凝土及碾压混凝土拱坝新结构. 北京: 清华大学, 2000
[37] 刘光廷, 邱德隆. 含横缝碾压混凝土拱坝的变形和应力重分布. 清华大学学报, 1996, 36(1): 20~26
[38] 朱银邦. 碾压混凝土拱坝结构措施及应力规律的研究. 北京: 清华大学, 1994
[39] 马黔. 高碾压混凝土拱坝的应力和分缝研究. 北京: 清华大学, 1996
[40] 王树和, 许平, 朱伯芳. 龙滩大坝温控方案的有限元仿真分析. 水利水电技术, 1999, (12): 22~24
[41] 张子明, Garga V K. 碾压混凝土坝的温度应力. 河海大学学报, 1995, 23(3): 8~14
[42] 冯明珲, 鲁林, 张钟鼎, 等. 碾压混凝土温度应力仿真计算. 大连理工大学学报, 2000, 40(2): 228~232
[43] 王建江, 陆述远. 碾压混凝土浇筑层的温度计算. 武汉水利电力大学学报, 1996, 29(1): 32~37
[44] 蔡正咏. 混凝土的性能. 北京: 中国建筑工业出版社, 1979: 64~93
[45] Davis H E. Autogenous volume change of concrete. Proc of ASTM, 1940,40: 1103~1110
[46] Tazawa E, Miyazawa S. Influence of cement and admixture on autogenous shrinkage of cement paste. Cement and Concrete Research, 1995, 25(2): 281~287
[47] Bazant Z P, Wittmann F H. Creep and shrinkage in concrete structures. New York: Wiley-Interscience Publication, 1982
[48] Persson B. Experimental studies on shrinkage of high-performance concrete. Cement and Concrete Research, 1998, 28(7): 1023~1036
[49] Liu Z, Cui X H, Tang M S. MgO-type delayed expansive cement. Cement and Concrete Research, 1991, 21(7): 1049~1057

[50] 水利部水利水电规划设计总院. 氧化镁混凝土筑坝技术文集. 北京: 水利部水利水电规划设计总院, 1994
[51] 李承木. MgO 混凝土自生体积变形的长期研究成果. 水力发电, 1998, (6): 53~57
[52] 李承木. 氧化镁微膨胀混凝土筑坝技术应用综述. 水电工程研究, 1999, (2): 1~9
[53] 李承木. 外掺氧化镁混凝土的基本力学与长期耐久性能. 水利水电科技进展, 2000, 20(5): 30~35
[54] 李承木. 掺 MgO 混凝土自生体积变形的温度效应. 水电站设计, 1999, 15(2): 99~103, 114
[55] 李承木. 掺 MgO 混凝土自身变形的温度效应试验及其应用. 水利水电科技进展, 1999, 19(5): 33~37
[56] 李承木. 高掺粉煤灰对氧化镁混凝土自生体积变形的影响. 四川水力发电, 2000, 19(增刊): 72~75
[57] 肖汉江, 张锡祥. 补偿收缩混凝土膨胀在筑坝中的作用分析. 长江科学院院报, 1997, (3): 1~9
[58] 朱伯芳. 论微膨胀混凝土筑坝技术. 水力发电学报, 2000, (3): 1~13
[59] 袁美栖, 唐明述. 白山大坝混凝土自生体积变形膨胀机理的研究// 水利部水利水电规划设计总院. 氧化镁混凝土筑坝技术文集. 1994: 24~28
[60] 曹泽生. MgO 微膨胀混凝土快速筑坝防裂技术研究. 水力发电, 1994, (6): 52, 53
[61] 刘振威. 外掺 MgO 微膨胀混凝土不分横缝快速筑拱坝新技术在广东长沙坝的应用. 广东水利水电, 2000, (6): 8~14
[62] 徐文杰, 谭儒蛟, 杨传俊. 基于附加质量的土石混合体边坡地震响应研究. 岩石力学与工程学报，2009，28(S1)：3168~3175
[63] 李晓燕. 混凝土重力坝的地震风险分析. 大连: 大连理工大学，2011
[64] 刘美令. 混凝土重力坝的地震反应分析及边坡稳定分析. 大连: 大连理工大学, 2013
[65] 潘燕芳, 黄劲松, 唐虎. 碾压混凝土重力坝抗震动力分析. 水电站设计, 2012, 28(1): 24~27
[66] 孙竞飞. 考虑深水作用的斜拉桥地震响应分析. 成都: 西南交通大学, 2013
[67] 李峰. 面向工程应用的重力坝抗震数值分析研究. 大连: 大连理工大学, 2013
[68] Zhang C H, Wang G L, Wang S M. Experimental tests of rolled compacted concrete and nonlinear fracture analysis of rolled compacted concrete dams. Materials in Civil Engineering. 2012, 14(2): 108~115
[69] Pekau O A, Feng L M. Seismic fracture of Koyna dam case study. Earthquake Engage Structural Dynamics. 2007, 24(1): 15~33
[70] 宋波, 刘浩鹏, 张国明. 基于附加质量法的桥墩地震动水压力分析与实例研究. 土木工程学报, 2010, 43(增刊): 102~107
[71] Liao Z P. Normal transmitting boundary conditions. Scientia Sinica, 1996, 39(3): 244~254.
[72] Tani S. Behavior of large fill dams during earthquake and earthquake damage. Soil Dynamics and Earthquake Engineering, 2010, 20(1): 223~229

[73] Plizzari G, Waggoner F, Saouma V E. Centrifuge modeling and analysis of concrete gravity dams. Struct Engrg, 2012, (121): 1471～1483

[74] 李鹏, 杨兴国, 薛新华, 等. 瀑布沟心墙堆石坝地震响应分析. 世界地震工程, 2015, 31(1): 217～223

[75] 王铭明, 陈健云, 范书立. 重力坝地震动水压力试验研究. 水电能源科学, 2012, 30(5): 51～53

[76] 赵光恒. 结构动力学. 北京: 中国水利水电出版社, 1996

[77] Uchita Y, Shimpo T, Saouma V. Dynamic centrifuge tests of concrete dam. Earthquake Engineering and Structural Dynamics, 2005, (34): 1467～1487

[78] 陈厚群. 水工建筑物抗震设计规范修编的若干问题研究. 水力发电学报, 2011, 30(6): 4～11

[79] 陈厚群. 大坝的抗震设防水准及相应性能目标. 工程抗震与加固改造, 2005, (12): 1～6

[80] 王诗玉. 碾压混凝土重力坝三维非线性静动力分析. 兰州: 兰州理工大学, 2011

[81] 邓海峰. 高面板堆石坝地震三维动力反应分析. 宜昌: 三峡大学, 2010

[82] 王娜丽. FRP 加固混凝土重力坝损伤破坏模拟. 大连: 大连理工大学, 2012

[83] Waller V, Aloia L, Cussigh F. Using the maturity method in concrete cracking control at early ages. Cement & Concrete Composites, 2014, 26(2): 589～599

[84] Sule M, Breugel K V. The effect of reinforcement on early-age cracking due to autogenous shrinkage and thermal effects. Cement & Concrete Composites, 2010, 26(1):581～587

[85] 王伟华, 张燎军. 基于 ADINA 的重力坝地震响应分析. 水电能源科学, 2008, 26(1): 97～99

[86] 罗赛虎, 田斌. 基于 ABAQUS 的重力坝时程动力分析. 云南水力发电, 2011, 27(1): 53～56

[87] 雷红军, 冯业林, 刘兴宁. 糯扎渡高心墙堆石坝抗震安全研究与设计. 大坝与安全, 2013, (1): 1～4

[88] 段斌, 陈刚, 严锦江, 等. 大岗山水电站前期勘测设计中的大坝抗震研究. 水利水电技术, 2012, 43(1): 61～65

[89] Nard H L, Bailly P. Dynamic behavior of concrete: the structural effects on compressive increase. Mech Cohesive-Frict Mater, 2009, (5): 491～510

[90] Zegarra C, Magno J W. Nonlinear earthquake analysis of concrete gravity dams including sliding. Berkeley: University of California, 1993

[91] Tekie B P. Fragility analysis of concrete gravity dams. Baltimore: The Johns Hopkins University, 2012

[92] Ramixez E L L. Seismic safety assessment of atypical concrete dam in Puerto Rico Mayaguez: University of Puerto Rico, 2010

[93] Fronteddu L. Experimental and numerical evaluation of the effects of concrete joints on static and seismic response of gravity dams. Montreal: Ecole Polytechnique, 1997

[94] Amirkolai M G. Dam-reservoir interaction effect on the seismic response of concrete gravity dams. Hamilton: McMaster University, 2007

[95] 陈厚群, 侯顺载, 涂劲, 等. 丰满大坝抗震动力分析与安全评价. 大坝与安全, 1999, (3): 27～31

[96] 冯树荣, 肖峰. 龙滩碾压混凝土重力坝挡水坝段抗震特性研究. 水力发电, 2004, 30(6): 6~8

[97] 曹泽生, 徐锦华. 氧化镁混凝土筑坝技术. 北京: 中国电力出版社, 2003

[98] Khor E H, et al. Probabilistic analysis of time-dependent defections of RC flexural members. Comput Stru, 2001, 79(16): 1461~1472

[99] Mehta P K, Pirtz D. Magnesium oxide additive for producing self-stress in mass concrete. The 7th International Congress on the Chemistry of Cement, 1980: 6~9

[100] 杨光华, 袁明道. 氧化镁微膨胀混凝土在变温条件下膨胀规律数值模拟的当量龄期法. 水利学报, 2004, (1): 116~121

[101] 许德胜. 混凝土水化反应温度场与应力场分析. 杭州: 浙江大学, 2005

[102] 朱伯芳. 大体积混凝土温度应力与温度控制. 北京: 中国水利水电出版社, 2006: 10~20

[103] 朱伯芳. 库水温度估算. 水利学报, 1985, (2): 13~18

[104] Waller V, Aloia L, Cussigh F. Using the maturity method in concrete cracking control at early ages. Cement & Concrete Composites, 2004, 26(2): 589~599

[105] Sule M, Breugel K V. The effect of reinforcement on early-age cracking due to autogenous shrinkage and thermal effects. Cement & Concrete Composites, 2004, 26(1): 581~587

[106] 邓英尔, 刘慈群. 高等渗流理论与方法. 北京: 科学出版社, 2004: 1~8, 21~23

[107] Kellman O, Olofsson J. 3D Structural Analysis of Crack Risk in Hardening Concrete. Ipacs, Report BE96-3843, 2001: 53-2

[108] 翟云芳. 渗流力学. 北京: 石油工业出版社, 2009

[109] 谭雷军. 低速非达西流启动压力梯度的确定. 油气井测试, 2000, 9(4): 5~7

[110] 费康, 张继伟. ABAQUS 在岩土工程中的应用. 北京: 中国水利水电出版社, 2010: 206~239

[111] 王勖成, 邵敏. 有限单元法基本原理及数值方法. 北京: 清华大学出版社, 1997, 421~442

[112] 朱伯芳. 有限单元法的原理与应用. 北京: 水利水电出版社, 1998

[113] 张国新, 金峰, 罗小青, 等. 考虑温度历程效应的氧化镁微膨胀混凝土仿真分析模型. 水利学报, 2002, (18): 29~34

[114] 庄茁. 基于 ABAQUS 的有限元分析和应用. 北京: 清华大学出版社, 2009: 424~432

[115] 杨光华, 袁明道. 氧化镁微膨胀混凝土在变温条件下膨胀规律数值模拟的当量龄期法. 水利学报, 2004, (1): 116~121

[116] Kevin Z. Creep shrinkage, and thermal effects on mass concrete structure. Journal of the Engineering Mechanics Division, 1991, 117(6): 1274~1288

[117] 朱伯芳. 大体积混凝土温度应力与温度控制. 北京: 中国电力出版社, 1998: 199~205, 402~405

[118] 刘振威. 外掺 MgO 微膨胀混凝土不分横缝快速筑拱坝新技术在广东长沙坝的应用. 广东水利水电, 2000, (6): 8~14

[119] 广东省水利水电第二工程局. 广东阳春市长沙水库双曲拱坝微膨胀混凝土快速施工试验研究报告 (初稿). 1999

[120] 成都勘察设计研究院. 广东阳春市长沙水库拱坝混凝土徐变试验研究报告. 2000

[121] 朱伯芳. 大体积混凝土温度应力与温度控制. 北京: 中国电力出版社, 1998
[122] 王红旗, 方新江, 刘晓峰, 等. 外掺 MgO 混凝土拱坝应力分析. 中国农村水利水电, 1999, (8): 25~28
[123] 王红旗. 长沙拱坝外掺 MgO 砼补偿温度应力仿真分析. 广东水利水电, 2001, (3): 56~58
[124] 罗小青, 张国新, 金峰, 等. 外掺 MgO 砼不分横缝快速筑拱坝仿真分析. 水力发电学报, 2003, (2): 80~87
[125] 林继镛. 水工建筑物. 北京: 中国水利水电出版社, 2006: 83~90
[126] 陈晶. 混凝土坝渗流场与温度场相关性研究. 南京: 河海大学, 2007
[127] 刘军. 混凝土损伤分析及其工程应用. 大连: 大连理工大学, 2004
[128] Khor E H, Rosowsky D V, Stewart M G. Probabilistic analysis of time-dependent defections of RC flexural members. Computers and Structure, 2001, 79(16): 1461~1472
[129] 杜佐龙. 丰满混凝土重力坝的渗流场仿真分析. 大连: 大连理工大学, 2005
[130] 费康, 张继伟. ABAQUS 在岩土工程中的应用. 北京: 中国水利水电出版社, 2010: 206~239
[131] 范磊, 姜海霞. 排水子结构统一建模方法及其与 ABAQUS 集成. 水电能源科学, 2010, (6): 46~49
[132] 邓英尔, 刘慈群. 高等渗流理论与方法. 北京: 科学出版社, 2004: 1~8, 21~23
[133] 姜海霞. 渗流计算中排水孔模拟方法综合研究. 南京: 河海大学, 2007
[134] 贾璐. 高地震烈度下混凝土重力坝动力特性与抗震性能研究. 天津: 天津大学, 2009
[135] 陈厚群. 坝址地震动输入机制探讨. 水利学报, 2006, 37(12): 1417~1423
[136] Hatami, Kianoosh. Effect of reservoir bottom on earthquake response of concrete dams. Soil Dynamics and Earthquake Engineering, 2007, (16): 7, 8
[137] 段斌, 陈刚, 严锦江, 等. 大岗山水电站前期勘测设计中的大坝抗震研究. 水利水电技术, 2012, 43(1): 61~65
[138] Westergaard H M. Water pressures on dams during earthquakes. Transactions of the American Society of Civil Engineers, 1933, 98(3): 418~433
[139] Savage J L. Earthquake studies for pit river bridge. Civil Engineering, 1939, 9(8): 470~472
[140] Clough R C. The finite element method in plane stress analysis// Proceedings 2nd ASME Conference on Electronic Computation, Pittsburgh, 1960
[141] 潘家铮. 中国大坝 50 年. 北京: 中国水利水电出版社, 2000
[142] 林皋. 混凝土大坝抗震安全评价的发展趋向. 防灾减灾工程学报, 2006, 26(1): 2~12
[143] 李泉江, 安令石, 韩利辉. 建筑结构时程分析法综述. 中国科技信息, 2009, (8): 64, 65
[144] 中华人民共和国国家经济贸易委员会. 水工建筑物抗震设计规范 (DL5073—2000). 北京: 中国电力出版社, 2001
[145] 方修君, 金峰, 王进廷. 基于扩展有限元法的 Koyna 重力坝地震开裂过程模拟. 清华大学学报 (自然科学版), 2008, 48(12): 2065~2069

[146] 黄耀英, 孙大伟, 田斌. 两种库水附加质量模型的重力坝动力响应研究. 人民长江, 2009, 40(7): 64～66

[147] 邵长江, 钱永久. Koyna 混凝土重力坝的塑性地震损伤响应分析. 振动与冲击, 2006, 25(4): 129～131

[148] 徐金英, 李德玉, 郭胜山. 基于 ABAQUS 的两种库水附加质量模型下重力坝动力分析. 中国水利水电科学研究院学报, 2014, 12(1): 98～103

[149] 中华人民共和国水利部. 水工建筑物抗震设计规范 (SL203—97). 北京: 中国水利水电出版社, 1997

[150] Tani S. Behavior of large fill dams during earthquake and earthquake damage. Soil Dynamics and Earthquake Engineering, 2010, 20(1): 223～229

[151] Plizzari G, Waggoner F, Saouma V E. Centrifuge modeling and analysis of concrete gravity dams. Struct Engrg, 2012, (121): 1471～1483

索　引

B

坝体　2

D

地震波　177
动力分析　148
动力响应　177

F

附加质量法　155

G

高坝强震　11
拱坝　81, 109

H

混凝土　20

K

抗震性能　195
孔压　20

L

裂缝　81
流固耦合　134

P

膨胀　15, 49

S

渗流　20
数值模拟　147, 169
水库　130

W

微膨胀混凝土　7
温度场　56
温度效应　15

Y

氧化镁混凝土　15, 35, 109
应力　81
应力场　35
应力与位移　109
运行期　130

Z

折坡点高度　195
震害　166
重力坝　148
重力坝　177
重力坝　195
自生体积变形　35

其他

koyna　166

彩　图

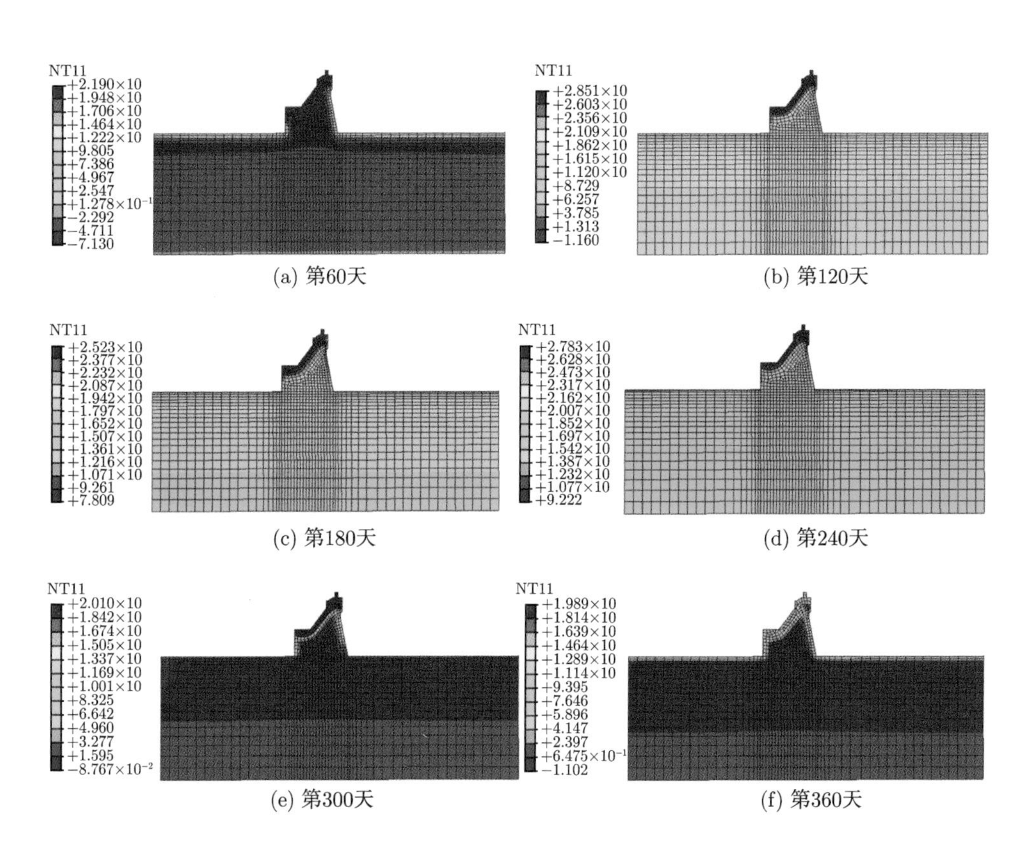

(a) 第60天　　(b) 第120天

(c) 第180天　　(d) 第240天

(e) 第300天　　(f) 第360天

图 8.9　不同时刻下溢流坝运行期温度云图 (单位：℃)

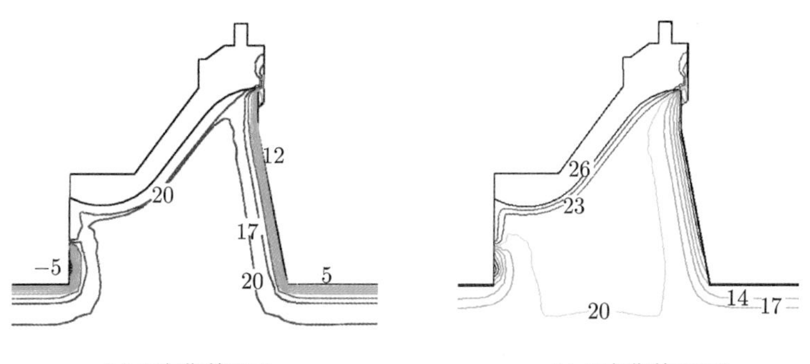

(a) 运行期第65天　　(b) 运行期第120天

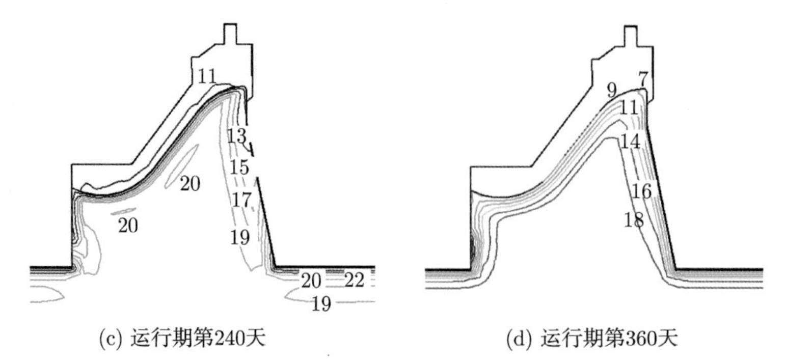

(c) 运行期第240天　　(d) 运行期第360天

图 8.10　不同时刻下溢流坝温度等值线图 (单位：℃)

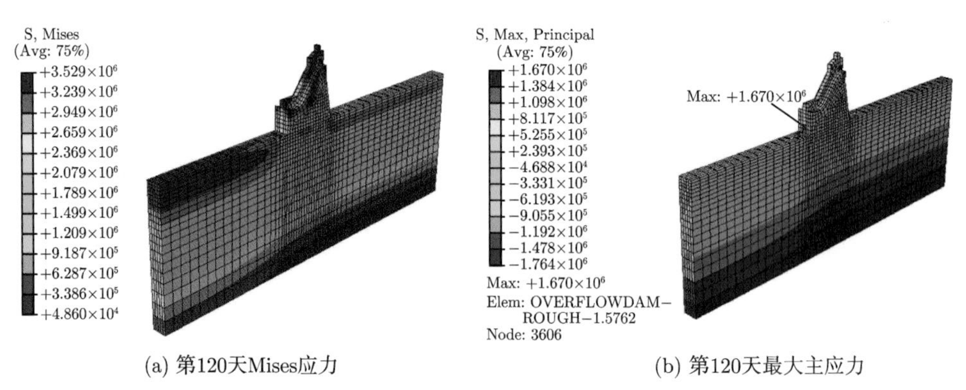

(a) 第120天Mises应力　　(b) 第120天最大主应力

图 8.14　静水压力作用下运行期第 120 天应力云图 (单位：Pa)

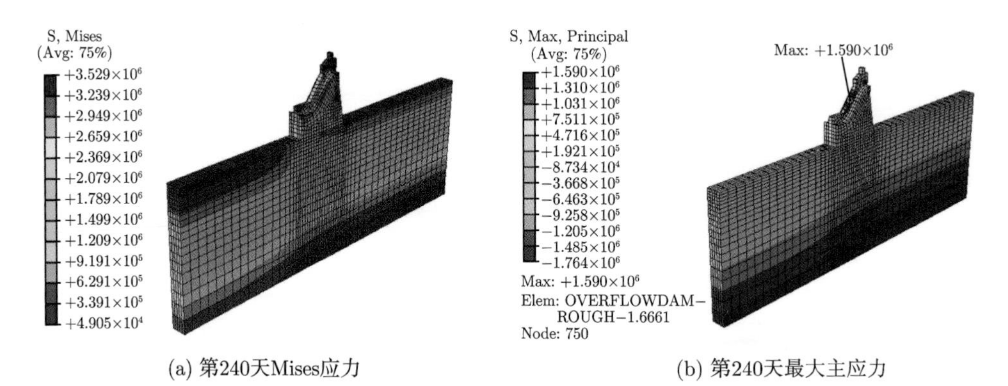

(a) 第240天Mises应力　　(b) 第240天最大主应力

图 8.15　静水压力作用下运行期第 240 天应力云图 (单位：Pa)

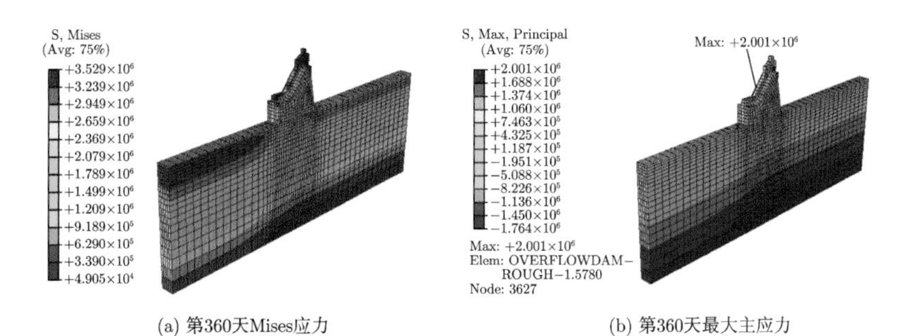

(a) 第360天Mises应力　　(b) 第360天最大主应力

图 8.16　静水压力作用下运行期第 360 天应力云图 (单位：Pa)

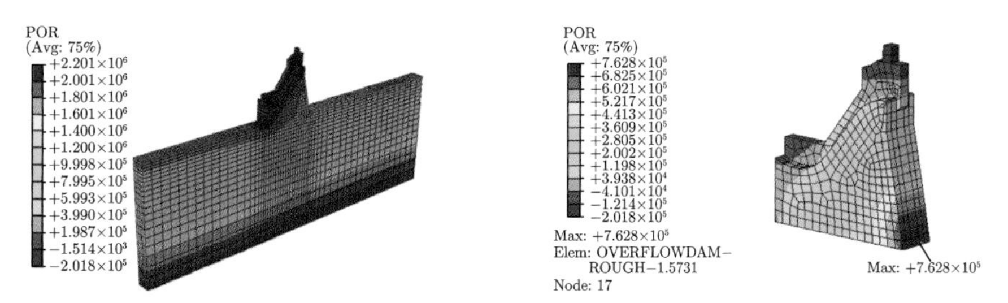

图 8.18　溢流坝段整体渗流场计算云图 (单位：Pa)

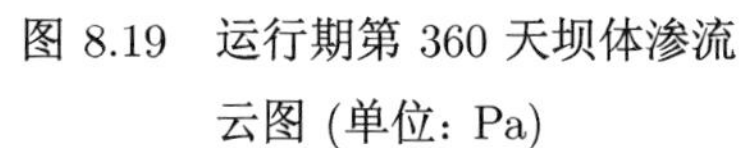

图 8.19　运行期第 360 天坝体渗流云图 (单位：Pa)

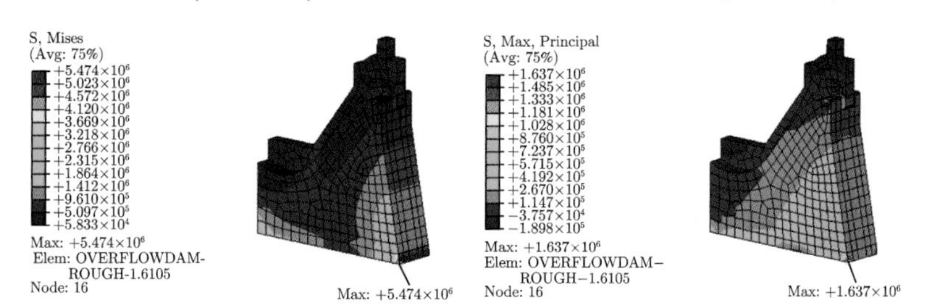

(a) 第360天坝体Mises应力　　(b) 第360天最大主应力

图 8.20　运行期第 360 天坝体应力云图 (单位：Pa)

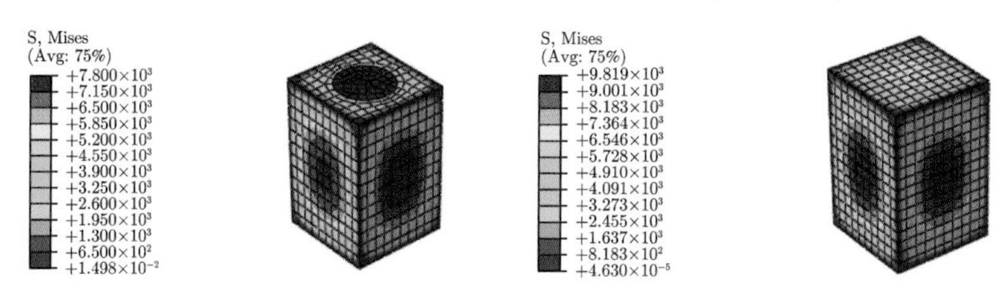

(a) 常规模拟方法　　(b) UEL子程序法

图 8.23　两种计算方法下排水孔 Mises 应力云图 (单位：Pa)

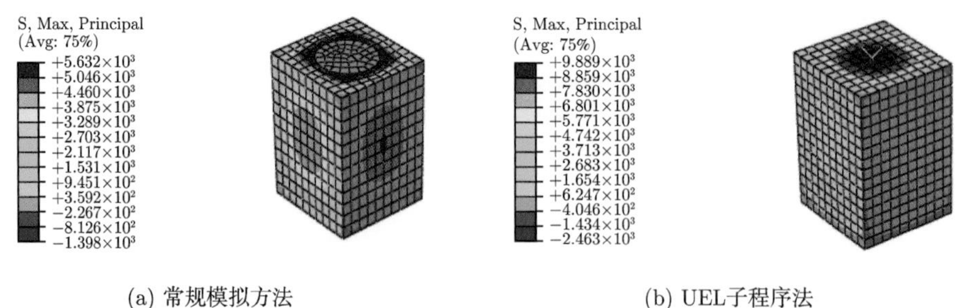

(a) 常规模拟方法　　(b) UEL子程序法

图 8.24　两种计算方法下排水孔最大主应力云图 (单位：Pa)

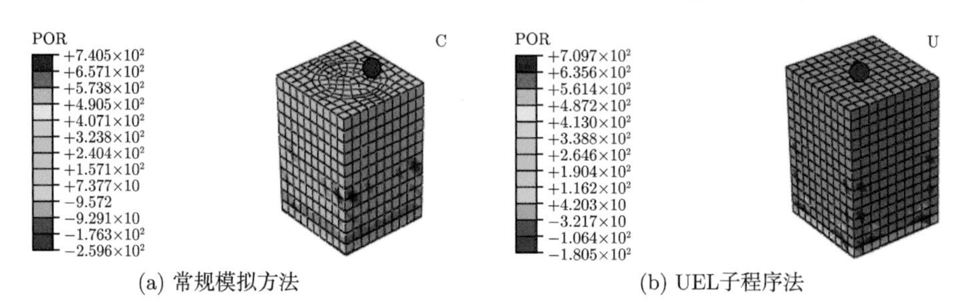

(a) 常规模拟方法　　(b) UEL子程序法

图 8.25　两种计算方法下孔压云图及典型点示意 (单位：Pa)

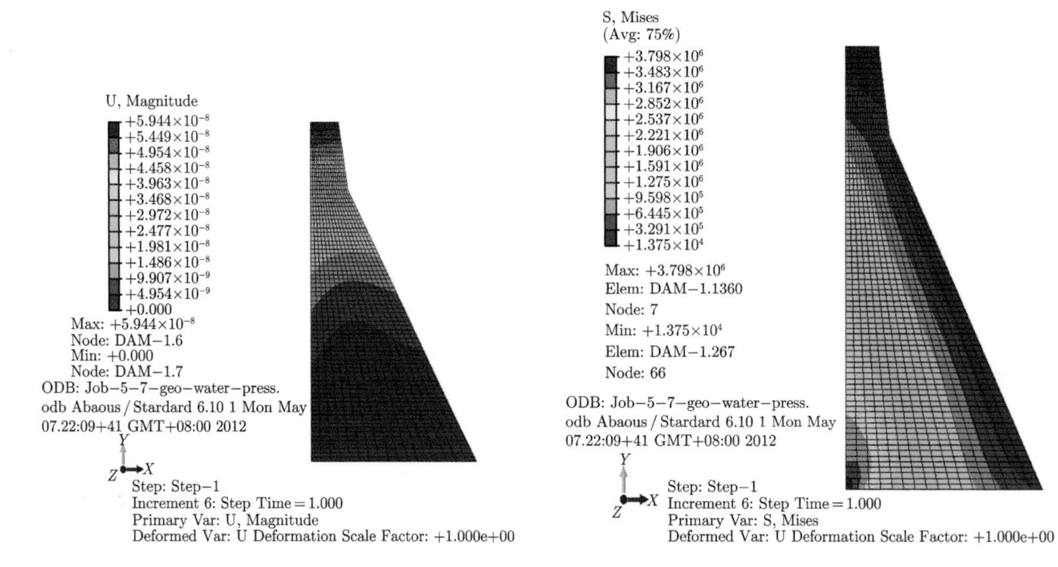

图 9.5　初始地应力平衡后的位移云图 (单位：m)

图 9.6　初始地应力平衡后的 Mises 应力云图 (单位：Pa)

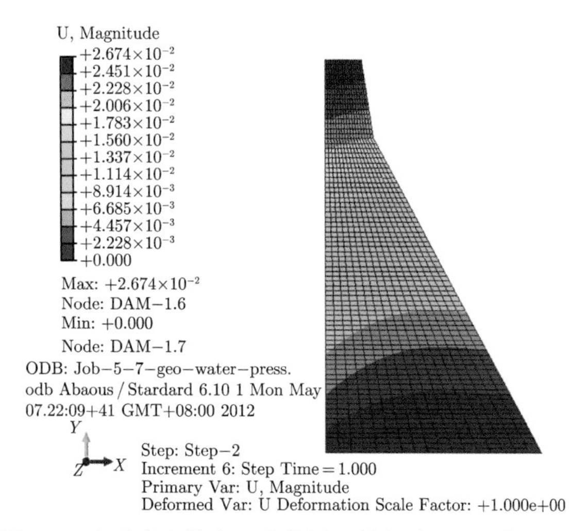

图 9.7　在重力和静水压力作用下的位移云图 (单位：m)

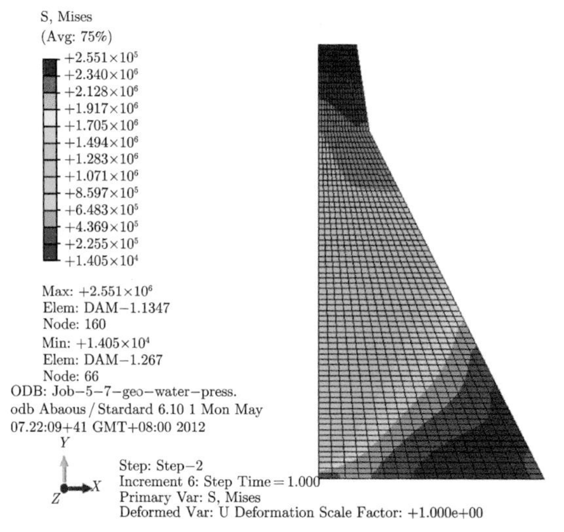

图 9.8　在重力和静水压力作用下的 Mises 应力云图 (单位：Pa)

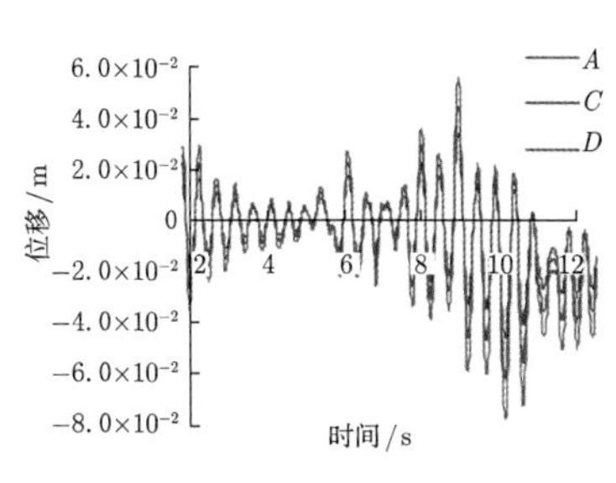

图 9.10　位移时程曲线

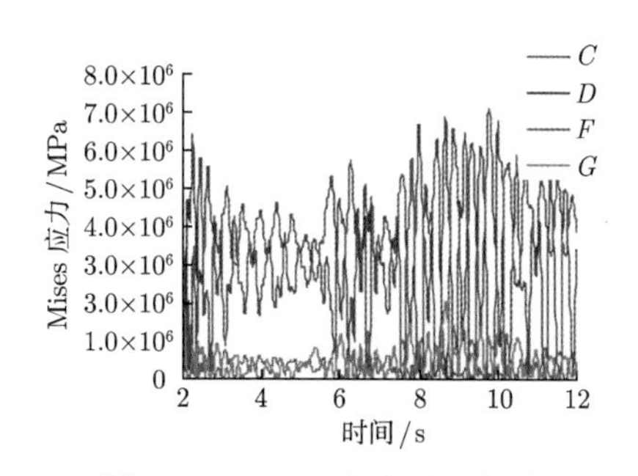

图 9.11　Mises 应力时程曲线

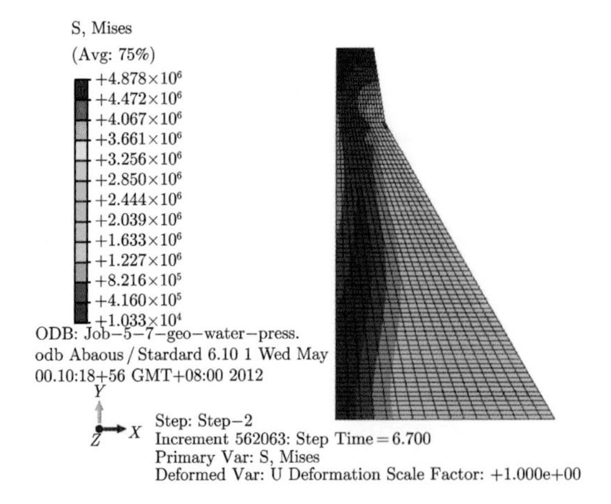

图 9.12　$t = 6.7$s 的 Mises 应力云图 (单位：Pa)

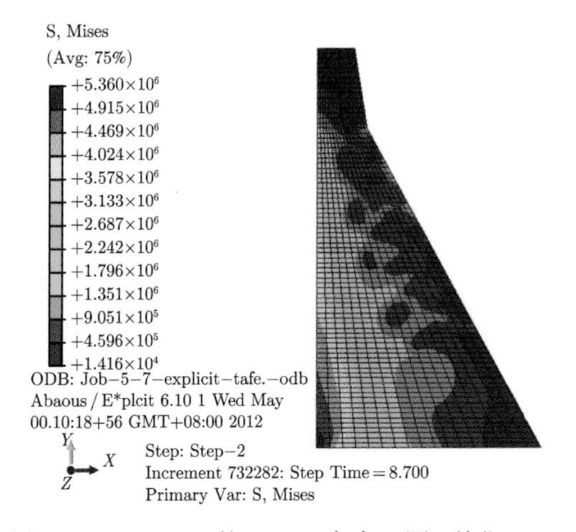

图 9.13　$t = 8.7$s 的 Mises 应力云图 (单位：Pa)

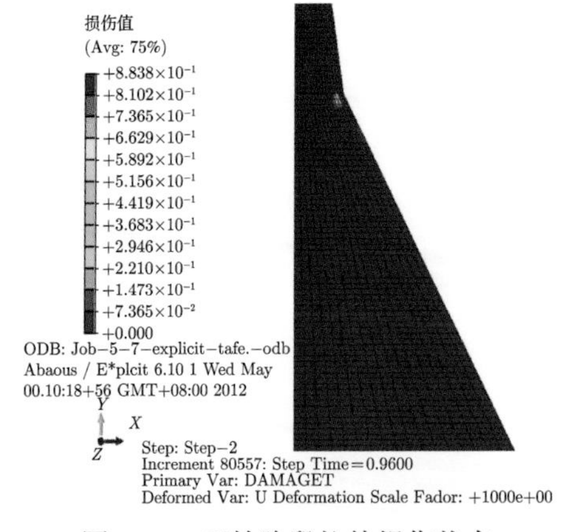

图 9.14　开始阶段拉伸损伤状态

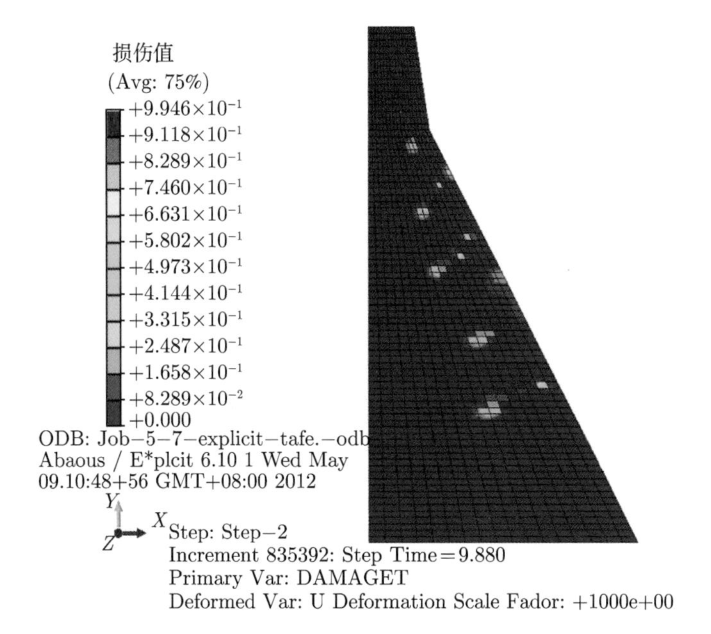

图 9.15　最后阶段拉伸损伤状态

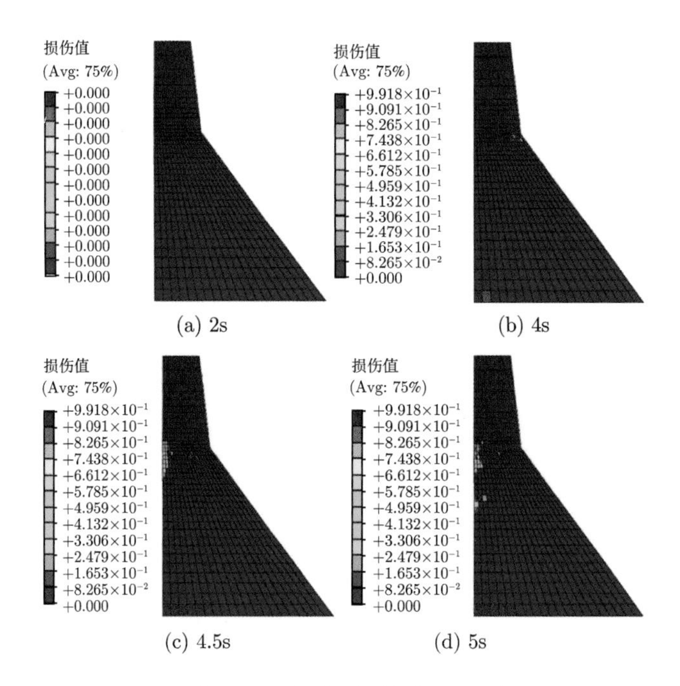

图 10.11　坝体断面损伤云纹图

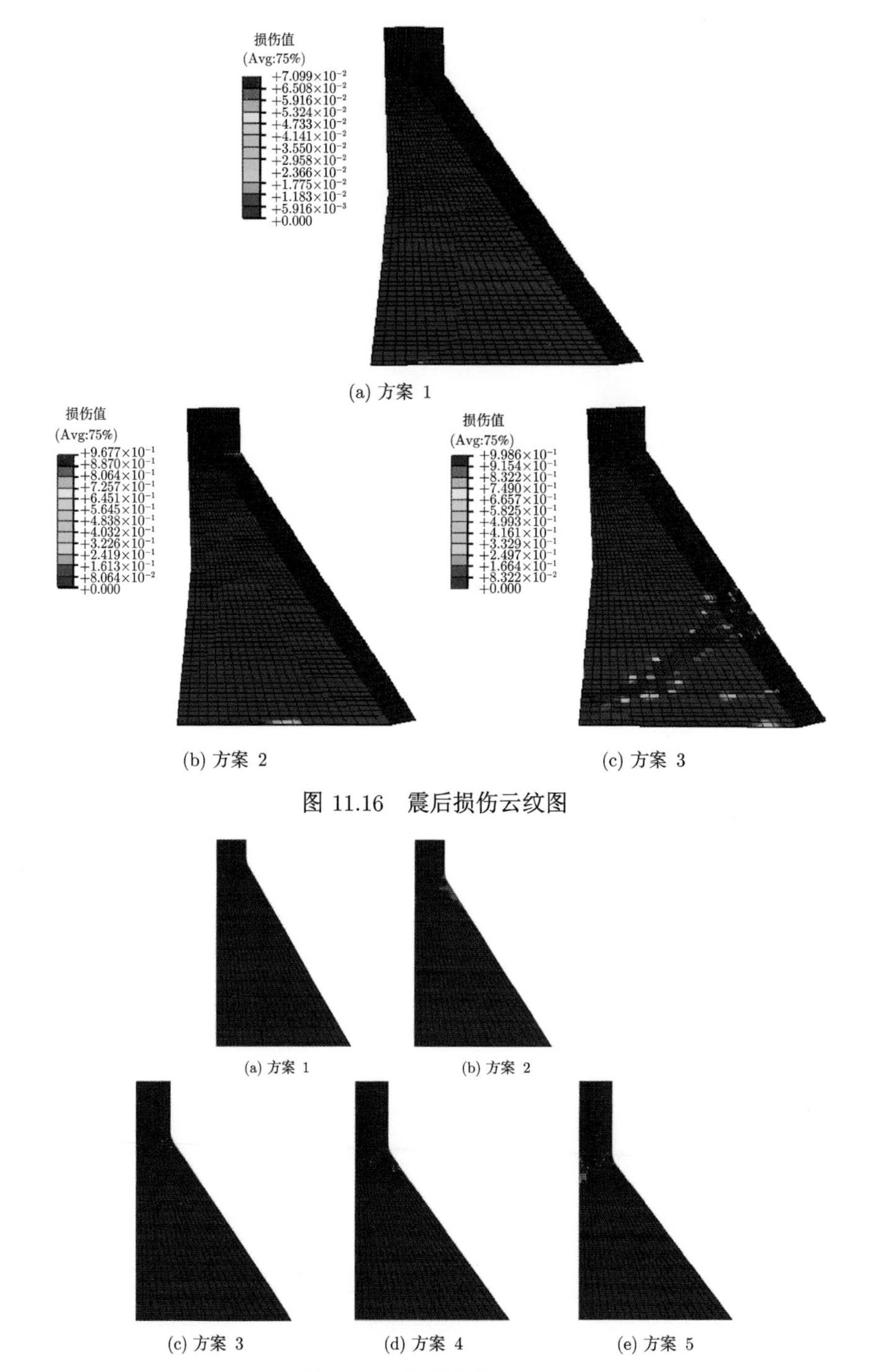

(a) 方案 1

(b) 方案 2

(c) 方案 3

图 11.16 震后损伤云纹图

(a) 方案 1

(b) 方案 2

(c) 方案 3

(d) 方案 4

(e) 方案 5

图 12.13 拉伸损伤云纹图